ANTIAGING PARA EL CEREBRO

Últimos títulos publicados en esta colección:

JORDI OLLOQUEQUI

ANTIAGING PARA EL CEREBRO

Las claves de la ciencia para
mantener nuestra mente
joven, ágil y sana

PAIDÓS Contextos

1.ª edición, septiembre de 2025

© Jordi Olloquequi González, 2025
© de todas las ediciones en castellano,
Editorial Planeta, S. A., 2025
Paidós es un sello editorial de Editorial Planeta, S. A.
Avda. Diagonal, 662-664
08034 Barcelona, España
www.paidos.com
www.planetadelibros.com

ISBN: 978-84-493-4427-5
Fotocomposición: Realización Planeta
Depósito legal: B. 12.421-2025
Impresión y encuadernación en Gómez Aparicio Grupo Gráfico

Impreso en España – *Printed in Spain*

SUMARIO

SEGUNDA PARTE
La ciencia de la longevidad.
Claves prácticas para un cerebro joven

En memoria de Helena Altabàs i Perucha,
cuya luz y comentarios ayudaron a convertir
un simple borrador en este libro.
Así como la senectud no consiguió atraparte,
el tiempo jamás podrá borrar la huella que dejaste en mí.

No puedes evitar envejecer, pero no tienes por qué volverte viejo.

GEORGE BURNS

Los jóvenes hermosos son accidentes de la naturaleza, pero las personas mayores hermosas son obras de arte.

ELEANOR ROOSEVELT

PRÓLOGO

Quiero empezar con una confesión: Jordi Olloquequi, el autor de este libro que tienes entre las manos, fue alumno mío en la facultad de Biología hace ya algunos años. En aquel momento, yo me encontraba en un proceso de transición en mis investigaciones, pasando de buscar las bases moleculares y genéticas de la formación inicial del cerebro a generar y usar datos de la neurociencia experimental y la neurociencia cognitiva que sirviesen para entender y optimizar los procesos educativos desde una perspectiva biológica. La educación es un proceso continuo. Nos educamos desde el nacimiento, incluso antes, a través de las vivencias de nuestra madre mientras nos gestó, y continuamos haciéndolo hasta la vejez, hasta el final de nuestros días.

Jordi y yo nos hemos mantenido en contacto. Creo que él me sigue considerando como un maestro, pero debo reconocer que, al leer este libro, he visto que el que fue mi alumno se ha convertido también en un auténtico maestro. No me avergüenza en absoluto decir que a su lado he aprendido muchas cosas que desconocía. Todo lo contrario, me enorgullezco de ello. Aprender aspectos nuevos sobre cualquier tema y mantener la mente activa es una de las maneras más efectivas de retrasar los efectos del envejecimiento.

Hablar del envejecimiento de la mente y del cerebro y de cómo podemos suavizarlo, como hace este libro, implica hablar explícita-

mente de biología e implícitamente también de educación. El envejecimiento es un fenómeno ineludible. Con el paso de los años,
nuestro cuerpo y nuestro cerebro van experimentando una serie de
cambios que nos afectan no solo físicamente, sino también celular,
metabólica y mentalmente. De todos estos cambios, tal vez los más
temidos sean los que afectan a nuestras facultades cognitivas, aunque todo en nuestro cuerpo está relacionado. Ver menguar nuestras capacidades físicas, olvidar lo que recordábamos vívidamente
y notar que los pensamientos antes diáfanos se van desvaneciendo
en un mar de brumas; ¿quién no lo ha temido alguna vez?

Los estudios en neurociencia, que se han ido acumulando a un
ritmo exponencial estas dos o tres últimas décadas, nos revelan, sin
embargo, un dato alentador: el envejecimiento del cerebro no es un
destino inamovible. O, dicho con más propiedad, el ritmo de su
envejecimiento no es fijo. Las decisiones que tomamos y el estilo de
vida que elegimos tienen un impacto profundo en cómo envejecemos. Envejeceremos, sin lugar a dudas, pero tardaremos más o menos en hacerlo y nuestra calidad de vida puede ser radicalmente
diferente. Este libro nos ofrece —de hecho, creo que nos regala—
una comprensión profunda pero muy amena y didáctica de las bases biológicas del envejecimiento cerebral, y una serie de datos
prácticos que podemos emplear para mantener nuestro cerebro
más joven, sano y funcional, con unos pensamientos más optimis-
tas y una mayor calidad de vida, durante más tiempo.

Desde el nacimiento hasta la muerte, nuestras neuronas y los circuitos cerebrales que forman nuestro cerebro se mantienen en constante
actividad, reconfigurándose en función no solo de las experiencias que
vivimos, sino también de cómo las vivimos. Esto es, de nuestros pensamientos y emociones. Con el paso de los años, no obstante, la plasticidad neuronal va disminuyendo gradualmente, se modifica el equilibrio de los neurotransmisores y neurohormonas, se van acumulando
daños oxidativos e incluso se altera el equilibrio de nuestra microbiota intestinal, los 100 billones de bacterias de más de mil especies dife-

rentes con quienes convivimos, y sin los cuales la vida humana sería imposible. Aunque el envejecimiento es natural, el deterioro cognitivo puede ser modulado, retrasado e incluso ralentizado.

Este libro empieza explorando las bases biológicas del envejecimiento cerebral y mental desde una perspectiva transdisciplinar. Nos descubre cómo la herencia biológica, nuestros genes y nuestro genoma, y la manera como se expresan a través de las llamadas marcas epigenéticas influyen en el envejecimiento. Nos explica que la genética, que hay quien tal vez considere un destino predeterminado ineludible, es solo una parte de la ecuación del envejecimiento. La epigenética, que modula la expresión de nuestros genes adaptándola a los factores ambientales, incluido nuestro estilo de vida, también desempeña un papel crucial en cómo envejecemos. Los genes no los podemos alterar, pero el estilo de vida que llevamos depende en buena medida de las decisiones que tomemos. Y este es el quid de la cuestión.

Otro de los protagonistas de este proceso es la microbiota intestinal, un ecosistema extenso y dinámico de microorganismos que residen en nuestro aparato digestivo, cuya influencia va más allá de la digestión y la asimilación de los nutrientes que ingerimos. Existe una extensa comunicación bidireccional entre el intestino y el cerebro, en que la microbiota desempeña un papel fundamental, influyendo en aspectos tan interesantes como el estrés y el estado anímico, que afectan la salud cerebral y por extensión los procesos de envejecimiento. La microbiota intestinal comparte protagonismo con las mitocondrias, unos diminutos orgánulos celulares responsables de la producción de energía. Son esenciales para el funcionamiento correcto del cerebro, y más si tenemos en cuenta que es el órgano que más energía consume de todo nuestro cuerpo. Con la edad, las mitocondrias van disminuyendo su eficiencia de funcionamiento, y ello repercute en nuestro cerebro. Pero Jordi nos explica en este libro que, a través de una dieta sana y equilibrada y del ejercicio físico, su funcionamiento se puede mantener a niveles óptimos durante mucho más tiempo, favoreciendo la función global del cerebro y, con ella, nuestra vida mental.

También nos habla de los efectos nocivos sobre la salud física, cerebral y mental del estrés, en especial del estrés crónico, puesto que contribuye a la inflamación, altera el funcionamiento del sistema inmunológico y puede causar daños neuronales. Sin embargo, no todo el estrés es malo, por así decir. Ciertas formas de estrés momentáneo, como el que pueden producir el ejercicio físico moderado o ciertos desafíos cognitivos, enfrentarse y resolver retos, pueden favorecer la plasticidad neuronal y, con ella, nuestro cerebro y las funciones cognitivas que sustenta. Porque en este libro Jordi no se limita a identificar las amenazas. Al contrario, nos proporciona una serie de datos científicos basados en los últimos estudios de neurociencia que nos pueden ayudar a proteger nuestro cerebro y ralentizar el envejecimiento cognitivo.

La clave parece encontrarse en el equilibrio. Y este es, para mí, uno de los grandes aciertos de este libro: el equilibrio que muestra entre conocimientos actuales y profundos y sencillez expositiva, entre consejos útiles y la necesidad de empoderamiento que transmite. Debo reconocer que no me gustan los libros que tratan de establecer recetas, sino los que, más allá del conocimiento, transmiten sabiduría, para que cada lector se la pueda hacer suya. Este es el libro de Jordi. Datos y reflexiones, no recetas, que incluyen el ejercicio físico y mental, la alimentación y las relaciones sociales, entre otros. No, no os voy a revelar aquí nada más. Todo el protagonismo es, y debe ser, para el fantástico texto que Jordi Olloquequi nos ofrece. Mi exalumno que, con orgullo y admiración, veo, y debo decir, que se ha convertido también en maestro.

DAVID BUENO, fundador de la cátedra
de Neuroeducación y profesor e investigador
de la sección de Genética Biomédica, Evolutiva
y del Desarrollo de la Universidad de Barcelona

PRIMERA PARTE

Envejecer con sabiduría

*Conocer las bases biológicas del
envejecimiento*

Envejecer es un tema que llevo fatal, la verdad. Y sé que no soy muy original en eso, ya que se trata de una de las preocupaciones más recurrentes de la historia.

En mi caso, pocas cosas me entristecen más que ver cómo los artistas que siempre he admirado (sobre todo del mundo del cine o de la música) van cambiando a lo largo de los años, generalmente a peor. Y si solo les sucediera a los artistas, podría sobrellevarlo. El problema es que también les pasa a mis familiares y amigos más queridos... Este se ha quedado calvo, aquel ha echado barriga... Con lo guapos que eran de jóvenes, ¿verdad?

Lo más grave, evidentemente, es cuando me doy cuenta de que el paso del tiempo también me afecta. Esa arruga que el año pasado no estaba, esa melena que se va volviendo más blanca que el caballo de Santiago... ¡Terrible!

Cuando consigo alejar mis pensamientos de las consecuencias más superficiales del envejecimiento, me doy cuenta de que es aún peor lo que nos ocurre en la sesera. Qué triste es ir perdiendo aquellos recuerdos que nos han forjado como personas y, en los casos más graves, incluso dejar de ser quienes siempre fuimos.

Por todo esto, es lógico que hoy en día el envejecimiento sea *trending topic* en la mayoría de los foros. Nunca se había vivido hasta edades tan avanzadas como hoy, y cada vez sentimos una mayor necesidad de profundizar en los misterios del envejecimiento. Y no solo por curiosidad científica, sino también por la necesidad práctica de mejorar nuestra calidad de vida a medida que nos hacemos mayores.

Entender cómo podemos incrementar los «años dorados» que nos regala la vida se ha vuelto una prioridad.

Por desgracia, esto también ha dado pie a una proliferación de gurús y vendedores de humo que, aprovechando nuestra humana vulnerabilidad, dan falsas esperanzas y proclaman tener la fórmula secreta para detener o incluso revertir las consecuencias fisiológicas del paso del tiempo.

Yo defiendo el derecho de todo el mundo a ganarse la vida como quiera, pero es evidente que la desinformación y las promesas vacías no solo son inaceptables, son peligrosas.

Mi propósito en la primera parte de este libro es sumergirte en las bases científicas del envejecimiento, sobre todo en lo que respecta al cerebro, de una manera accesible y rigurosa.

No te preocupes si las ciencias nunca se te han dado bien o el mundo de la investigación te queda lejos. Te daré herramientas para diferenciar entre la evidencia científica sólida y las afirmaciones infundadas de quienes intentan lucrarse con soluciones milagrosas inútiles.

Este empeño personal nace de una experiencia cercana y dolorosa. A mi padre le diagnosticaron una enfermedad neurodegenerativa incurable a los sesenta años. En nuestra desesperación, nos dejamos arrastrar por una médica que había abandonado su carrera científica y prometía ahora una cura prodigiosa a través de métodos alternativos.

No es que tuviéramos muchas esperanzas, pero, en nuestra situación, pensamos que merecía la pena intentarlo. Tras un par de costosas sesiones, mi padre, un hombre racional y crítico hasta el final, decidió abandonar aquel camino ante la falta de resultados.

Recuerdo sus palabras al final de la última sesión: «Me voy a morir igualmente, pero siendo 200 euros más pobre».

Esta experiencia me animó a desmantelar las falsas promesas con ciencia, especialmente para proteger a quienes pasan por un momento difícil.

En esta primera parte del libro, la obra del biólogo molecular y divulgador científico Carlos López-Otín, de la Universidad de Oviedo, ha sido para mí un referente fundamental. Reconocido mundialmente en el campo del envejecimiento, el doctor López-Otín ha identificado doce características fisiológicas que nos ayudan a comprender qué sucede en nuestro cuerpo a medida que vamos sumando años.

Te hablaré de algunas de estas características en el contexto del sistema nervioso para proporcionarte una comprensión clara de lo que la ciencia ha logrado desvelar hasta hoy.

Pero el conocimiento no solo nos lleva a entender; también debe servir para actuar. Por eso, en la segunda parte del libro te mostraré estrategias avaladas por la ciencia para actuar sobre los mecanismos del envejecimiento. La idea es darte herramientas contrastadas que te ayuden a aligerar el peso de los años.

Y como el *leitmotiv* de este libro es el paso del tiempo, conviene no acelerarnos e ir poco a poco. ¿Te apetece descubrir primero algunos de los secretos que entraña el cerebro?

¡Vamos allá!

1

Breve historia de la neurociencia

Cuando el cerebro se convirtió
en la estrella del show

Desde su nacimiento como especie, el ser humano siempre ha buscado comprender el origen de sus pensamientos y emociones. Bueno, algunos seres humanos más que otros, claro.

A algunos científicos, el interés por lo que tenían encima de los hombros les impulsó a explorar los intrincados recovecos del cerebro con una pasión desbordante. Seguramente tú, que acabas de empezar este libro, compartes esa curiosidad por entender cómo funciona el órgano responsable de nuestra identidad y de la manera en la que percibimos y nos relacionamos con el mundo que nos rodea.

La historia del estudio del cerebro y del sistema nervioso se remonta a miles de años atrás y, como muchas otras grandes historias, empezó con un buen colocón, si me disculpas la expresión.

Efectivamente, los antiguos sumerios ya conocían y disfrutaban de los efectos placenteros de la *Papaver somniferum*, la planta comúnmente conocida como adormidera. Esta contiene grandes cantidades de unas sustancias denominadas alcaloides. Probablemente has oído hablar de ellos: la morfina y la codeína son dos de los más famosos, y sus efectos analgésicos y euforizantes han resuelto numerosos problemas y creado muchos otros.

En cualquier caso, hay que reconocer a los sumerios el mérito de haber consignado los efectos de la adormidera en pleno «subidón», aproximadamente hacia el año 4000 a. C.

Por su parte, los antiguos egipcios creían que el corazón era el verdadero órgano de la inteligencia, y no daban demasiada importancia a la masa cerebral. De hecho, durante el proceso de momificación, aunque preservaban cuidadosamente el resto de los órganos vitales para su uso después de la muerte, el cerebro se descartaba sacándolo por la nariz con un gancho de hierro.

Pero no es que los egipcios menospreciaran el cerebro. De hecho, recientemente se han observado indicios de una cirugía para extirpar un tumor cerebral en un cráneo egipcio de 4.000 años de antigüedad.

Además, también elaboraron una lista detallando los diferentes traumatismos craneales que observaban con una precisión notable, y la plasmaron en un papiro del 1600 a. C. Se sospecha que es una copia de otro mucho más antiguo del 3000 a. C. Y es que el Papiro Edwin Smith, bautizado así en honor al traficante de antigüedades que lo compró en 1862, sigue siendo el documento médico más antiguo conocido sobre el estudio del cerebro.

GRECIA Y ROMA: EL CEREBRO OCUPA EL TRONO

Los antiguos griegos, siempre ingeniosos y pioneros en tantísimas cosas, también lo fueron en el estudio del cerebro. Y como me imagino que no tienes un DeLorean tuneado a mano, como Doc y Marty McFly, te propongo que vueles con tu imaginación a la Crotona del siglo IV a. C., una ciudad dentro de lo que ahora conocemos como Italia.

No es que fuera el centro del mundo en aquel entonces, pero allí tenía su hogar un médico llamado Alcmeón. Este señor tenía la peculiar afición de diseccionar animales. ¿Por qué lo hacía? Al parecer le fascinaba el cerebro. Tanto era así que, en lugar de seguir la corriente popular, que sugería que el corazón era el centro de nuestras emociones y pensamientos, Alcmeón propuso una idea radicalmente nueva: *el cerebro es el verdadero hogar de la mente*.

Tal aseveración equivaldría a decir que la Tierra gira alrededor del Sol en una época en la que todo el mundo creía que era al revés. De hecho, un peso pesado de la ciencia como Aristóteles, por ejemplo, mantenía la idea de que el cerebro era una especie de refrigerador biológico destinado a enfriar la sangre, mientras que el corazón se encargaba del pensamiento y las emociones.

Pues nada, imagínate a Alcmeón de Crotona intentando convencer a los suyos de que sus pensamientos no flotaban en la sangre de sus corazones, sino que estaban encerrados en la masa gris que yacía detrás de sus ojos. Probablemente obtuvo más de una ceja levantada como respuesta, pero, hoy en día, su teoría es el punto de partida de la neurociencia.

Años más tarde, Hipócrates, considerado el padre de la medicina racional, inició una cruzada contra las *magufadas* al afirmar que la epilepsia estaba causada por una alteración en el cerebro. Hoy parece una obviedad, pero en aquella época se pensaba que los ataques epilépticos estaban provocados por los dioses. Sin pelos en la lengua, Hipócrates dijo que considerar la epilepsia como una enfermedad divina era una estrategia muy conveniente para los hechiceros y charlatanes, ya que eran completamente incapaces de curarla.

Herófilo de Calcedonia, además de proceder de un lugar cuyo nombre recuerda a una tienda de ropa interior, fue más intrépido aún que Alcmeón: practicó disecciones humanas en una época (siglo III a. C.) en la que se creía que el alma quedaba atrapada en el cuerpo tras la muerte.

Como te podrás imaginar, eviscerar cadáveres con fines anatómicos estaba considerado una verdadera aberración y, de hecho, prácticamente se prohibió durante los siguientes 1.800 años. Sin embargo, gracias a sus disecciones, Herófilo fue el primero en distinguir entre nervios, vasos sanguíneos y tendones, lo cual no era poco. Además, también se dio cuenta de que los nervios no eran un simple elemento de «decoración interna», sino que llevaban impulsos neurales.

Otro *rockstar* como Galeno, el médico más célebre del Imperio romano durante el siglo II d. C., afirmó que la memoria y el sentido común eran funciones cerebrales, pero que la personalidad y las emociones se generaban en el corazón y el hígado. Bueno, seguro que podemos pasarle por alto este pequeño desliz.

Del Medievo al Renacimiento

Vayamos a la Edad Media, época en la que se creía que los fluidos corporales, o «humores», determinaban nuestra personalidad y estado de salud, lo cual tiene cierta conexión con el Ayurveda, la milenaria ciencia médica de la India.

Según esa teoría, una persona melancólica tenía un exceso de bilis negra producida por el bazo (aunque hoy sabemos que el bazo no produce bilis), mientras que una personalidad colérica se atribuía a un exceso de bilis amarilla del hígado.

Sé que hoy en día la idea de un cerebro refrigerador o de personalidades controladas por la bilis te parecerá extravagante, pero estas teorías trasnochadas han desembocado en la comprensión moderna del cerebro. Después de todo, a veces debes equivocarte varias veces antes de poder acertar.

Pues bien, en aquellos tiempos, mientras los europeos poníamos nuestra atención en las Cruzadas y la peste negra, fueron los científicos árabes quienes hicieron avanzar la neurociencia. Al Razi, un erudito y destacado médico persa del siglo IX, fue un verdadero pionero en el campo de la neuroanatomía aplicada, a pesar de que originalmente quería dedicarse a la música, como un servidor. Su enfoque innovador combinó un profundo conocimiento de la anatomía de los nervios craneales y de la médula espinal con un uso perspicaz de la información clínica para localizar lesiones en el sistema nervioso.

Por su parte, Ibn Zuhr, nacido en Sevilla y también conocido como Avenzoar, empezó a estudiar Medicina a la tierna edad de diez años y acabó plasmando en sus escritos una valiosa visión de la comprensión médica y quirúrgica de las lesiones en la cabeza durante su época. También cuestionó prácticas tradicionales como la flebotomía, que consistía en extraer sangre para curar enfermedades.

Ya en el Renacimiento, Leonardo da Vinci empezó a experimentar con ranas vivas para descubrir los secretos de la médula espinal; sin embargo, su amor por los animales le hizo volverse vegetariano y, en adelante, se dedicó a diseccionar meticulosamente cerebros humanos.

Como sabes, las ilustraciones neuroanatómicas de este genio trascendieron la ciencia para convertirse en extraordinarias obras artísticas. Además, sus contribuciones a la descripción del sistema ventricular, un conjunto de canales y espacios cerebrales interconectados, supusieron un antes y un después en la historia de la neurociencia.

Otro hito importante de la época fue la publicación en 1543 del libro *De Humani Corporis Fabrica* por el belga Andries van Wesel, también conocido como Andrés Vesalio. A partir de la disección de seis cadáveres, algunos de los cuales robó y tuvo que ocultar en su dormitorio durante días, pudo dedicar el último capítulo de su obra a la anatomía del cerebro. En realidad, se dice que este capítulo es el peor de todo el libro y que contiene algunas láminas neuroanatómicas bastante imprecisas. Sea como sea, considerando lo difícil que debió de ser trabajar a escondidas con fiambres putrefactos, tampoco se lo voy a tener muy en cuenta.

En 1579, el anatomista boloñés Julius Caesar Arantius describió por primera vez una estructura cerebral clave para los procesos de aprendizaje y memoria: el hipocampo. Lo bautizó con ese nombre porque le pareció que tenía forma de caballito de mar, de ahí lo de *hippos* («caballo», en griego) y *kampus* («monstruo marino»).

Y en 1664, el británico Thomas Willis, que tenía una melena envidiable (o tal vez un pelucón de escándalo) publicó el famoso tratado *Cerebri Anatome* con el loable objetivo de conocer a fondo el sistema nervioso y, especialmente, el encéfalo. Eso le valió ser considerado por muchos como el padre de la neurología.

Accidentes reveladores

En el siglo XIX, unos años después de que Charles Darwin se embarcara en el viaje que le sirvió para formular su teoría de la evolución, un supervisor ferroviario estadounidense llamado Phineas Gage sufrió un espeluznante accidente. Mientras compactaba explosivos, una barra de hierro le atravesó la cabeza, dañando parte de su lóbulo frontal.

Contra todo pronóstico, Gage sobrevivió, pero su personalidad cambió dramáticamente: de responsable y educado pasó a ser irreverente e impulsivo.

Este caso demostró, por primera vez, que los daños en áreas específicas del cerebro pueden alterar aspectos de la personalidad y el comportamiento, y fue clave para sentar las bases de la neuropsicología moderna. Actualmente, el pobre Phineas y su barra de hierro siguen siendo un recordatorio icónico de lo frágil y misteriosa que puede ser la mente humana.

En la misma línea, un médico francés llamado Paul Broca se encontró con un paciente que solo podía decir una palabra: «tan». A pesar de este trastorno del habla, el paciente, conocido como Monsieur Tan, tenía sus otras capacidades mentales intactas. Cuando Monsieur Tan murió, Broca examinó su cerebro y descubrió una lesión en el lado izquierdo, en un área que ahora lleva su nombre, el área de Broca.

De nuevo, este descubrimiento vinculaba una función cognitiva específica, en este caso el habla, con una región concreta del cerebro.

Algunos años más tarde, un médico alemán llamado Carl Wernicke describió a pacientes que podían hablar con fluidez, pero cuyas palabras no tenían sentido; además, tampoco podían comprender el habla de los demás. La lesión en estos casos se encontraba en una región diferente del cerebro, que ahora conocemos como el área de Wernicke. Estos descubrimientos establecieron las bases para el estudio moderno de la afasia y la neurolingüística.

Seguramente, si los pacientes de Paul Broca y Carl Wernicke hubieran cerrado el pico, habríamos tardado bastante más en tener una idea de cómo funciona nuestro cerebro.

El hombre que confundió a su mujer con un sombrero

En tiempos recientes, si alguien ha contribuido a popularizar la neurociencia ha sido el doctor Oliver Sacks, autor, entre otros libros, del que lleva el título arriba mencionado.

Esta obra divulgativa, que cosechó un enorme éxito, presentaba veinticuatro casos clínicos singulares, como el de un paciente con *heminegligencia personal*, es decir, con falta de conciencia sobre una mitad de su cuerpo. Esto hacía que durante la noche empujara con horror una de sus piernas, percibida como un elemento extraño, lo cual le hacía caer de la cama.

Muchos de los casos que relata este neurólogo y divulgador fallecido en 2015 tienen su origen en una lesión cerebral. Uno de los más extraordinarios es el del compositor Shostakovich, que tenía alojado un trozo de metralla en su cerebro, más concretamente en el cuerno temporal del ventrículo izquierdo. Siempre se negó a que le extrajeran aquel trozo de munición porque aseguraba que, cuando inclinaba la cabeza hacia un lado, oía músicas maravillosas y siempre

distintas que luego transcribía en sus partituras. ¿Quién re-
nunciaría a un mecanismo así, aunque hubiera llegado a la
cabeza de un disparo?

Dos rivales Nobel

Fue hacia el último cuarto del siglo XIX cuando Santiago Ramón y
Cajal, el científico español más célebre de todos los tiempos, cambió la forma en que entendemos el cerebro, además de coprotago-
nizar la mayor rivalidad de la historia de la neurociencia junto con
su «archienemigo» Camillo Golgi.

Ambos habían estudiado profusamente la anatomía cerebral,
pero llegaron a modelos opuestos: Cajal propuso la doctrina neuronal (las neuronas como unidades separadas), mientras que Golgi
defendía el reticularismo (una red neuronal continua).

Estos dos sabios peleaban sin cuartel. Discutían acaloradamen-
te en conferencias, publicaban artículos refutándose y se lanzaban
pullas a través de cartas. Sin embargo, de forma inesperada, ambos
ganaron juntos el Nobel de Medicina de 1906 por sus trabajos sobre el sistema nervioso. En su discurso, Golgi arremetió contra la
teoría neuronal, pero la posteridad demostró que Cajal tenía razón.
De hecho, la teoría de Cajal nos permitió entender cómo las células
nerviosas se comunican entre sí para controlar desde los movimientos hasta la memoria.

La era de los neurotransmisores

El siglo XX nos trajo, entre muchas otras cosas, el descubrimiento de
los neurotransmisores, las moléculas que las neuronas usan para

comunicarse. El neurocientífico austriaco Otto Loewi afirmaba que las ideas más brillantes le llegaban en sueños. Así ocurrió cuando una noche soñó cómo las neuronas se comunicaban: mediante sustancias químicas liberadas en sus uniones.

Al despertar, corrió al laboratorio y le dio por ponerse a estimular el corazón de una pobre rana a través de su nervio vago. Eso provocó la liberación de una sustancia química que, cuando se transfería al corazón de otra rana, reducía su frecuencia cardíaca.

De esta manera, Loewi demostró la teoría química de la transmisión nerviosa, aunque fue un colega suyo, sir Henry Dale, quién consiguió caracterizar esa sustancia y le puso el nombre de acetilcolina. Así pues, Loewi soñó la teoría y Dale nombró la primera molécula. El carácter visionario de este dúo los llevó en 1936 a compartir el premio Nobel de Medicina, como Cajal y Golgi, por su enorme contribución a la ciencia. En este caso, además, no nos consta que hubiera mal rollo entre ellos.

Desplegando el mapa del cerebro

El siglo XX resultó aún más fructífero. Iván Pávlov no tenía suficiente con enseñar a sus perros a traerle el periódico, sino que estaba decidido a descubrir los principios del condicionamiento. En sus famosos experimentos, el fisiólogo ruso demostró cómo un can asociaba el sonido de una campana con recibir comida, de modo que empezaba a salivar solo con oír el tintineo.

A veces, hacía sonar la campana sin dar de comer al perro, que salivaba igualmente. ¡Qué manera de jugar con las expectativas del mejor amigo del hombre!, ¿verdad? Espero que no seas de esas personas que hacen el amago de lanzarle la pelota a su perro sin soltarla: es muy feo. En cualquier caso, los estudios sobre los reflejos condicionados del doctor Pávlov sentaron las bases del comportamiento aprendido.

Gracias a nuevas tecnologías, en el siglo pasado pudieron estudiarse las funciones cerebrales en humanos vivos. En 1929 se inventó el electroencefalograma para registrar la actividad eléctrica cerebral —además de poder esgrimir ese insulto tan típico de «tienes un encefalograma plano»—, y en la década de 1970 surgió la tomografía axial computarizada (o TAC), seguida más tarde por la imagen por resonancia magnética funcional.

Ambas permiten observar el cerebro con una claridad sin precedentes.

Una pléyade de «neuro-» disciplinas emergió definitivamente, desde la neurocirugía hasta la neurociencia cognitiva. Y si alguna vez te has preguntado dónde se reunían los cerebros más brillantes del siglo XX para hablar, precisamente, de cerebros, la respuesta es el Neurosciences Research Program (NRP), una organización nacida en 1962 a partir del Massachusetts Institute of Technology (MIT). Se trataba de un club muy exclusivo donde, en lugar de trajes elegantes y cócteles, había batas blancas y discusiones sobre neuronas.

Pero el NRP no estaba solo. En Canadá, el Montreal Neurological Institute (MNI) también se convertiría en una de las piedras angulares de la neurociencia por aquella época. El NRP y el MNI tenían enfoques diferentes, pero ambos estaban obsesionados con la memoria. De hecho, mientras que en el MNI realizaban investigaciones sobre la pérdida de memoria en pacientes quirúrgicos, en el NRP, el biólogo Francis Schmitt aspiraba a encontrar «la molécula responsable de los recuerdos». Sí, así de ambicioso era el profesor Schmitt.

Aunque evidentemente no encontró su molécula soñada (los recuerdos dependen de varias moléculas diferentes), sentó las bases para que el NRP promoviera la idea de una nueva «neurociencia» transdisciplinar, donde físicos y químicos colaboraban con biólogos y psicólogos para avanzar en el estudio del cerebro.

¿Se puede frenar el envejecimiento cerebral?

Como ves, la neurociencia ha dado grandes saltos gracias a personalidades obsesivas, mentes visionarias, pacientes originales y algunos perros babeantes, entre otros animales que han participado muy a su pesar.

Para no abrumarte, he omitido muchos hitos y personas clave en el proceso de comprender el funcionamiento de nuestro cerebro. Aun así, tras siglos de investigación, este fascinante órgano sigue guardando muchos secretos por revelar.

¿Quién sabe qué misterios neuronales nos develarán las próximas décadas?

Sin duda, uno de los retos actuales más importantes es entender de qué manera envejece el cerebro y, a partir de aquí, cómo podemos evitar su deterioro. Este es el tema que vamos a abordar en este libro.

¿Te imaginas llegar a los ciento diez años con una cabeza tan clara como la de alguien de treinta? A lo largo de estas páginas, trataré de explicarte lo mejor posible qué sabemos hoy en día acerca de esa posibilidad. No obstante, mientras viajamos juntos por los misterios del cerebro, los pensadores más brillantes seguirán intentando descifrar esa masa húmeda de aproximadamente 1,5 kilos alojada en nuestras arrogantes cabezas.

Neurópolis

*Un recorrido fascinante por
la Ciudad Cerebral*

Soy un gran aficionado a la ciencia ficción, así que me voy a permitir pedirte que te imagines en la sala de control de la nave espacial más sofisticada del universo. Hay miles de botones, palancas y pantallas parpadeantes, y cada uno de ellos tiene un propósito específico.

No quiero que pienses que soy un fabulador, y menos en el segundo capítulo de este libro, pero te aseguro que dentro de tu cabeza tienes algo muy similar a esa sala de control. Aunque a veces no lo parezca, bajo el cuero cabelludo tenemos un órgano capaz de funcionar de manera mucho más compleja que la máquina más avanzada.

Como intuyo que nunca has estado en una nave espacial (a menos que te hayan abducido), usaré ahora una metáfora mucho más mundana: imagina que tu cerebro es una ciudad. Vamos a llamarla Neurópolis, término que tomaré prestado del comediante inglés Rob Newman, quien publicó en 2017 una guía crítica y humorística sobre la neurociencia y su impacto en la sociedad, desafiando mitos y explorando las complejidades del cerebro humano.

Pues bien, tu Neurópolis tiene alrededor de ochenta y seis mil millones de neuronas, que vendrían a ser algo así como sus habitantes. Cada neurona es un mensajero supersónico, que envía y recibe información a una velocidad asombrosa. Y, en un paradigma maravilloso de trabajo en equipo, todas estas neuronas colaboran estrechamente para que la ciudad funcione a la perfección.

Pero el cerebro no es solo un montón de neuronas. También está lleno de sustancias químicas llamadas neurotransmisores, que son como los *whatsapps* de la Ciudad Cerebral. Al llevar los mensajes de una neurona a otra, estos neurotransmisores permiten que sucedan tus pensamientos o tus movimientos.

Como decía el filósofo griego Heráclito de Éfeso: «todo fluye, nada permanece». Neurópolis no es una excepción: *tu cerebro está en constante cambio*. Cada vez que aprendes algo, se forman nuevas conexiones entre las neuronas. La Ciudad Cerebral está constantemente construyendo nuevas carreteras y puentes, permitiéndote así crecer y evolucionar.

Todas y cada una de nuestras acciones, desde observar plácidamente el vuelo de una mosca hasta resolver un complejo problema matemático, implican a una ciudad entera trabajando en tu cabeza para hacerlo posible. Y asumo que si estás leyendo este libro, es porque te gustaría mantener esa ciudad limpia, segura y a pleno rendimiento durante muchos años, ¿verdad?

El primer paso, pues, es conocer todos sus barrios y qué ocurre en cada uno de ellos.

Confieso que siempre he odiado la anatomía en general y la del sistema nervioso en particular. Así que no te preocupes: solo voy a explicarte lo realmente importante y esencial para que puedas orientarte en la Ciudad Cerebral sin perderte. ¡Abróchate el cinturón, que empezamos el *tour*!

La corteza cerebral: centro administrativo

Al acercarnos a esta zona clave de la urbe cerebral, lo primero que vemos son las enormes murallas grises que rodean su perímetro.

Y es que, como sucede en muchas otras grandes ciudades, la falta de espacio acaba siendo un problema.

Para solucionarlo, la corteza cerebral está arrugada. Esas arrugas, técnicamente llamadas circunvalaciones y surcos, permiten que una gran superficie de corteza cerebral quepa dentro del espacio limitado de nuestro cráneo. Sería como doblar cuidadosamente un mapa grande para guardarlo en un bolsillo pequeño. Las circunvalaciones son las elevaciones o «colinas» del mapa, mientras que los surcos son los «valles» o hendiduras entre esas colinas. Además de ahorrar espacio, también nos ayudan a separar los diferentes barrios y a crear conexiones más eficientes entre ellos.

LAS CUATRO ÁREAS DE LA CORTEZA CEREBRAL

Nuestra corteza se divide en cuatro lóbulos o regiones con funciones bien diferenciadas:

El lóbulo frontal es un distrito de grandes avenidas, donde encontramos el ayuntamiento y los juzgados. Gracias a lo que sucede aquí, la ciudad puede prosperar de forma ordenada. En este lóbulo residen capacidades cognitivas cruciales como la planificación, la priorización, el razonamiento abstracto y el control de los impulsos. De hecho, esta área recibe información de todo el cerebro para coordinar pensamientos y acciones. En el lóbulo frontal existen diferentes subdivisiones que también cumplen roles específicos. Mis favoritas son la corteza premotora, esencial para planear y coordinar movimientos voluntarios precisos, y el área de Broca, en honor al médico francés que ya conocimos, que permite la producción del habla.

Al lado está el lóbulo parietal, donde sientes el roce de los adoquines bajo tus pies y el abrazo cálido de un amigo. Tiene una gran plaza con fuentes y bancos donde sentarse a descansar y constituye el centro sensorial, integrando todo lo que tocas, saboreas y percibes. Lo que aquí sucede te permite detectar la temperatura, el dolor o la suave caricia de la brisa. También integra todos esos datos para formar una percepción única del cuerpo y su localización, lo que llamamos la imagen corporal. En este sentido, actúa como una especie de centro de información turística: procesa la información sobre la ubicación de los diferentes lugares del cuerpo para orientar a los visitantes.

Más adelante llegamos al lóbulo temporal. Este barrio es un hervidero de actividad y conversaciones. Aquí resuena la música, se intercambian historias y recuerdos; se charla sin parar. Aloja la vibrante plaza de la memoria, el lenguaje y la audición. La corteza auditiva primaria analiza las características físicas de los sonidos, como el tono o el volumen, mientras que el área de Wernicke los interpreta para otorgarles significado. El lóbulo temporal está estrechamente relacionado con el distrito del sistema límbico, del que te hablaré más adelante.

El último barrio de la corteza es el lóbulo occipital. Se encuentra en la parte trasera de la cabeza, donde a menudo recalan las collejas más imprecisas. Es una especie de mirador ubicado en lo alto de una colina, desde donde los vigilantes otean incansables el horizonte y el cielo estrellado con potentes telescopios. Su corteza visual recibe y analiza la información procedente de los ojos, detectando la orientación de líneas, colores y formas.

EL SISTEMA LÍMBICO: CENTRO EMOCIONAL Y SOCIAL

Dentro de la intrincada red que constituye la Ciudad Cerebral, mi área favorita es sin duda el distrito del sistema límbico. Se trata de la región más primitiva del cerebro, compuesta por diversas estructuras ubicadas en lo profundo de sus hemisferios y que actúa como el «corazón emocional» de la ciudad.

Sin la presencia de este sistema, seríamos meros autómatas desprovistos de emociones y motivaciones.

Esta región participa en comportamientos complejos e interrelacionados como la memoria, el aprendizaje y las emociones. Actúa a modo de puente entre las funciones cognitivas superiores, como el razonamiento, y las respuestas emocionales más básicas, como el miedo.

Y, claro, si hablamos de miedo, tenemos que mencionar la amígdala cerebral. Esta pequeña estructura del sistema límbico viene a ser una estación de policía y bomberos, siempre alerta ante cualquier señal de peligro. No es una estructura uniforme: está formada por diferentes núcleos ubicados en los lóbulos temporales y recibe información sensorial de todas las áreas corticales, en especial de los centros olfativos y del sistema visual y auditivo.

Cuando la amígdala detecta una posible amenaza, activa las vías nerviosas que preparan al cuerpo para la acción: se liberan hormonas del estrés, aumentan el ritmo cardíaco y la respiración, se orienta la atención visual y auditiva y se prepara a los músculos para huir o luchar. Algo así como Rambo cuando, agazapado en la selva, se dispone a luchar solo contra un ejército que quiere cazarle.

En condiciones normales, la corteza prefrontal mantiene bajo control los impulsos de miedo de la amígdala. Pero cuando falla esta regulación racional, la hiperactividad de la amígdala puede causar trastornos de ansiedad, fobias y estrés postraumático.

Es entonces cuando sentimos sudores fríos y palpitaciones y deseamos salir corriendo, aunque no hay un peligro real al que enfrentarnos.

El sistema límbico también incluye el hipocampo, que es el gran archivo y biblioteca de Neurópolis, esencial para consolidar recuerdos. Esta estructura con forma de caballito de mar está enterrada profundamente en los lóbulos temporales y funciona como una especie de Google neuronal: recopila información procesada prácticamente en toda la corteza cerebral a través de complejas vías nerviosas.

Esta información contiene los elementos que componen los recuerdos episódicos, es decir, aquellos que guardan nuestras vivencias y experiencias: personas, lugares, objetos, olores, sabores, emociones... Como un hábil bibliotecario, el hipocampo cataloga y almacena estos datos dispersos para tenerlos bien ordenados en nuestras autobiografías mentales.

Cuando evocamos un recuerdo, el hipocampo reconstruye esa parte de la memoria recuperando los diferentes fragmentos archivados en la corteza. Este proceso explica por qué los recuerdos nunca son una reproducción exacta del original, sino una reconstrucción donde a veces se cuelan falsos detalles. Como en el *thriller Falsa memoria*, de Dean Koontz, donde un malvado psiquiatra se aprovecha de este proceso para colar en sus pacientes recuerdos de experiencias que nunca han vivido, de modo que actúen según sus pérfidos planes.

El hipocampo contiene, además, «neuronas de lugar» que crean un mapa espacial del entorno y nuestra localización en él. Este Maps mental nos permite orientarnos y transitar por lugares nuevos.

Como te mostraré más adelante, cuando el hipocampo resulta dañado, como sucede en la enfermedad de Alzheimer, se pierde la capacidad de transferir recuerdos a largo plazo y se sufren graves problemas de memoria *anterógrada*. Es la que permite formar y retener nuevos recuerdos después de un hecho específico, como un accidente o el inicio de una enfermedad. Si esta memoria se ve afectada, una persona puede evocar su vida y eventos hasta ese punto, pero tendrá dificultades para recordar información nueva o experiencias que suceden después.

Por ejemplo, podría recordar claramente su infancia y juventud, pero no lo que desayunó esa mañana o una conversación reciente. Por lo tanto, sin nuestra gran biblioteca y cartoteca neuronal, Neurópolis se vuelve un laberinto caótico.

Otra región límbica destacada es el *núcleo accumbens*, que actúa como un centro comercial gigantesco donde se vende motivación y placer. Libera un neurotransmisor llamado dopamina que nos genera bienestar cuando llevamos a cabo conductas esenciales para nuestra supervivencia como comer, relacionarnos o practicar sexo. Como suele ocurrir, la dopamina es un arma de doble filo que puede volvernos adictos a conductas menos saludables.

TÁLAMO E HIPOTÁLAMO: EL «PODER EN LA SOMBRA»

En el corazón de la bulliciosa Neurópolis encontramos dos estructuras clave que actúan como centros de control e integración: el tálamo y el hipotálamo. Aunque pequeños en tamaño, comparados con los extensos barrios de la corteza cerebral, su importancia es enorme.

El tálamo es una especie de distribuidor de señales sensoriales; a excepción del olfato, cada bit de información de los sentidos que llega a la Ciudad Cerebral debe pasar por aquí, para ser procesado y luego enviado a su destino final en la corteza. Es como si cada señal sensorial necesitara la aprobación del tálamo antes de alcanzar la conciencia.

Sin embargo, su influencia va más allá de la mera gestión de estímulos, y es que también tiene un papel vital en la regulación de la atención y el estado de alerta. Además, las conexiones entre el tálamo y la corteza prefrontal son cruciales para la conducta afectiva y las funciones ejecutivas. Por ejemplo, una lesión en estas conexiones puede resultar en cambios significativos en la personalidad, incluyendo dificultades en la toma de decisiones.

Por su parte, el hipotálamo es una pequeña región situada en la base del cerebro compuesta por distintos núcleos con roles específicos. Podríamos decir que el hipotálamo es el coordinador general de Neurópolis: se conecta con casi todas las partes del cerebro y es el principal centro de control del sistema nervioso autónomo (el que se encarga de las acciones involuntarias).

El hipotálamo actúa también como un centro de mando para el sistema endocrino, controlando la liberación de hormonas a través de la glándula pituitaria, también llamada hipófisis. Esta regulación hormonal es fundamental para procesos como el crecimiento, el metabolismo y las respuestas al estrés, entre otros. Además, circuitos hipotalámicos controlan respuestas emocionales como la ira, el miedo y el placer, en íntima conexión con el sistema límbico.

Otra de sus principales funciones es regular el equilibrio energético del organismo, ajustando el apetito, y también mantener la temperatura corporal constante. Además, conforma nuestro sistema circadiano, que regula los ciclos de sueño-vigilia. Como te explicaré más adelante, mantener una buena calidad del sueño es fundamental para mitigar los efectos del paso del tiempo en la Ciudad Cerebral.

EL CEREBELO: CENTRO DEL MOVIMIENTO

Llegamos al cerebelo, que trabaja sin descanso mientras coordina todo el tráfico de información sensitiva y motora para que podamos movernos y pensar eficazmente. Se encuentra en la parte posterior de la cabeza y suele pasar desapercibido, pero es esencial para que todo funcione correctamente.

Cada vez que decides moverte, estás enviando una serie de órdenes a diferentes partes de tu cuerpo. El cerebelo es el que asegura que todas estas órdenes se ejecuten de manera sincronizada y fluida. Funciona principalmente como un coordinador inconsciente de movimientos.

Por ejemplo, cuando quieres coger un vaso, el cerebelo calcula la fuerza y trayectoria necesarias, la secuencia de contracciones musculares, etc. Gracias a él, todo esto ocurre automáticamente, sin que tengas que pensarlo.

Cuando aprendes a hacer algo nuevo, ya sea montar en bicicleta o tocar un instrumento, el cerebelo actúa como un «almacén de datos», registrando las nuevas habilidades para que puedas realizarlas automáticamente en el futuro. A esto se le llama aprendizaje motor. Además, al igual que existen profesionales que vigilan que las carreteras y los semáforos estén siempre en óptimas condiciones, el cerebelo regula y ajusta la postura y el equilibrio del cuerpo.

Aunque es más conocido por su papel en la motricidad, investigaciones recientes sugieren que el cerebelo también podría estar involucrado en funciones como la atención, el lenguaje y la regulación emocional.

Tecnología *cyborg*

Neuralink, una de las empresas del polémico Elon Musk, está desarrollando neurotecnología para implantar interfaces «cerebro-computadora» capaces de proporcionar estimulación cerebral directa a personas con discapacidades a causa de trastornos neurológicos.

De momento, el centenar de empleados que trabajan en la empresa de San Francisco han obtenido éxitos en animales. A través de la implantación de un chip cerebral, lograron que un mono jugara a Pong con su mente. Todo esto ha venido acompañado de un aluvión de críticas por parte de los animalistas, que denuncian el sufrimiento de estos seres vivos.

El objetivo de estos experimentos es lograr que los humanos con parálisis, por ejemplo, puedan comunicarse a través de sus pensamientos. Este tipo de implantes podrían permitir incluso recuperar la visión, o que una persona sin movilidad volviera a andar.

¿Acabará convirtiéndonos en *cyborgs* nuestra fijación por alargar la vida?

EL TRONCO ENCEFÁLICO: CENTRO DE OPERACIONES

Ubicado entre el cerebelo y el cerebro, el tronco encefálico es una estación de parada obligatoria para todas las conexiones sensitivas y motoras que entran y salen de Neurópolis. De hecho, actúa como un punto de relevo para los impulsos nerviosos entre diferentes partes del cerebro y la médula espinal.

Al igual que una central de operaciones, el tronco encefálico regula diversas funciones vitales como la respiración, los latidos cardíacos, la presión arterial, el vómito o la deglución.

Otra de sus funciones cruciales es mantener el estado de alerta y la vigilia. De esta manera, cuando Morfeo hace de las suyas a deshora y las neuronas del tronco encefálico reciben mensajes cargados de adenosina (un neurotransmisor con efectos somníferos), el centro reticular activador envía neurotransmisores como la acetilcolina que nos excitan para que no nos durmamos. Este mecanismo acostumbra a fallar en determinadas situaciones, como cuando asistimos a clases aburridas o nos tragamos una película nefasta en el cine.

¿CÓMO REPERCUTE EL ENVEJECIMIENTO SOBRE EL CEREBRO?

A medida que cumplen años, los edificios de Neurópolis comienzan a mostrar el deterioro propio de las construcciones antiguas: cañerías rotas, cableados defectuosos, paredes agrietadas. Simultáneamente, parte de sus habitantes originales, las neuronas, empiezan a funcionar mal o incluso a morir.

Estos estragos arquitectónicos y demográficos se traducen en ciertas dificultades funcionales. Los mensajes entre distritos tardan más en llegar, como una carta traspapelada en una oficina de correos dormida. Las decisiones se demoran, al igual que un alcalde senil revisando interminablemente cada decreto, lo que hoy se llama *micromanagement*. Y la evocación de episodios pasados se vuelve nebulosa, así como la remembranza se desdibuja en un cronista anciano. Son los inevitables signos de una metrópolis que ha vivido décadas de gloria y ahora declina lentamente.

En cuanto a los cambios estructurales, el envejecimiento conlleva una disminución en el volumen del cerebro, lo que se conoce como atrofia. Las circunvalaciones se hacen más estrechas y los espacios de los surcos se ensanchan. Estos cambios son más notorios en la corteza frontal y temporal. Por lo tanto, podríamos decir que nuestra Ciudad Cerebral se va encogiendo con los años.

¿Y qué sucede con las neuronas a medida que acumulas vueltas al sol? Bien, primero debo explicarte qué son y cómo funcionan estas neuronas. Vamos a descubrirlo en el siguiente capítulo.

Neuronas, circuitos y sinapsis

Así funciona Neurópolis

Ahora que ya has paseado por la metrópolis más fascinante de nuestro cuerpo, ha llegado el momento de conocer a sus principales habitantes, las neuronas.

Si eres de los que se agobian en las grandes ciudades, piensa que la cantidad de neuronas en nuestro cerebro supera más de diez veces la población humana mundial. Además, como nuestra Neurópolis siempre permanece activa, las neuronas están constantemente chateando entre sí, como adolescentes en una fiesta. Y es que cada una tiene un papel que cumplir, ya sea detectar señales del exterior, mover partes del cuerpo o procesar información. Sin su cooperación, nuestro organismo se vendría abajo como un castillo de naipes.

Pero no te confundas, las neuronas no son criaturas diminutas con enormes cabezas pensantes. Son células especializadas, microscópicas pero complejas, conectadas como los hilos de una telaraña. Aunque no puedan resolver ecuaciones o discutir sobre filosofía por sí mismas, su actividad colectiva genera todos los fenómenos de nuestra mente. Gracias a su trabajo en equipo puedes leer este libro o recordar tu primer beso... aunque a veces olvides dónde has dejado las gafas.

Veamos qué aspecto tienen los habitantes de Neurópolis.

SELFI NEURONAL: ANATOMÍA DE LA CÉLULA NERVIOSA

Al observar una neurona al microscopio, nos encontramos con una célula de forma irregular y abundantes ramificaciones. De hecho, podemos hablar de diferentes partes que constituyen esta célula tan peculiar: el cuerpo, las dendritas y el axón.

El cuerpo de la neurona, también llamado soma, es una especie de torso nudoso y fibrado que sostiene sus largas ramificaciones. Está lleno de pequeños bultos que aumentan la superficie de la membrana neuronal, permitiendo más intercambio de sustancias y facilitando su funcionamiento.

El cuerpo celular contiene, además, el núcleo con el ADN, así como diferentes orgánulos (estructuras minúsculas que, al igual que nuestros órganos, desempeñan funciones vitales) y maquinaria bioquímica para fabricar proteínas. Por lo tanto, en el cuerpo se encuentra el manual de instrucciones de la célula y es donde se fabrican la mayoría de sus componentes.

Pero la parte más llamativa de la neurona es su «pelambrera» de dendritas, unas finas prolongaciones que reciben señales de otras neuronas. Las dendritas son como unos oídos celulares, siempre atentos a chismes y noticias de sus vecinas. Cuantas más dendritas tenga, más conectada está la neurona a la comunidad. Hay neuronas casi calvas, con una sola dendrita, mientras que otras parecen Bob Marley en un día de viento, con una enmarañada melena dendrítica.

En todo caso, las dendritas no son cables lisos, sino que presentan pequeñas protuberancias llamadas espinas dendríticas, que sobresalen como las antenas de una casa para captar señales.

Estas espinas funcionan como buzones individuales que facilitan el intercambio de información con otras neuronas. Algo parecido a los casilleros cerrados con llave que hay en las oficinas de correos. Cada casillero o, mejor dicho, cada espina es un buzón individual que puede captar un mensaje exclusivo procedente de otra neurona. Tener estas unidades independientes, en lugar de un gran depósito compartido, hace que la neurona pueda procesar en paralelo muchos mensajes a la vez sin que se mezclen, optimizando así la velocidad y precisión de la comunicación cerebral.

Seguro que has oído hablar de la materia gris y de la materia blanca. Pues bien, la materia gris la componen las zonas del sistema nervioso central donde se encuentran la mayor parte de los cuerpos y dendritas neuronales. Por el contrario, la materia blanca consta sobre todo de prolongaciones especiales de las neuronas, los axones, que emergen de sus cuerpos como si fueran colas.

A diferencia de las múltiples dendritas, cada neurona tiene un único axón. Se extiende desde el soma como una línea telefónica, transportando señales hacia otras zonas del cerebro o del cuerpo. De hecho, los axones pueden recorrer tramos microscópicos o cruzar hasta un metro de distancia.

Cuando el axón llega a su destino, se ramifica en múltiples terminales que actúan como altavoces que transmiten la señal a las siguientes neuronas de la cadena. ¡Ojo! En la mayoría de los casos, un axón no toca físicamente a la siguiente neurona, sino que deja un pequeño espacio entre ambas, lo que se llama *hendidura sináptica*. Pero ya llegaremos a ese detalle crucial.

GREMIOS CEREBRALES

Al igual que en cualquier ciudad, no todos los habitantes son iguales ni hacen el mismo trabajo. Hay personas más altas, más bajas, más rápidas, más lentas, de ciencias, de letras... Las hay que se dedican a la medicina, a la ingeniería, a la restauración, al arte y, sí, ¡incluso hay *influencers*! En el cerebro, las neuronas también tienen sus «profesiones» específicas.

Las neuronas se clasifican en tres categorías principales: sensoriales, motoras e interneuronas.

Las *neuronas sensoriales* son una especie de periodistas de Neurópolis. Viven al filo de la noticia, recogiendo información del mundo exterior y enviándola al cerebro para su procesamiento. Ya sea un olor delicioso que sale de una pizzería o el tacto de una mano amiga, estas neuronas están ahí para decir: «¡Tía, qué fuerte! ¿Sabes lo que está pasando aquí?». Son los corresponsales en el terreno, siempre listos para enviar un *whatsapp* con algún titular. Por ejemplo, las neuronas olfativas detectan olores, mientras que las retinianas responden a la luz. Poseen dendritas ramificadas y especializadas.

Las *neuronas motoras* son las encargadas de enviar órdenes desde el cerebro a los músculos, haciéndolos contraerse y generando movimiento. ¿Necesitas empujar el carro de la compra, que a menudo tiene una rueda defectuosa? Ellas están ahí para hacer posible el trabajo pesado. ¿Quieres bailar perreando hasta el suelo, como si nadie te estuviera mirando? Estas neuronas coordinan tus movimientos para que puedas soltarte en la pista de baile. También son las responsables de que tropieces accidentalmente; nadie es perfecto. Para poder llevar a cabo estas funciones, tienen un axón muy largo que parte de la médula espinal y llega a un músculo, estableciendo una línea directa de comunicación.

Por último, tenemos las *interneuronas*, que comunican y procesan señales entre otras células. Estas neuronas son expertas en relaciones públicas: conectan diferentes áreas del cerebro. Al igual que los típicos vecinos cotillas, recogen chismes del barrio para integrarlos y transmitirlos donde haga falta. Hay interneuronas a montones en el cerebro, estableciendo redes complejas de comunicación neural. Además, son unas maestras del *multitask* y las negociaciones neuronales. ¿Necesitas recordar el nombre de esa película que viste hace años mientras intentas evitar un charco en la calle? Las interneuronas hacen posible que puedas hacer ambas cosas a la vez. En cuanto a su aspecto, son las más variadas. Muchas poseen dendritas y axones cortos para establecer una comunicación local. Otras, las llamadas neuronas de proyección, tienen axones largos que interconectan regiones distantes del cerebro. Algunas de las más famosas tienen nombres que recuerdan la carta de un restaurante italiano, como las neuronas de Golgi o las de Martinotti.

El idioma eléctrico de las neuronas

Sé lo que estás pensando: «¿Electricidad en el cerebro? ¿Acaso soy un robot?». No te preocupes, no eres un androide, pero al igual que el de los replicantes de *Blade Runner*, tu cerebro utiliza electricidad para comunicarse. Déjame contarte cómo.

Podríamos decir que el idioma de las neuronas se basa en el sistema binario: unos y ceros, o, mejor dicho, presencia o ausencia de impulsos eléctricos. Esto es posible gracias a que el interior de las neuronas, como el de todas las células, está separado del exterior por una membrana. La membrana actúa como una cerca aislante que mantiene diferencias de carga eléctrica a ambos lados, gracias a una distinta concentración de iones dentro y fuera de la célula.

Cuando una neurona está «en silencio», mantiene una mayor concentración de iones de sodio afuera, junto al lado externo de su membrana. Como los iones de sodio tienen carga eléctrica positiva, en este estado de reposo la cara externa de la membrana estará cargada positivamente, mientras que la cara interna (en contacto con el interior de la neurona) tendrá una carga más negativa.

Si la neurona rompe su silencio y empieza a comunicarse, decimos que se activa. Entonces abre unas compuertas específicas para el sodio en su membrana. Ello provoca que este ion se precipite hacia el interior neuronal como un tsunami, atraído por las cargas negativas. Pero, claro, como el sodio tiene carga positiva, al entrar en la célula provoca que esta también se vuelva positiva, invirtiendo así su carga. Esto se traduce en un impulso nervioso que se propaga por toda la neurona como una ola en un estadio de fútbol.

Una vez que el impulso ha recorrido una zona de la neurona, detrás de él se cierran las compuertas para el sodio y se abren otras compuertas, esta vez de potasio. Incapaz de resistirse ante una puerta abierta, el potasio empieza a salir de la neurona. Como también tiene carga positiva, al abandonar la neurona hace que esta recupere su carga negativa interna habitual. De esta forma tan elegante, simplemente permitiendo el paso de sodio y potasio a través de la membrana, la señal viaja a lo largo de toda la neurona a una velocidad de... ¡100 metros por segundo!

A esta cascada eléctrica se la conoce como *potencial de acción*. Su estilo binario recuerda al lenguaje digital de los ordenadores, hasta que se implemente la computación cuántica. A partir de ceros y unos aparentemente aleatorios, surgen patrones con un significado.

Un idioma universal

El lenguaje eléctrico no se limita a las neuronas, también lo utilizan músculos y glándulas. Las células cardíacas se autoexcitan, generando sus propios potenciales de acción. Esto permite que el corazón no deje de latir. Así pues, el intercambio de iones a través de las membranas celulares es un idioma versátil que permite que todo nuestro cuerpo funcione de una manera coordinada.

HABLAR POR NO CALLAR: LA TRANSMISIÓN SINÁPTICA

Ahora que ya conocemos a los habitantes de nuestra metrópolis cerebral y su idioma, es hora de ver cómo se comunican entre sí. Está muy bien que una neurona sea capaz de excitarse y generar un mensaje eléctrico, pero de poco le serviría si no fuera capaz de transmitirlo a otra neurona.

Si estuvieras en una ciudad sin internet, sin teléfonos móviles y sin correo postal, sería un caos, ¿verdad? Bueno, en nuestra Neurópolis, la comunicación también es vital, y se lleva a cabo a través de una especie de WhatsApp neuronal, aunque los científicos preferimos el término «transmisión sináptica» para sonar más sofisticados.

Antes de sumergirnos en los mensajes de texto neuronales, debemos entender qué es una sinapsis. Imagina que dos neuronas quieren chatear; necesitan un lugar para encontrarse y compartir sus «cotilleos» eléctricos. Ese lugar de encuentro es la sinapsis, aunque hay un pequeño problema: como ya he mencionado, la mayoría de las neuronas no están unidas físicamente. Entre los terminales axónicos y las dendritas receptoras existe un diminuto espacio, la hendidura sináptica de la que te he hablado antes.

Para que te hagas una idea: este espacio es de tan solo 20 nanómetros (o 0,00002 milímetros), pero para neuronas vecinas, es como un precipicio infranqueable. Entonces, ¿cómo saltan los chismes de una célula a otra?

Aquí entran en juego los neurotransmisores, las moléculas especializadas que transportan los mensajes. Se empaquetan en unos saquitos llamados vesículas dentro del axón, listos para cruzar la hendidura cuando llega un impulso nervioso.

Así pues, las sinapsis son como la cafetería local donde todos se reúnen para charlar, solo que, en lugar de café y pastelitos, se sirven neurotransmisores. Los neurotransmisores son las «palabras» y «emojis» que las neuronas usan para comunicarse entre sí. Cuando una neurona A (llamada presináptica) quiere enviar un mensaje a una neurona B (llamada postsináptica), libera estos neurotransmisores en la hendidura, como si enviara un emoji de corazón para decir «te quiero».

Los neurotransmisores de la neurona A cruzan el pequeño espacio y, al otro lado de la hendidura, se encuentran con las dendritas de la neurona B, cargadas de receptores moleculares específicos para esos neurotransmisores. Los receptores actúan como antenas y, en el momento en que se les une un neurotransmisor, se inicia un potencial de acción en la neurona receptora. Así salta el mensaje, como una noticia viral de una célula a la siguiente.

Algunos de los neurotransmisores más populares son la dopamina (el emoji de la felicidad) y la serotonina (el emoji del bienestar). Además, como en toda comunicación hay diferentes tipos de mensajes, algunas sinapsis son excitadoras, activando la siguiente neurona, mientras que otras son inhibitorias, moderando sus ímpetus cotillas. De la combinación equilibrada de ambas surge el exquisito funcionamiento neuronal. Sería algo así como dos vecinos, uno chismoso que te anima a difundir un rumor, y otro precavido que te convence de guardar silencio.

Ahora bien, ¿qué pasa si algo sale mal en este proceso? Pues lo mismo que ocurriría en una zona con mala cobertura donde no pudieras enviar ni recibir *whatsapps*.

En el cerebro, una falla en la transmisión sináptica puede llevar a todo tipo de problemas, desde pequeños malentendidos neuronales hasta trastornos serios como la depresión, la ansiedad o la esquizofrenia.

Como ya habrás supuesto, la transmisión sináptica es crucial para todo, desde mover un dedo hasta enamorarse. Y al igual que en cualquier sistema de mensajería, hay reglas y etiqueta. Por ejemplo: enviar demasiados neurotransmisores equivaldría a enviar mensajes de texto a alguien en medio de la noche: algo molesto y potencialmente problemático.

Con el tiempo, las sinapsis se debilitan si no se usan, lo que puede provocar que desaparezcan estas conexiones. Pero también ocurre lo contrario, una excesiva fuerza sináptica puede conducir a la hiperexcitabilidad neuronal característica de ciertas enfermedades como la epilepsia.

Como en todo, un equilibrio saludable es esencial. Y ya te anticipo que voy a repetir esta frase en varios capítulos del libro.

Circuitos neuronales: la importancia del trabajo en equipo

Las neuronas no trabajan aisladas, sino que están interconectadas en enormes redes o circuitos que procesan la información.

Un circuito neuronal es un conjunto de neuronas interconectadas que trabajan juntas para realizar una función específica. Para mantener las analogías que he ido introduciendo, puedes imaginarte un circuito neuronal como un grupo de WhatsApp altamente sofisticado y, francamente, más útil que el de las amistades que se dedican a compartir memes de mal gusto.

Empecemos por lo básico: el arco reflejo. Un buen ejemplo es el típico reflejo rotuliano. Golpea ligeramente la rótula y tu pierna dará una patada automáticamente. Simple pero efectivo. De hecho, este circuito solo necesita dos neuronas: una sensorial que lleva la señal desde el golpe hasta la médula espinal, y una motora que la devuelve al músculo haciéndolo contraer. Sin este reflejo, cualquier desaprensivo podría dedicarse a golpear tu rótula con un martillito sin que pudieras defenderte con una buena patada.

Otros reflejos como estornudar o retirar la mano del fuego siguen el mismo principio. Son arcos sensoriales-motores para responder rápido ante estímulos, sin necesidad de que la corteza cerebral intervenga.

Evidentemente, en el cerebro abundan circuitos mucho más complejos. Por ejemplo, los núcleos talámicos actúan como puertas de entrada, dirigiendo selectivamente señales sensoriales hacia regiones específicas de la corteza. Ahí se integra la información, procesándola en bucles dentro de columnas de neuronas muy especializadas. Esto nos permite realizar operaciones complejas, como reconocer un rostro familiar o escuchar una sinfonía.

Para añadir un poco más de complejidad al asunto, debes saber que las neuronas en un circuito no solo se comunican a través de impulsos eléctricos; también pueden sincronizarse para generar oscilaciones. Estas oscilaciones son como el «ritmo» de la red, y también son cruciales para funciones como la atención, la percepción y el movimiento.

Por eso, cuando una conexión falla, ocurren trastornos como la epilepsia, el párkinson o el alzhéimer. Desórdenes como la esquizofrenia o el trastorno del espectro autista también se asocian con disfunciones en los circuitos neuronales. Así pues, comprender cómo funcionan estos circuitos es crucial para el desarrollo de tratamientos efectivos para estas y otras enfermedades.

¿Solo neuronas?

En la populosa Ciudad Cerebral, las neuronas acaparan mucho la atención. Estas células nerviosas, comunicándose entre sí mediante impulsos eléctricos y químicos, son sin duda las grandes protagonistas de la actividad fisiológica que define a la mente.

Sin embargo, por cada neurona existe al menos otra célula igual de esencial pero más discreta: la glía o célula glial. Tal vez es la primera vez que oyes hablar de estas células, pero hay estudios que sugieren que, en realidad, constituyen hasta el 90 % de todas las células del cerebro. Sería curioso que, después de tanto hablar de las neuronas, estas representaran una simple minoría en nuestra Neurópolis, ¿verdad?

Pese a su nombre griego, que significa «pegamento», las células gliales no son un mero relleno inerte. De hecho, actúan como una infraestructura crítica para sostener, nutrir y asistir a las divas de las neuronas. Por lo tanto, podemos decir que las células gliales son a las neuronas lo que Sancho Panza a Don Quijote, o lo que Samsagaz Gamyi a Frodo Bolsón. Vamos, que detrás de cada gran neurona hay una gran célula glial (o, más probablemente, varias).

Existen diferentes tipos de abnegadas células gliales. Los astrocitos, denominados así por su forma de estrella, proporcionan soporte estructural, además de regular el ambiente químico que rodea a las células nerviosas. Los oligodendrocitos fabrican la mielina, una capa aislante alrededor de los axones neuronales que permite acelerar la conducción de impulsos. Y las células de la microglía forman parte del sistema inmune, zampándose los desechos celulares y combatiendo infecciones.

Así, aunque mucho menos célebres que las neuronas, las incansables células gliales contribuyen a mantener los delicados engranajes de Neurópolis. Como veremos más adelante, ellas también están involucradas en el proceso del envejecimiento.

Espero no haberte abrumado al explicarte la vida y milagros de los habitantes de la Ciudad Cerebral. Necesitábamos ver un poco todo eso para pasar, en el próximo capítulo, a lo que es el tema principal de este libro: el envejecimiento del cerebro y cómo prevenirlo.

CAPÍTULO
4

¿Por qué envejecemos?

Una vieja pregunta con múltiples respuestas

Coincidirás conmigo en que el envejecimiento es un proceso tan natural como fastidioso. Y es que a medida que cumplimos años, nuestro cuerpo se resiente como un coche de segunda mano. Está más oxidado, con más kilómetros, y acumula unos cuantos arañazos. Si, además, eres de las personas que aparca de oído, como yo, súmale incluso alguna que otra abolladura.

Envejecer es una de las pocas certezas que tenemos en la vida, a no ser que algo peor nos saque del terreno de juego. Forma parte de nuestra naturaleza mortal. Sabemos que los tiempos en los que podemos trasnochar y seguir frescos como una lechuga al día siguiente, o aquellos en los que nuestra memoria funciona como un disco duro de última generación, se acabarán.

El proceso de envejecimiento es complejo y multifacético, y no solo produce cambios visibles, como la aparición de arrugas o canas (para los afortunados que conservamos el cabello), sino también una serie de profundas alteraciones moleculares y celulares.

Generalmente, tras alcanzar el pico de nuestras capacidades en la tercera década de vida, comienza un declive gradual en varias funciones corporales. Este fenómeno, estudiado y documentado ampliamente en la literatura científica, muestra que cada persona envejece de manera única, aunque siguiendo ciertos patrones comunes.

Por ejemplo, a medida que envejecemos, nuestro metabolismo se ralentiza, nuestras respuestas se vuelven más lentas y nuestra actividad sexual puede disminuir —a excepción de Mick Jagger, que volvió a ser padre a los setenta y tres años—, entre otros cambios fisiológicos y funcionales.

Acerca de esto, no obstante, un estudio publicado en agosto de 2024 por la revista científica *Nature Aging* sugiere que el envejecimiento podría no ser un proceso tan progresivo como pensábamos, sino que presenta dos picos significativos a los cuarenta y cuatro y a los sesenta años.

Justo ahora que empezaba a superar la crisis de los cuarenta, solo me faltaba enterarme de que a los cuarenta y cuatro las cosas se van a poner más feas...

En cualquier caso, envejecer implica perder vitalidad y hacerse más vulnerable. De hecho, muchas enfermedades crónicas tienen en el envejecimiento su principal factor de riesgo. Además, la probabilidad de padecer varias enfermedades crónicas simultáneamente —lo que se conoce como multimorbilidad— se incrementa con la edad, tal y como se ha demostrado en diferentes estudios poblacionales.

A pesar de que los homínidos llevamos envejeciendo desde que nuestra antepasada Lucy habitaba en África hace más de tres millones de años, no es sorprendente que aún no nos hayamos acostumbrado completamente a este proceso. Seamos honestos: la mayoría de las personas no aceptamos de buen grado el hecho de envejecer. Pero ¿es realmente inevitable?

Para ser capaces de responder a esta pregunta, primero hay que comprender qué se esconde detrás de este fenómeno universal.

EL DECLIVE TERMODINÁMICO DE LOS HIJOS DE LAS ESTRELLAS

Siempre me ha fascinado la aseveración de que somos «hijos de las estrellas». Casi todos los elementos que componen nuestro cuerpo, como el carbono, el oxígeno o el calcio, se formaron en el interior de las estrellas a lo largo de miles de millones de años. Estos elementos se liberaron al espacio cuando los astros murieron y explotaron como supernovas.

Con el tiempo, los elementos se combinaron para formar nuevos sistemas estelares, planetas y, eventualmente, la vida en la Tierra.

Por lo tanto, cuando decimos que somos hijos de las estrellas estamos reconociendo nuestra conexión cósmica y el hecho de que los componentes fundamentales de nuestro ser provienen de astros que existieron mucho antes que nosotros. Es una manera poética de expresar que estamos conectados con el universo a gran escala.

Teniendo en cuenta esto, no sería descabellado decir que el envejecimiento biológico se rige por las mismas leyes físicas que gobiernan el universo. ¿Te sorprende? Pues no debería: la segunda ley de la termodinámica, formulada en 1850 por el físico alemán Rudolf Clausius, puede ayudarnos a entender por qué envejecemos.

Esta ley establece que, en un sistema cerrado, la entropía —es decir, el nivel de desorden— siempre tiende a aumentar. En otras palabras, el universo adolece de una especie de «pereza cósmica» que prefiere el caos sobre el orden. Ello implica que todo se degrade lentamente hasta alcanzar la muerte térmica.

Suena un poco apocalíptico, pero algo similar sucede en nuestro cuerpo según vamos cumpliendo años.

Imagínate una habitación recién ordenada y limpia, con cada objeto en su sitio. El sueño húmedo de cualquier padre con adolescentes en casa, vamos. Pongamos que la habitación representa a una célula joven y sana. A partir de esta situación ideal, poco a poco el desorden se va apoderando del lugar. Los calcetines sucios se acumulan bajo la cama, las migas de pizza se acomodan entre las sábanas y una fina capa de polvo lo cubre todo. Así, de forma gradual pero imparable, la habitación se deteriora.

Es la entropía en acción, tal como postulaba Clausius.

En el interior de nuestro cuerpo, las células sufren un destino similar. Conforme envejecen, los errores y las lesiones se van acumulando en sus moléculas y orgánulos. Como la habitación descuidada, las células se vuelven más dejadas y disfuncionales. Y aunque se resistan a morir, ya no son las mismas de antes.

Lo peor es que este deterioro se retroalimenta. Cuanto más desordenadas están las células, menos energía tienen para repararse y limpiar el desorden. Exactamente igual que las personas, que se van volviendo apáticas con la edad. Se acelera así la degradación, como una bola de nieve cuesta abajo. Nuestro orden biológico innato se va desvaneciendo irremediablemente.

No hay que olvidar, sin embargo, que los seres humanos no somos sistemas termodinámicos cerrados. Somos sistemas abiertos que intercambian energía y materia con nuestro entorno. Ingerimos alimentos, respiramos aire, excretamos desechos y absorbemos energía del sol, por ejemplo. Este intercambio constante con el entorno nos permite mantener un nivel de orden y complejidad mucho mayor que lo que sucede en un sistema cerrado.

Aun así, el paralelismo con la segunda ley de la termodinámica es útil como metáfora para entender cómo los sistemas tienden hacia el desorden, si no se realiza un esfuerzo para mantenerlos. En el caso del cuerpo humano, ese «esfuerzo de mantenimiento» viene en forma de reparación celular, regeneración de tejidos y otros procesos biológicos que luchan contra el desgaste y el daño acumulativos.

¿POR QUÉ ENVEJECEMOS?

Muchas veces las preguntas más simples son las más difíciles de contestar. Para que te hagas una idea, en 1990 ya existían más de trescientas hipótesis distintas sobre el envejecimiento. A pesar de que treinta y tantos años más tarde hemos avanzado mucho en el conocimiento de los procesos biológicos que lo acompañan, todavía no existe una hipótesis unificada que pueda explicarlo totalmente.

Desde un punto de vista evolutivo, el envejecimiento y la longevidad han sido objeto de no poco debate. Lo que está claro es que las diferentes especies de mamíferos envejecen a diferente ritmo y, por lo tanto, su esperanza de vida es también variada. Los humanos vivimos muchos años más que los ratones, y las ballenas boreales superan con creces nuestras insignificantes expectativas.

Las llamadas *teorías de la programación evolutiva del envejecimiento* plantean que los mamíferos envejecemos de forma programada. Es como si la naturaleza insertara una «fecha de caducidad» en nuestros genes.

Ahora bien, si el envejecimiento realmente es un proceso programado, como los electrodomésticos que fallan cada x años para que compres otros nuevos, ¿cuál sería su propósito? Algunos expertos han sugerido que podría ser parte de un plan altruista para nuestra especie. El argumento principal es que, después de cierta edad, seguir con vida genera más desventajas evolutivas que ventajas.

Para entender esto, hay que remitirse al sentido mismo de la vida. No te asustes, ya sé que esto ha sido un debate durante siglos. No voy a meterme en ese jardín, pero, si desde un punto de vista filosófico el propósito de la existencia sigue siendo un misterio sin resolver, desde un punto de vista biológico la respuesta es clara: la reproducción. Asegurar la supervivencia y la continuidad generacional es un principio fundamental para la existencia de todas las formas de vida en nuestro planeta.

Teniendo en cuenta esto, y a pesar de que todos conocemos a famosos que se han reproducido más allá de los sesenta, como ya hemos visto, seamos sinceros: el reloj biológico es implacable y la probabilidad de tener descendencia va decayendo con la edad.

Si los individuos con más años a sus espaldas consumen recursos sin aportar descendencia, es mejor que envejezcan y «vayan pasando» para evitar una sobrepoblación y dar cabida a las siguientes generaciones. Sería el equivalente biológico a tirar un yogur caducado, aunque aún pueda tener buen aspecto.

Sin embargo, según muchos científicos, el deterioro con la edad se debe a fallos aleatorios o a lesiones que se van acumulando en nuestras moléculas, no a un reloj biológico predeterminado.

Ciertamente, existen elementos esenciales en las células y los tejidos que se desgastan con el tiempo, contribuyendo al proceso de envejecimiento. Como te explicaré más adelante, hay agentes lesivos como los radicales libres, las toxinas o los contaminantes físicos y químicos que nos van deteriorando, siguiendo una lógica de desgaste.

Esta idea del envejecimiento como un proceso de «desgaste y deterioro» fue introducida por primera vez en 1882 por el biólogo alemán August Weismann. Aunque ha pasado mucho tiempo desde entonces, la hipótesis sigue siendo razonable, y se refleja en los procesos biológicos que observamos hoy en día a nuestro alrededor.

Si consideramos, pues, que el envejecimiento se debe a la acumulación aleatoria de errores en nuestras células, surge una pregunta intrigante: ¿cómo es que las diferentes especies presentan distintas expectativas de vida?

Volviendo al concepto fundamental del propósito biológico de la vida, la reproducción, podemos argumentar que la variación en la longevidad de las especies está determinada por el tiempo que cada una necesita para reproducirse exitosamente, más que por una suerte de «obsolescencia programada», como las de las lavadoras baratas.

Por ejemplo, los ratones sencillamente no necesitaron evolucionar para durar tanto como las personas. Con un par de meses de edad ya les basta para reproducirse, así que la naturaleza no se molestó en hacerlos más longevos. Según este punto de vista, la selección natural no tendría interés alguno en limitar nuestra longevidad. El envejecimiento sería algo colateral, un efecto secundario tolerable del vivir.

ENVEJECIMIENTO Y OXIDACIÓN

Entre las teorías que defienden que el envejecimiento es consecuencia de la acumulación de fallos y lesiones en nuestras moléculas, una de las ideas más aceptadas considera al estrés oxidativo uno de los principales responsables. Esta hipótesis sostiene que las pérdidas funcionales asociadas con la edad se deben a la acumulación de lesiones oxidativas en macromoléculas como los lípidos, el ADN y las proteínas.

Como seguramente sabes, los átomos que forman nuestras moléculas se componen de pequeñas partículas. Entre ellas están los electrones, que se encuentran dando vueltas alrededor del núcleo del átomo.

El número de electrones en un átomo varía según el elemento químico al que pertenece. Por ejemplo, el hidrógeno, que es el elemento más simple, tiene un solo electrón, pero otros más complejos como el carbono, el oxígeno o el hierro tienen seis, ocho y veintiséis, respectivamente. Estos electrones se distribuyen en diferentes niveles de energía o capas alrededor del núcleo del átomo, y la manera en que lo hacen determina las propiedades químicas del elemento, como su capacidad para formar enlaces con otros átomos.

Como soy una persona sensible, me gusta pensar que los átomos tienen una peculiar inclinación hacia el romanticismo: les encanta que sus electrones estén siempre en parejas.

Imagina un baile elegante donde cada electrón es un bailarín. (Hacía rato que no te colaba ninguna metáfora extravagante, no quiero que te acostumbres). Pues bien, en este baile, los electrones (o bailarines) buscarían continuamente una pareja para la danza. Un número par de electrones asegura que todos tengan su acompañante, lo que lleva a una danza armoniosa y equilibrada dentro del átomo.

Desde el punto de vista de la mecánica cuántica, esta danza en parejas no es una simple cuestión estética; es una disposición energéticamente favorable. Un electrón sin pareja es como un bailarín solitario en la pista de baile, creando desequilibrio y buscando desesperadamente a alguien con quien bailar.

¿Y qué tiene que ver esto con la oxidación? Pues bien, cuando un átomo o una molécula se oxidan, básicamente están siendo despojados de sus electrones por otra molécula o átomo. Es una especie de robo subatómico, y como en cualquier robo, el perjudicado nunca está contento.

De hecho, los electrones no son solo componentes de los átomos, son esenciales para la integridad de las moléculas. Para una molécula, perder un electrón es más grave que un simple robo; es como si le arrancaran una parte de sí misma. Es como si a ti te quitaran un dedo: las tareas cotidianas se volverían más difíciles. En el caso de que te amputaran el dedo medio, no podrías mandar a tomar viento a personas impertinentes.

De manera similar, cuando nuestras moléculas pierden electrones y se oxidan, su capacidad para funcionar adecuadamente se ve comprometida. Este proceso de oxidación es, de hecho, uno de los principales factores del daño celular.

RADICALES LIBRES, LADRONES DE GUANTE BLANCO

Existe un tipo de moléculas que son verdaderas profesionales en el arte de robar electrones. Se llaman radicales libres y su problema es que han perdido un compañero de baile (un electrón) y, desesperados por recuperar el equilibrio, se lanzan a robar electrones de otros participantes de esta minúscula danza.

Muchos radicales libres tienen su origen en el oxígeno. Este elemento es particularmente eficaz a la hora de robar electrones debido a su alta electronegatividad, referida a la fuerza con la que un átomo puede atraer y retener electrones.

Cuando el oxígeno interacciona con otras moléculas, a menudo les roba electrones, oxidándolas. De ahí viene la palabra.

Los radicales libres muchas veces proceden de fuentes externas a nuestro organismo. Por ejemplo, la contaminación del aire y del agua, el humo del tabaco y el consumo de alcohol son conocidos por generar estos átomos o moléculas faltos de electrones.

Es decir, contribuyen a oxidar nuestras células, lo que nos lleva al envejecimiento.

Además, ciertos metales pesados o de transición, así como algunos antibióticos como la gentamicina y la bleomicina, también promueven la oxidación. Incluso ciertas prácticas culinarias, como cocinar a altas temperaturas, consumir carnes ahumadas o reutilizar aceites y grasas, pueden ser fuente de radicales libres. También algunos tipos de radiación, como la solar, estimulan la formación de los radicales libres.

Estas fuentes exógenas nos recuerdan que nuestro entorno desempeña un papel crucial en la química de nuestro cuerpo.

Ahora bien, los radicales libres también se producen de forma natural durante la vida de la célula. Por ejemplo, en procesos como la respiración celular, que tiene lugar en unos orgánulos llamados mitocondrias (de las que te hablaré extensamente más adelante), los nutrientes se descomponen con la ayuda del oxígeno para producir energía. Pues bien, una pequeña fracción de ese oxígeno (entre el 2 y el 5 %) se convierte indefectiblemente en radicales libres.

Es decir, el simple hecho de utilizar oxígeno para obtener energía, lo cual forma parte del funcionamiento normal de nuestras células, genera continuamente ladrones de electrones capaces de dañar a las macromoléculas. Y cuando hablo de macromoléculas, me refiero a proteínas, lípidos e incluso al ADN, cada uno con un papel vital en nuestra biología.

CONSECUENCIAS DE LA OXIDACIÓN DE LAS MACROMOLÉCULAS
CELULARES

Empecemos con las proteínas. Estas complejas estructuras, fundamentales para innumerables funciones en el cuerpo, pueden sufrir graves problemas cuando se oxidan. Si te imaginas una proteína como una intrincada máquina, la oxidación sería como echar arena en sus engranajes. Puede estropearse, perder su forma y eficiencia, e incluso generar agregados que interrumpen otras funciones celulares, como te mostraré más adelante.

Un ejemplo claro es la oxidación de una de las proteínas que transportan el colesterol por la sangre, la lipoproteína de baja densidad, también llamada LDL por sus siglas en inglés. Esta oxidación desempeña un papel crucial en la formación de las placas arteriales, abriendo la puerta a enfermedades cardiovasculares que, por cierto, incrementan notablemente el riesgo de padecer demencia.

Es algo que tener en cuenta para el tema de este libro.

Pensemos ahora en los lípidos, componentes esenciales de las membranas de las células. La oxidación aquí podemos compararla con el óxido que debilita una estructura metálica, volviendo las membranas menos fluidas y permeables. Esto afecta a la forma en que las células se comunican entre sí y reduce su eficiencia para generar energía.

Como hemos apuntado antes, el ADN no está a salvo de los estragos de la oxidación. En el próximo capítulo te explicaré que los telómeros, unas regiones protectoras en los extremos de los cromosomas, son especialmente vulnerables. Su deterioro por oxidación es como el desgaste de los extremos de un cordón que se deshilacha. Esto conduce a un acortamiento de los telómeros, afectando a la capacidad de las células para dividirse y renovarse adecuadamente, un factor clave en el envejecimiento y en la aparición de enfermedades relacionadas con la edad.

La bondad de los rebeldes

En la filosofía oriental, la concepción de bondad y maldad es más matizada y menos absoluta en comparación con muchas perspectivas occidentales. Una muestra de ello son el Yin y el Yang.

Haríamos bien en aplicarnos el cuento antes de ponernos la toga de jueces, y podemos empezar rompiendo una lanza a favor de los radicales libres.

Y es que, por muy mala prensa que tengan, lo cierto es que también tienen su lado útil. Por ejemplo, actúan como armamento químico contra bacterias invasoras o células dañadas antes de que las defensas más lentas y pesadas puedan actuar. Y es solo una de sus funciones.

Como en todo, la clave radica en lograr el equilibrio entre caos y orden. Se trata de permitir a los radicales libres expresar su esencia rebelde, sin dejar que se salgan de madre oxidando todo a su paso sin control. Un poco de destrucción creativa es saludable, demasiada nos acaba perjudicando.

ANTIOXIDANTES AL RESCATE

Ya sé que no te estoy pintando un panorama demasiado alentador. Si estamos rodeados de factores que promueven la formación de radicales libres, si incluso nuestras células sanas los producen y la oxidación tiene efectos tan perjudiciales para nuestras moléculas... ¿estamos condenados?

Respira hondo y sonríe, porque afortunadamente disponemos de unos héroes moleculares llamados antioxidantes.

Los antioxidantes son la némesis de los radicales libres. Su trabajo es neutralizar a estos agentes oxidantes, impidiendo que roben electrones de nuestras preciadas macromoléculas. Y, al igual que los radicales libres, sus contrapartes vienen en muchas formas.

Algunos antioxidantes los produce nuestro propio cuerpo, mientras que otros, como las vitaminas C y E, minerales como el selenio y compuestos bioactivos como los polifenoles, los obtenemos de los alimentos, especialmente de frutas y verduras.

Te hablaré de ellos en el capítulo dedicado a la dieta.

Por lo tanto, estamos diseñados para mantener un equilibrio entre moléculas oxidantes y antioxidantes. El problema es que, *a medida que envejecemos, este equilibrio se inclina hacia el lado desfavorable de la balanza.* Nuestro cuerpo se vuelve menos eficiente en la producción de antioxidantes y, al mismo tiempo, acumulamos más lesiones oxidativas.

Hablamos, entonces, de una situación de *estrés oxidativo.* De hecho, numerosos estudios han demostrado un incremento de la oxidación de las proteínas, los lípidos y el ADN con la edad.

Actualmente nadie duda de que el estrés oxidativo contribuye al proceso de envejecimiento y está asociado con muchas enfermedades relacionadas con la edad, como las cardiovasculares, la diabetes, el cáncer, las enfermedades renales crónicas, la enfermedad pulmonar obstructiva crónica y, cómo no, las neurodegenerativas.

Para paliarlo, como veremos en la parte práctica de este libro, es importante a partir de cierta edad aumentar el aporte de estos guerreros que salvaguardan los muros de nuestra juventud.

EL ESTRÉS OXIDATIVO Y EL ENVEJECIMIENTO CEREBRAL

A pesar de que todos nuestros órganos y tejidos están expuestos al estrés oxidativo, el cerebro es especialmente sensible a este factor lesivo. Diferentes estudios han mostrado que, bajo ciertas condiciones, el cerebro puede oxidarse más rápidamente que otros órganos como el hígado, el riñón o los músculos.

Esto es así por varias razones.

Primero, tenemos que remitirnos a un par de «ingredientes» fundamentales de nuestro cerebro. Resulta que este está lleno de unos lípidos llamados ácidos grasos insaturados, que son como mechas listas para encenderse en presencia de oxígeno. Estos ácidos se oxidan más fácilmente que otras muchas moléculas. Además, el cerebro es también especialmente rico en hierro, elemento que desempeña un papel fundamental en la oxidación lipídica.

Por si fuera poco, el cerebro también es un depredador nato de oxígeno. A pesar de representar una pequeña parte de nuestro peso corporal, Neurópolis consume alrededor del 20 % del oxígeno total que usamos. Es como un atleta de alto rendimiento que necesita constantemente grandes cantidades de oxígeno para mantenerse en la carrera.

Como te he mencionado antes, este oxígeno se usa en las mitocondrias para generar la energía que las células necesitan para funcionar. Si las neuronas consumen más oxígeno porque tienen un metabolismo más activo que otros órganos, es lógico que en el cerebro se produzcan también más radicales libres.

Y ahora viene un hecho crucial: a diferencia de otros órganos, *nuestro cerebro no está particularmente bien equipado con defensas antioxidantes.* Por ejemplo, comparado con el hígado o el corazón, se ha observado que Neurópolis tiene entre un 80 y 90 % menos de catalasa, uno de los principales antioxidantes del organismo. Esto deja al cerebro más expuesto y vulnerable al daño oxidativo.

De hecho, varios estudios celulares, moleculares y conductuales sugieren que el estrés oxidativo acumulado es uno de los principales factores implicados en la aparición y progresión de los déficits cognitivos durante el envejecimiento, así como en enfermedades neurodegenerativas asociadas a la edad.

Por ejemplo, la oxidación puede contribuir a la pérdida de memoria a corto plazo, las dificultades para prestar atención, el deterioro del lenguaje o la lentitud para aprender cosas nuevas. Además, en personas sin problemas neuronales se ha encontrado una conexión entre el estrés oxidativo y los déficits cognitivos.

Esto implica que, incluso en cerebros aparentemente sanos, el estrés oxidativo puede estar socavando silenciosamente nuestras habilidades mentales.

Se ha comprobado en laboratorio que los animales jóvenes expuestos a oxidantes desarrollan síntomas similares a los del envejecimiento normal, mientras que al suministrar antioxidantes a moscas, ratones y ratas envejecidas se frena su deterioro cognitivo.

En suma, todo parece indicar que controlar los niveles de estrés oxidativo podría ser una de las claves para mantener la mente ágil.

En el caso específico del alzhéimer, se ha observado un patrón interesante: los cerebros de los pacientes con esta enfermedad muestran un incremento en el daño oxidativo del ADN nuclear. Esto sugiere que el estrés oxidativo podría estar desempeñando un papel importante en la alteración neuronal y el consecuente declive cognitivo asociado a esta enfermedad.

Ahora bien, el daño en el ADN y la modificación de la expresión de sus genes con la edad son asuntos tan fascinantes —y vitales— que merecen un capítulo aparte que no te puedes perder.

Genética y epigenética del envejecimiento

¿La clave de la juventud está en el ADN?

Existen cientos de canciones que nos dicen que la vida es un baile, quizá has escuchado alguna de ellas. De ser así, nuestros genes serían como uno de esos DJ que no se quitan las gafas de sol ni para ducharse. Su propósito vital es marcar el ritmo, desde que somos un boceto en el útero de nuestra madre hasta que nos convertimos en esos adorables abuelitos que te regalan dinero el día de tu cumpleaños.

Ahora bien, ¿qué ocurre cuando, con el tiempo, el DJ empieza a desfasarse y nos cuela algún que otro gazapo sonoro en sus sesiones? Pues, como verás ahora, en el complejo fenómeno del envejecimiento, la genética tiene un papel fundamental.

El ácido desoxirribonucleico o ADN, la molécula portadora de nuestros secretos hereditarios, reside en el pequeño y acogedor núcleo de cada una de nuestras células. A medida que se acumulan las velas en el pastel, este código esencial sufre transformaciones —pequeñas, sí, pero con un impacto que puede resultar tan dramático como el final de una peli de Christopher Nolan.

El paulatino desgaste de nuestro material genético conduce a lo que se conoce como *inestabilidad genómica*, que va emergiendo como uno de los responsables del envejecimiento.

Además, los telómeros, las estructuras protectoras en los extremos de nuestros cromosomas, también entran en juego. Cada vez que una célula decide dividirse, los telómeros se recortan un poco, como si con cada ciclo perdieran un pedacito de su traje. Este recorte progresivo marca el ritmo del envejecimiento, un tictac biológico que nos recuerda que el tiempo corre para todos.

Y, en un tercer plano, más sutil pero igual de poderosa, está la epigenética, provocando cambios en la expresión de los genes sin modificar su código original. Si los genes son un DJ con un estilo determinado de hacer música, la epigenética ajusta los focos, retoca el ecualizador, sube o baja el volumen... En definitiva, no modifica la música, pero sí cómo y cuándo suena.

Si logramos entender mejor cómo funciona todo este rollo genético, es probable que encontremos la manera de que la fiesta dure un poco más y nuestras neuronas sigan bailando hasta altas horas de la madrugada...

EL ADN Y LA INESTABILIDAD GENÓMICA

Si tuviéramos que hacer una lista de aquello que nos define como personas, seguramente incluiríamos nuestras creencias políticas y religiosas, nuestros valores, aquello que nos gusta hacer, nuestra manera de vestir o el círculo de amistades que frecuentamos.

Todo ello, sin duda, es muy importante para hacernos una idea de quiénes somos. Aunque seguro que muchísima gente obviaría algo que, probablemente, nos define mucho más: nuestro ADN.

El ADN funciona como un libro de recetas para construir un ser humano, pues alberga las instrucciones imprescindibles para ello. Con raras excepciones, cada célula de nuestro cuerpo contiene una copia de este vital libro de recetas. Está compuesto por dos cadenas extensas de pequeñas piezas conocidas como nucleótidos, que se presentan en cuatro variedades distintas: adenina (A), timina (T), citosina (C) y guanina (G). La secuencia precisa de estos nucleótidos a lo largo de la doble cadena, de forma helicoidal, tiene una importancia crítica, del mismo modo que el orden específico de las palabras en una oración determina su significado.

Seguramente has oído que nuestras células se componen de tres partes. La primera es la membrana, que las protege y aísla del entorno, funcionando como los muros o paredes de una casa. El interior de las células se llama citoplasma, un medio donde encontramos agua, sales, moléculas orgánicas y orgánulos. En el citoplasma se encuentra el tercer componente de las células, el núcleo, que, como te mencionaba al inicio del capítulo, actúa como una caja fuerte donde se guarda su tesoro más preciado: el ADN.

De hecho, este valioso libro de recetas solo abandonará su refugio seguro en un momento clave: durante la reproducción celular. En esta fase se crea una réplica exacta del libro, y ambos ejemplares dejan temporalmente la seguridad del núcleo para distribuirse equitativamente entre las dos células hijas emergentes.

Así pues, intenta imaginarte una célula como una especie de cocina y el ADN como un enorme libro de recetas con instrucciones para hacer todos sus platos. Estas «recetas» individuales se conocen como genes. No es exactamente así, pero, para simplificarlo, piensa que cada gen contiene las instrucciones para fabricar un plato específico o, mejor dicho, una proteína específica.

Efectivamente, las proteínas pueden considerarse como los platos exquisitos y variados que se preparan en la cocina celular. Su nombre lo dice todo: procede del griego *prōteîos* y significa «preeminente» o «de primera calidad». Son estructuras complejas y versátiles, compuestas por cadenas de unas moléculas llamadas aminoácidos, que se doblan y retuercen en formas únicas para su función específica.

Y es que las proteínas son esenciales para prácticamente todas las funciones del cuerpo. Algunas pertenecen a una categoría llamada *enzimas*, y su trabajo es facilitar que tengan lugar reacciones químicas fundamentales para la vida. Otras actúan como estructuras de apoyo y transporte, manteniendo la forma de las células y moviendo sustancias dentro de ellas o hacia el exterior. También hay proteínas que desempeñan funciones clave en la señalización celular, permitiendo a las células comunicarse entre sí, y otras actúan como verdaderos especialistas en la defensa del cuerpo —equivalentes a los misiles balísticos de un ejército—, como los anticuerpos que combaten las infecciones.

Pero volvamos a nuestra cocina molecular. Una vez decidida la proteína que queremos preparar, tenemos que buscar la receta en el libro. En la célula, un equipo de enzimas se une a regiones específicas del ADN y separa las dos cadenas de la doble hélice, exponiendo las «letras» del código genético. Esto sería algo así como abrir el libro de recetas por el capítulo que se desea leer.

Ahora bien, aunque la receta se encuentra en el núcleo, las proteínas se preparan fuera de él, en el citoplasma celular. Hace falta, pues, hacer llegar hasta allí una fotocopia de la receta. Esa fotocopia se llama ácido ribonucleico mensajero, o ARNm. Puede que este nombre te suene de las vacunas de ARN mensajero, tan célebres y polémicas tras su uso durante la pandemia.

El ARNm es una molécula relacionada con el ADN, pero, en este caso, puede salir sin problemas del núcleo, no hay tanta necesidad de protegerlo. Como sucede en el mundo del arte, lo que es realmente valioso es la pieza original, custodiada en un museo con las medidas de seguridad más extremas, pero cualquiera puede tener un póster enmarcado de un Picasso en el salón, ¿verdad?

Lo mismo sucede con nuestro material genético.

Una vez que el ARNm ha salido del núcleo, llega el paso más emocionante: se leerá la información del gen copiado para fabricar una proteína real. Esto se logra mediante un proceso denominado *traducción* —como la de los intérpretes, sí— y que llevan a cabo unas estructuras celulares llamadas ribosomas.

Es decir, si el ARNm es la copia de la receta contenida en el ADN, con la lista detallada de ingredientes y pasos, los ribosomas serían los cocineros que leen esa receta e incorporan cuidadosamente los distintos ingredientes en el orden correcto para obtener el resultado deseado: la proteína.

Te pido perdón por la turra de biología básica que te acabo de dar, he creído necesario incluirlo. En fin, antes de ponernos a discutir sobre si la tortilla de patatas debe llevar cebolla o no, déjame volver al ADN y, en concreto, a un fenómeno denominado *inestabilidad genómica*.

Nuestro ADN está sometido continuamente a toda clase de agresiones, tanto de fuentes externas como internas. Sustancias químicas del ambiente, radiación, virus, radicales libres... Incluso durante el propio proceso de replicar el ADN, cuando las células se dividen, pueden producirse errores aleatorios. Estos daños contribuyen al envejecimiento común y, si se acumulan en exceso, aumentan el riesgo de sufrir enfermedades.

Para evitarlo, nuestras células han desarrollado sofisticados mecanismos de reparación del ADN, con el fin de mantener nuestro genoma íntegro y estable. Actúan como un equipo coordinado de monjes amanuenses que repasan el libro de recetas, corrigiendo fragmentos y manteniendo la integridad del mensaje.

Desafortunadamente, con la edad estos equipos de mantenimiento se vuelven menos eficientes. Al igual que en la novela *El nombre de la rosa*, los monjes empiezan a escasear (perdón por el *spoiler*) o simplemente actúan más lentamente y cometen más errores. Como pasaría con cualquier otro libro, nuestro ADN empieza a desgastarse con el tiempo: hay páginas que se arrugan, otras que se arrancan y algunas en las que las letras se borran o incluso se reescriben de forma incorrecta.

Así pues, la inestabilidad genómica es similar a este desgaste del libro de recetas. Es un proceso por el cual el ADN de nuestras células acumula errores con el tiempo. Los errores pueden ser cambios en la secuencia del ADN (mutaciones), como si alguien hubiera cambiado accidentalmente los ingredientes o las cantidades de la receta. Incluso puede haber pérdidas y ganancias de fragmentos enteros del ADN, como si en una receta para preparar callos te dicen que necesitas un filete de salmón.

Estas alteraciones genéticas ocurren tanto en células normales como en las células madre, encargadas de regenerar los tejidos que forman nuestros órganos. Además, aunque parezcan muy peligrosas —y en cierto modo, pueden serlo—, se producen constantemente. Por ejemplo, se ha observado que en determinadas células del esófago de personas jóvenes las mutaciones ya se cuentan por centenares, mientras que en una persona de mediana edad pueden acumularse más de dos mil mutaciones en cada una de estas células.

Como puedes imaginar, las consecuencias de la inestabilidad genómica pueden variar desde la fabricación de proteínas defectuosas o inadecuadas hasta la falta de producción de proteínas esenciales. Y, al igual que una receta mal interpretada puede arruinar un plato, estos errores en el ADN afectan al funcionamiento de la célula y, con el tiempo, contribuyen al proceso de envejecimiento y al desarrollo de enfermedades relacionadas con la edad.

De hecho, cuando echamos un vistazo a diferentes animales y comparamos sus «errores genéticos» a lo largo de la vida, nos encontramos con algo curioso: en las especies donde estas mutaciones ocurren a un ritmo más lento, los animales tienden a vivir más.

Además, muchos estudios han demostrado que, cuando el sistema de reparación del ADN empieza a fallar, el proceso de envejecimiento tiende a acelerarse. Esta teoría no solo se sostiene por estudios hechos con ratones de laboratorio, donde manipular los mecanismos de reparación puede hacer que envejezcan más rápido o, al contrario, vivan más saludablemente; también se ha observado en humanos, donde ciertas enfermedades que aceleran el envejecimiento (llamadas síndromes progeroides) están vinculadas a fallos en los sistemas de reparación del ADN.

Estos hallazgos sugieren que aquellas estrategias orientadas a reducir las mutaciones del ADN o a mejorar o redirigir sus mecanismos de reparación podrían retrasar el envejecimiento y la aparición de enfermedades relacionadas con la edad, aunque aún se necesita mucha más evidencia científica en este sentido.

EL TAMAÑO SÍ IMPORTA: EL ACORTAMIENTO DE LOS TELÓMEROS

Más allá de la continua lucha de nuestras células para frenar la inestabilidad genómica, tener que mantener intacto el libro de recetas les plantea otro reto interesante: resulta que es un «tocho» enorme. Para que te hagas una idea, la longitud aproximada de la molécula de ADN es de unos dos metros, pero el diámetro del núcleo celular es de tan solo 0,000005 metros.

Las cuentas no salen, ¿verdad? ¿Cómo demonios se puede guardar un libro tan grande en una caja fuerte tan minúscula?

La solución es más simple de lo que podrías pensar: la célula dobla la molécula de ADN una y otra vez sobre sí misma, enrollándola apretadamente alrededor de unas proteínas especializadas llamadas *histonas*. Este entramado inicial de ADN se denomina *cromatina*. Además de facilitar su empaquetamiento, las histonas tienen un papel fundamental a la hora de mantener la integridad genómica. De esta manera, el ADN ocupa muy poco espacio, y queda protegido por las histonas, como si fuera un cable envuelto firmemente con cinta aislante.

Cuando la célula se prepara para dividirse, la cromatina se compacta aún más, organizándose en unas estructuras en forma de bastoncillos: los famosísimos cromosomas. Estas estructuras contienen la información genética lista para separarse en dos *packs* idénticos a repartir entre las dos células hijas. Luego, en las células recién formadas, los cromosomas se relajan de nuevo retornando a la forma de cromatina.

Sin embargo, esta configuración tan conveniente no logra resolver un problema que nos encontramos en los extremos del ADN, que no pueden plegarse, por razones un tanto complejas que no vale la pena explicar. La consecuencia es que tales zonas quedan más expuestas y desprotegidas ante los múltiples factores que pueden dañar el material genético. Es como si a nuestro libro de recetas le faltara la cubierta.

En la década de 1930, dos científicos visionarios, Herman Müller y Barbara McClintock, descubrieron los telómeros, una especie de capuchones que se encuentran en los extremos de los cromosomas. Pero no fue hasta 1978 cuando la australiana Elizabeth Blackburn profundizó en el tema y describió detalladamente la estructura telomérica en un pequeño organismo que habita en aguas dulces, el protozoo llamado *Tetrahymena*.

Hoy sabemos que nuestros telómeros están formados por secuencias repetitivas de ADN envueltas por diversas proteínas que modulan su función biológica.

El descubrimiento de Blackburn fue el preludio de una idea revolucionaria que surgiría años después, en la década de 1990, cuando el estadounidense Calvin Harley propuso que estos mismos telómeros podrían estar intrínsecamente vinculados con el envejecimiento.

En este sentido, debes saber que los capuchones del ADN no son inalterables. Protegen los extremos del material genético durante la división celular, sí, pero a costa de su propia integridad. Y es que cada vez que nuestras células se dividen, un fragmento de los telómeros se pierde.

Con el transcurso del tiempo y tras decenas o cientos de ciclos de división celular, la mayoría de nuestras células terminan con unos telómeros peligrosamente cortos, incapaces de proteger eficazmente al ADN. En un intento por conservar los telómeros restantes y salvaguardar la integridad del material genético, las células se ven forzadas a dejar de dividirse, convirtiéndose en lo que se conoce como *células senescentes*.

Después te hablaré más de estas células, pues parece ser que cumplen una función muy activa en el proceso del envejecimiento.

Lógicamente, si las células dejan de proliferar, nuestros órganos y tejidos no pueden reponer las células que van desapareciendo. Este agotamiento proliferativo es uno de los factores clave tanto en el envejecimiento común como en las enfermedades relacionadas con la edad, como te explicaré en otro capítulo de este libro.

¡TELOMERASA, MON AMOUR!

Antes de que te dé un ataque de ansiedad al pensar en los millones de células de tu cuerpo cuyos telómeros se están consumiendo en este mismo instante, debo hablarte de otro actor clave de nuestra particular tragedia genética: la telomerasa.

Se trata de una enzima que actúa reponiendo fragmentos de ADN al final de los telómeros para compensar la pérdida sufrida durante la división celular. Así, en el momento en que los telómeros se han acortado tanto que las células entran en crisis, si la telomerasa se activa, puede efectivamente volver a alargarlos, permitiendo que las células sobrevivan y continúen dividiéndose.

¿No es prodigioso?

De hecho, existen estudios convincentes que sugieren que el acortamiento de los telómeros podría estar involucrado en la génesis de enfermedades neurodegenerativas como el alzhéimer, el párkinson o la esclerosis lateral amiotrófica (ELA). La reactivación de la telomerasa a nivel experimental ha demostrado tener efectos neuroprotectores significativos, por lo que podría ser una estrategia prometedora para su tratamiento.

Ahora bien, como las cosas no son nunca blancas o negras, la telomerasa es un arma de doble filo. Y es que, a pesar de ser una aparente fuente de juventud a nivel celular, su activación incontrolada puede contribuir a una proliferación excesiva de las células y, por tanto, a la aparición de un cáncer. Probablemente este es el motivo por el que la telomerasa está activa principalmente en células germinales, neuronas y células madre, pero permanece básicamente inactiva en el resto de nuestras células.

Por cierto, con una simple búsqueda en Google podrás encontrar multitud de cremas faciales antiarrugas que, supuestamente, refuerzan la activación de la telomerasa en las células de la piel. Lo que es mucho más difícil de encontrar son estudios científicos que demuestren que este tipo de cremas realmente funcionan y que, en caso afirmativo, no incrementen el riesgo de sufrir cáncer de piel.

Yo de ti, no me gastaría ni un céntimo en esos potingues.

LAS ALTERACIONES EPIGENÉTICAS

La epigenética estudia cómo diferentes mecanismos pueden regular la expresión de los genes sin alterar la secuencia de su ADN. Dicho de otra manera, a pesar de que todas nuestras células tienen el mismo libro de recetas, hay factores que hacen que no siempre preparen los mismos platos ni de la misma manera. Quizá unas células salpimienten más que otras, o cuezan a 200 °C en lugar de a 180 °C.

Esto implica que, por muy escritas que estén en el ADN las instrucciones para fabricar las proteínas, existen factores que modulan la manera en que las células acaban fabricándolas. Estos factores son muchos y están relacionados con el ambiente que nos rodea y nuestro estilo de vida.

Por ejemplo, se ha demostrado que el tipo de dieta, hacer más o menos ejercicio, el estrés, el consumo de alcohol o la exposición a contaminantes ambientales, entre otros, provocan cambios epigenéticos.

Lo fascinante de este mecanismo es que, así como un libro de recetas puede pasar de generación en generación, con nuevas notas y marcas que reflejan las preferencias y experiencias de cada cocinero, los patrones epigenéticos también pueden heredarse, llevando consigo la memoria de las experiencias de nuestros antepasados.

Pero ¿de qué manera se puede modular la forma en que las células ejecutan las instrucciones del ADN? En gran medida, modificando el grado de enrollamiento de este. Como ya te he comentado, cuando se quiere fabricar una proteína determinada, hay que copiar del libro de recetas el capítulo o gen que explica cómo hacerla. Esta copia, que es el ARNm, saldrá al citoplasma y allí los ribosomas seguirán sus instrucciones.

Pues bien, imagínate que quieres fotocopiar un capítulo de un libro, pero las páginas están arrugadas, formando una bola. Puedes meter esa bola en la fotocopiadora, pero será imposible acceder al mensaje, al contenido del capítulo. Esto sucede cuando la cromatina está muy enrollada: no se puede acceder al código genético.

Si, por el contrario, las páginas del capítulo están lisas y bien extendidas, la fotocopiadora puede leer fácilmente cada palabra y generar una réplica de ese mensaje. En términos genéticos, esto es análogo a cuando la cromatina está relajada o desenrollada, permitiendo que la información genética sea copiada al ARNm para que sus instrucciones puedan ejecutarse en el citoplasma.

Este proceso de «alisar» o «arrugar» las páginas del libro genético no es aleatorio ni permanente y se consigue, en parte, gracias a pequeñas modificaciones químicas del ADN, de las histonas u de otras proteínas implicadas en la arquitectura de la cromatina.

Más allá del estilo de vida y de los factores ambientales capaces de inducir variaciones en la expresión génica, diversos estudios han mostrado que la información epigenética cambia a lo largo del envejecimiento. Es más, se ha demostrado que estos cambios están asociados con el deterioro fisiológico progresivo relacionado con la edad y el desarrollo de enfermedades neurodegenerativas, cardiovasculares y el cáncer.

Por ejemplo, a medida que envejecemos, se reduce la cantidad total de histonas y se acumulan las modificaciones en estas proteínas. En este sentido, se ha descrito que aumentar la cantidad de histonas puede prolongar la vida en la mosca de la fruta o *Drosophila melanogaster*, un animalito ampliamente usado en investigaciones biomédicas.

Para más inri, parece ser que las modificaciones de las histonas no solo afectan a cómo se expresan nuestros genes, sino también aspectos fundamentales de la estructura de los cromosomas que están vinculados al envejecimiento, como la longitud de los telómeros.

Aunque todavía no entendemos completamente los mecanismos que subyacen al impacto del envejecimiento en la epigenética (y viceversa), la investigación en este campo puede proporcionar nuevos enfoques terapéuticos antienvejecimiento. De hecho, hay muchos investigadores trabajando en posibles fármacos capaces de «corregir» las modificaciones químicas en el ADN y las proteínas que lo empaquetan.

Los relojes epigenéticos

Imagina que en la muñeca llevaras un reloj capaz de medir tu edad biológica real, no solo los años cumplidos. Un dispositivo que, analizando el estado de cada tejido y órgano, pudiera determinar si tu cuerpo es «más joven» o «más viejo» que tu edad cronológica.

Sería algo así como tener la máquina de la verdad sobre tu propio envejecimiento.

Pues bien, esta es la idea detrás de lo que se conoce como «relojes epigenéticos». Se trata de una forma de medir la edad analizando, mediante algoritmos matemáticos, combinaciones de patrones de pequeños cambios químicos del ADN que varían con la edad en sitios específicos del genoma. Uno de estos cambios son las metilaciones, producidas al unirse grupos químicos metilo (formados por un átomo de carbono y tres de hidrógeno) en determinadas regiones de los genes.

Gracias a estas herramientas, los científicos han desarrollado relojes capaces de predecir la edad cronológica de una persona con sorprendente precisión. Y lo que es más fascinante, el estado de estos relojes epigenéticos también predice el riesgo de sufrir ciertas enfermedades típicas del envejecimiento.

Sin duda, entender estos cambios epigenéticos, a medida que avance la ciencia, nos permitirá desarrollar nuevas estrategias para mantenernos jóvenes y saludables durante más años.

Mientras llegan esos fármacos, es importante tener en cuenta lo que nos ha enseñado la epigenética: la vida es mucho más que un conjunto fijo de instrucciones escritas en el ADN. Es un proceso dinámico y adaptable, donde la expresión de nuestros genes puede ser influenciada y modificada por nuestro entorno, nuestras experiencias y nuestras elecciones. Así, cada célula, al igual que cada cocinero con su libro de recetas, crea su propia versión de la vida, basada en el mismo conjunto de instrucciones genéticas pero interpretadas de manera única y personal.

Esto nos abre un abanico de posibilidades y es una fuente de esperanza, ya que podemos influir en cómo los genes que nos han tocado se manifiestan en nuestra salud y, en cierta medida, trazan nuestro destino.

En la segunda parte de este libro te daré las claves sobre cómo la epigenética puede ralentizar el envejecimiento de Neurópolis. Pero ten paciencia, pues aún debes conocer los otros mecanismos fisiológicos del envejecimiento.

En el siguiente capítulo hablaremos de un problema del servicio de basuras en nuestra ciudad neuronal, o del impacto que tiene para las células una mala gestión de sus residuos.

CAPÍTULO

6

Células viejas con síndrome de Diógenes

El problema de acumular basura molecular

Si has llegado hasta aquí, significa que no te ha explotado la cabeza al intentar imaginarte al cerebro como una gran ciudad, a los radicales libres como unos ladrones de electrones bailarines, o al ADN como un libro de recetas culinarias.

¡Felicidades!

Con tu permiso, voy a seguir tirando de analogías «rarunas». Imagina una casa que, con el paso de los años, comienza a acumular objetos y recuerdos. Al principio, cada cosa tiene su lugar y propósito, pero, con el tiempo, los rincones se llenan de trastos inservibles, y el espacio vital se ve invadido por montañas de material inútil.

Esta imagen doméstica es un reflejo bastante preciso de lo que ocurre en nuestras células a medida que envejecemos.

Las células generan constantemente proteínas defectuosas y acumulan componentes dañados o innecesarios que deben ser reciclados o eliminados para evitar que causen problemas. Sin embargo, con la edad, cada vez tenemos más dificultades para deshacernos de estos residuos moleculares.

Este acopio de «basura celular» no es solo un signo de desorden; representa un riesgo significativo para la salud de la célula y, por extensión, para nuestro bienestar general.

De la misma manera que una persona con síndrome de Diógenes puede poner su vida en riesgo por amontonar material inservi-
ble en su casa, la acumulación de desechos celulares contribuye a la
aparición de enfermedades neurodegenerativas, entre otros aspectos relacionados con el envejecimiento.

En este capítulo, te hablaré de la *proteostasis* y la *autofagia*, dos
procesos esenciales que, en el contexto celular, se asemejan a las
tareas de limpieza y organización en una casa. Te explicaré cómo
nuestras células intentan mantenerse limpias y ordenadas, qué sucede cuando estos mecanismos de limpieza fallan y qué vías tenemos para combatir los efectos del envejecimiento cerebral.

La pérdida de la proteostasis: fallos en el control de calidad celular

En el capítulo anterior ya destaqué la importancia crítica de las proteínas. Para funcionar de manera óptima, cada proteína no solo
debe tener las piezas y la forma adecuada, sino que también debe
mantenerlas durante toda su vida útil.

Aquí entra en juego lo que se conoce como proteostasis, un concepto clave en biología celular. Se refiere al equilibrio y estabilidad
de las proteínas dentro de las células mediante el balance entre sus
procesos de síntesis, mantenimiento y descomposición.

Este equilibrio es esencial para el funcionamiento celular y la
salud global del organismo.

Mantener una correcta proteostasis depende de una compleja
red de proteínas que actúa como el equipo de control de calidad en
una fábrica: su misión es supervisar que las demás proteínas se formen correctamente, que estén donde deben y en las cantidades necesarias. Esta red también se ocupa de desechar las proteínas defectuosas o innecesarias, previniendo así la acumulación de agregados
proteicos dañinos.

En las células humanas, se estima que hay alrededor de dos mil tipos de proteínas diferentes que componen este equipo de control de calidad. Más que un equipo es un valiente ejército. Entre las más destacadas están las chaperonas moleculares, que deben su nombre a una curiosa figura de la época victoriana.

En los bailes y fiestas de la alta sociedad anglosajona del siglo XIX, las jóvenes solteras debían ir siempre acompañadas por una mujer respetable que vigilase sus interacciones con los pretendientes. La labor de esta carabina era garantizar que las damiselas no sufriesen daño alguno ni comprometiesen su virtud y reputación en medio de la vorágine social. Estas aguafiestas profesionales se llamaban chaperonas.

Cuando una joven era presentada a un posible candidato, la chaperona no se despegaba de ellos, siguiéndolos como una sombra durante el vals o la conversación de turno. Y si notaba algún coqueteo inapropiado o veía comprometida la «inmaculada forma» de comportarse de su protegida... ¡Zas! Ahí intervenía, interponiéndose entre la pareja como un verdadero basilisco.

Del mismo modo, las chaperonas moleculares patrullan sin descanso por el interior de nuestras células, asegurándose de que cada proteína recién formada adopte una conformación «decente» y funcional. Y ante cualquier amenaza que pudiera «torcer» a la proteína, la implacable chaperona entra en acción para enderezarla, ponerla en su sitio... o incluso eliminarla si está irremediablemente «comprometida».

Así, la función principal de las chaperonas es garantizar que las proteínas recién sintetizadas se plieguen adecuadamente, adquiriendo su estructura tridimensional correcta. No es una tarea menor, puesto que se ha calculado que el 30 % de las nuevas proteínas que se fabrican tienden a plegarse incorrectamente.

En situaciones donde las proteínas afrontan problemas para alcanzar su forma adecuada, las chaperonas intervienen activamente para asistirlas en el proceso de plegamiento correcto. Si tienen éxito, estas proteínas son integradas en la maquinaria celular para desempeñar sus funciones específicas.

Sin embargo, cuando estas diminutas carabineras detectan proteínas mal plegadas, defectuosas o dañadas de forma irreparable, ordenarán a otros miembros de la red de control de calidad que las eliminen. En concreto, las chaperonas colaborarán con unas enzimas llamadas ligasas, cuyo rol es colgar a las proteínas irremediablemente defectuosas una especie de etiqueta molecular llamada *ubiquitin*.

La ubiquitina funciona como una inexorable sentencia de muerte para la proteína que la lleva. Es un pasaje directo al encuentro con el más implacable de los verdugos celulares: el *proteasoma*, un complejo molecular diseñado específicamente para desmantelar y reciclar proteínas defectuosas. Al llegar al proteasoma, la proteína defectuosa es descuartizada en fragmentos diminutos, al más puro estilo de Jack el Destripador.

Al deshacerse de las proteínas que podrían resultar perjudiciales, la célula puede reciclar sus piezas para la creación de nuevas proteínas o para alimentar otros procesos celulares esenciales. De esta manera, la acción de las chaperonas, la ubiquitinización y la subsiguiente degradación por el proteasoma son pasos críticos en la preservación del equilibrio y la salud celular.

Se ha observado que la proteostasis está alterada en diversas patologías, especialmente en enfermedades relacionadas con la edad, como las cataratas, o en afecciones neurodegenerativas como el alzhéimer, el párkinson, la enfermedad de Huntington o la ELA.

Como te explicaré en este mismo capítulo, parece que la capacidad de la red de proteostasis disminuye con el envejecimiento y, de hecho, se ha demostrado una reducción de la cantidad y de la eficiencia de las chaperonas a medida que cumplimos años.

A nivel experimental, no son pocas las evidencias que muestran que alterar el equilibrio de la proteostasis en nuestras células puede acelerar el proceso de envejecimiento.

Un ejemplo fascinante se observa en los experimentos con la mosca de la fruta. Cuando se alimenta con productos que dañan sus proteínas y las hacen irreconocibles para las chaperonas, se reduce notablemente tanto la salud como la esperanza de vida de esta mosca. En ratones, la eliminación de una proteína clave en el control de calidad mediado por chaperonas, conocida como LAMP2A, produce síntomas parecidos a los del alzhéimer.

Todo parece indicar que optimizar la proteostasis ralentiza el envejecimiento, abriendo perspectivas emocionantes para desarrollar tratamientos que atenúen los efectos del paso del tiempo. También en ratones, aumentar los niveles de LAMP2A mejora la supervivencia de las células madre, y potencia la actividad del proteasoma. Esto no solo mejora su función cognitiva, sino que también los hace más longevos.

CANIBALISMO POR UNA BUENA CAUSA: CÓMO LA AUTOFAGIA DEVORA EL ENVEJECIMIENTO

Seguro que has oído hablar alguna vez de la autofagia, ya que se refiere a un proceso, como mínimo, sorprendente. Este término proviene del griego *auto* ('uno mismo') y *phagos* ('comer') y describe el proceso mediante el cual las células se autodigieren. Es decir..., ¡se comen a sí mismas!

La palabra *autofagia* ha estado en nuestro vocabulario desde mediados del siglo XIX, pero fue en 1963 cuando realmente cobró importancia. Ese año, un tal Christian René Marie Joseph, vizconde de Duve, quien más tarde sería galardonado con el Nobel, introdujo el término tras descubrir los lisosomas, unos orgánulos celulares clave por lo que respecta al autocanibalismo.

Los lisosomas son bolsas diminutas repletas de ácidos, enzimas digestivas y toda suerte de sustancias capaces de despedazar prácticamente cualquier «microcosa»: moléculas dañadas, orgánulos envejecidos, proteínas agregadas y patógenos intracelulares.

Pues bien, la autofagia se sirve de estos pequeños «estómagos» celulares para ejecutar un sistema de limpieza que destruye elementos sobrantes o que pueden ser peligrosos. De rebote, también funciona como un sistema de reciclaje, ya que, al desmontar componentes celulares dañados o innecesarios, libera piezas moleculares reutilizables.

De hecho, la autofagia es un mecanismo de supervivencia evolutivo que permitió a las células adaptarse a situaciones de escasez nutricional. Cuando hay penuria alimentaria, la célula activa genes específicos para expandir sus capacidades autofágicas y obtener energía a partir de sus propios residuos orgánicos. ¡Todo un ejemplo de reciclaje y economía circular *avant la lettre*!

Existen tres variantes principales de este proceso de digestión celular interna. En la *microautofagia*, la célula engulle pequeñas porciones de citoplasma a través de invaginaciones o saquitos que se forman en la membrana de los lisosomas. Es como si estos minúsculos estómagos pellizcaran con sus fauces pequeñas porciones del material que tienen alrededor.

Quizá el proceso más emblemático es la *macroautofagia*. En este caso, lo que la célula genera es una especie de bolsa de basura gigante o autofagosoma que engulle restos celulares enteros, incluyendo orgánulos desfasados, como mitocondrias viejas. Esta gigantesca burbuja se fusiona después con el lisosoma para ser procesada y reciclada.

En el tercer tipo de autofagia nos encontramos con unas viejas conocidas, las chaperonas. En esta variante, las chaperonas envuelven material celular soluble que debe ser degradado y lo transportan directamente hacia el lisosoma.

En conjunto, las tres modalidades de autocanibalismo celular conforman un sistema de limpieza y renovación fundamental para nuestra salud. Más allá de eso, la autofagia también es imprescindible para preservar la integridad del genoma y desempeña un papel crucial en procesos inmunológicos.

Investigaciones realizadas en una amplia gama de seres vivos, desde unos gusanitos monísimos llamados *Caenorhabditis elegans* hasta nosotros los humanos, han destapado un patrón que no te resultará sorprendente: con los años, nuestras células pierden poco a poco su habilidad de devorar y reciclar sus elementos dañados.

En la mosca de la fruta, por ejemplo, la edad trae consigo un descenso en la expresión de genes vitales para la autofagia. Y no es solo en las moscas; en ratones de cierta edad, se repite la misma historia por lo que respecta a sus neuronas, donde la fusión de autofagosomas y lisosomas se reduce notablemente, lo cual dificulta la digestión de la basura celular.

Esta disfunción está directamente relacionada con una serie de problemas bastante serios, como la neurodegeneración y el envejecimiento del corazón y los músculos esqueléticos.

Con estos antecedentes, no te sorprenderá saber que «jugar» con la autofagia en modelos experimentales puede acelerar o frenar el envejecimiento, así como la aparición de enfermedades asociadas. De hecho, las mutaciones que perjudican la autofagia incrementan el deterioro de los tejidos y acortan la longevidad de levaduras, gusanos, moscas y ratones.

Otra prueba irrefutable de que debilitar la capacidad celular de «tirar la basura» acarrea consecuencias nefastas.

El efecto contrario también se ha observado en estudios genéticos y farmacológicos: potenciar la autofagia en animales puede extender su longevidad. Por ejemplo, obligar a las células a que fabriquen más cantidad de proteínas involucradas en la autofagia (es decir, sobreexpresar sus genes) resulta en una mayor longevidad en la *Drosophila* y en los ratones.

En este mismo sentido, te voy a hablar ahora de una molécula que te encantará. Se llama *espermidina* y es capaz de favorecer la autofagia. A pesar de que se encuentra de manera natural en las células de muchos organismos, se la nombró de esta manera porque fue descubierta en el semen humano.

Pues bien, se ha demostrado que la espermidina disminuye con la edad en nuestros linfocitos, unas células que forman parte del sistema inmune. Ello refuerza la idea de que la autofagia decae con los años. Pero, y ahora viene lo interesante, cuando se suplementa con espermidina a células de personas mayores, sus niveles de autofagia se restablecen hasta los observados en las personas más jóvenes.

¿Cuál sería la mejor manera de administrar espermidina a las personas? Mejor no nos metamos en este jardín...

Podríamos pensar que la clave de la eterna juventud estaría en algún fármaco o molécula (tipo espermidina) que active la autofagia de nuestras células, ¿verdad? Pues existen tres estudios donde se ha descrito un mayor grosor de la corteza cerebral y volumen del hipocampo, así como un mejor desempeño en test cognitivos en adultos mayores a los que se les dieron suplementos con espermidina.

Pero ojo, como suele suceder en la biología molecular y en la vida misma, las cosas no son tan sencillas. Curiosamente, un exceso de autofagia también puede ser problemático. Entre otras cosas, puede favorecer la aparición de trastornos metabólicos.

Por lo tanto, al igual que sucedía con la telomerasa, hay que ser muy cautos. Parece ser que una disfunción en la autofagia en cualquier dirección, ya sea por falta o por exceso, podría causarnos problemas.

NEURONAS INTOXICADAS: AGREGADOS PROTEICOS Y NEURODEGENERACIÓN

A pesar de que la edad es el principal factor de riesgo para desarrollar enfermedades neurodegenerativas como el alzhéimer, el párkinson y la ELA, estos trastornos no deben considerarse meras consecuencias del paso del tiempo. Son, en realidad, manifestaciones extremas del envejecimiento, donde los procesos normales del cerebro se intensifican y desvían hacia caminos problemáticos.

Dicho de otra forma: lo que en un cerebro envejecido normal puede ser un declive gradual y manejable, en el contexto de una enfermedad neurodegenerativa se convierte en una caída precipitada hacia la disfunción.

Dentro de sus diferencias, las enfermedades caracterizadas por degenerar el sistema nervioso parecen compartir varios puntos en común. Más allá de su carácter crónico y progresivo, en todas ellas las alteraciones neuronales suceden en regiones específicas, produciéndose daños en sus conexiones, así como una pérdida selectiva de masa cerebral.

Sin embargo, quizá el factor más común sea la acumulación gradual de proteínas mal plegadas, que genera agregados tóxicos.

Varios factores desencadenantes pueden contribuir a que las proteínas se tuerzan y se aglomeren en el cerebro. Por un lado, las mutaciones en ciertos genes pueden alterar directamente algunas proteínas y hacerlas más propensas a agregarse. Como ya sabes, introducir errores en el libro de recetas puede afectar al plato final. Si te pasas hirviendo el arroz, te puede quedar como una masa de cemento armado, ¿verdad? Por otro, las alteraciones en el sistema de control de calidad proteostático o en los mecanismos de autofagia también facilitan la acumulación de agregados proteicos.

De nuevo, esto puede suceder a causa de los procesos que acompañan al envejecimiento.

El ejemplo más conocido es sin duda la enfermedad de Alzheimer, donde una proteína llamada *amiloide beta* forma una especie de pegotes entre las neuronas, cosa que bloquea su funcionamiento. Son las famosas y temidas placas neuríticas o amiloides. Pero los pegotes moleculares también aparecen en otras dolencias neurológicas.

Tal es el caso de la enfermedad de Parkinson, caracterizada por la acumulación de una proteína llamada alfa-sinucleína que forma unos agregados fibrosos dentro de las células nerviosas.

Incluso en enfermedades neurodegenerativas hereditarias poco frecuentes y menos conocidas, como la enfermedad de Hungtinton o diversas ataxias, determinadas proteínas se repliegan de forma aberrante y forman enormes agregados insolubles en el interior celular.

Robin Williams y la demencia de cuerpos de Lewy

Durante varias décadas, el versátil actor Robin Williams nos arrancó incontables sonrisas con sus inolvidables papeles en tesoros cinematográficos como *La señora Doubtfire*, *Una jaula de grillos*, *Good Morning, Vietnam* o la entrañable voz del genio azul de *Aladdín*. Sin embargo, pocos conocían la tormentosa batalla que Williams libraba tras las cámaras contra la ansiedad, la depresión y los inicios de una rara forma de demencia llamada «de cuerpos de Lewy».

Esta enfermedad tiene su origen en la acumulación de agregados insolubles dentro de las neuronas, conocidos como cuerpos de Lewy. Entre sus síntomas destacan alteraciones del movimiento similares a las del párkinson, alucinaciones, problemas de memoria y atención, ansiedad e incluso delirios paranoides.

La intensidad y variedad de estos síntomas, que van más allá de los problemas de memoria comúnmente asociados con la demencia, hacen que la demencia de cuerpos de Lewy sea particularmente desafiante tanto para los pacientes como para sus seres queridos.

En el caso de Robin Williams, su diagnóstico definitivo no llegó hasta después de su fallecimiento en 2014, cuando le practicaron la autopsia. Tras una década conviviendo con estos difíciles síntomas y el temor a perder sus extraordinarias facultades cognitivas, Williams decidió quitarse la vida a los sesenta y tres años. Así partía uno de los actores más carismáticos de las últimas décadas, víctima de una forma particularmente cruel de demencia asociada a la alteración de una de esas proteínas cuya correcta gestión resulta vital para la salud del cerebro.

La acumulación de proteínas agregadas sobrecarga y bloquea los sistemas digestivos autofágicos, que no dan abasto, y ello a su vez impide deshacerse de los residuos. Se crea, por lo tanto, un círculo vicioso que exacerba el problema y puede resultar letal para las neuronas.

Al final, entre errores genéticos, pérdida de capacidad recicladora y amontonamiento progresivo de despojos moleculares, las neuronas acaban tan colapsadas como una autopista embotellada tras un accidente múltiple.

Una de las líneas de investigación más activas en el tratamiento de las enfermedades neurodegenerativas es, precisamente, el uso de fármacos para eliminar estos agregados proteicos tóxicos. Lamentablemente, hasta la fecha, no existe ningún tratamiento aprobado que haya demostrado ser efectivo de forma concluyente.

En esta línea, uno de los remedios que se ha propuesto contra el alzhéimer es el Aducanumab, comercializado como Aduhelm, un anticuerpo monoclonal dirigido contra el amiloide beta. En 2019 mostró resultados muy prometedores y, dos años después, fue aprobado por la Administración de Alimentos y Medicamentos de los Estados Unidos (FDA) para el tratamiento de la enfermedad de Alzheimer.

La aprobación fue controvertida y se basó en la capacidad de este fármaco para reducir los depósitos de amiloide beta en el cerebro. Con todo, su impacto clínico en la progresión de la enfermedad de Alzheimer ha sido objeto de debate, ya que ensayos posteriores no arrojaron mejoras reales en pacientes.

De hecho, ese mismo año y al contrario que su homólogo estadounidense, la Agencia Europea del Medicamento (EMA) decidió
no aprobar el uso del Aducanumab para el tratamiento del alzhéimer. Otros tratamientos similares han corrido la misma suerte.

Así pues, por ahora la estrategia de eliminar físicamente los
agregados proteicos no ha funcionado del todo en humanos pese a
ser efectiva en modelos animales. Quizá estos depósitos sean solo
un síntoma tardío y haya que intervenir antes de que la patología se
haya establecido. O puede que eliminar los pegotes proteicos en un
cerebro ya lesionado sea inefectivo.

Sea como fuere, frenar las enfermedades neurodegenerativas
sigue siendo uno de los grandes desafíos médicos actuales y, como
sucede en cualquier otra enfermedad, más vale prevenir que curar.

Por ejemplo, evitando la inflamación crónica, como veremos en
el capítulo que sigue.

Fuego amigo y células zombis

*Inflamación y senescencia como
motores del envejecimiento*

Hace más de una década me impactó ver en televisión la noticia de un joven de Castro Urdiales, un pequeño municipio de Cantabria, que sufrió una aparatosa caída al intentar escalar más de seis metros hasta su piso. Se había dejado las llaves dentro de casa y, al más puro estilo de Spiderman, no se le ocurrió otra cosa que intentar acceder al inmueble por el balcón.

Sin poder ocultar su asombro, el periodista que le entrevistaba le preguntó si tal temeridad había estado motivada por el consumo de alcohol. El hombre araña de Castro Urdiales le dijo que no, que él y sus amigos eran «antialcohol», pero que sí «Tomaban mucho peyote, ayahuasca y opio» (*sic*).

La aventura se saldó con dos tobillos rotos y una frase que quedó para la posteridad: «Sí, me podría haber matado, pero mi filosofía es que la vida no es un lugar seguro».

Y, efectivamente, no lo es. Como Spiderman, todos colgamos de un hilo y, aunque no seamos conscientes, tenemos sobre nuestra cabeza una espada de Damocles preparada para dejarnos secos en el momento más inesperado.

Como la naturaleza es sabia, a lo largo de miles de años de evolución ha urdido un sistema de defensa, el célebre sistema inmune. Él se encarga de protegernos frente a posibles amenazas externas como virus, bacterias, parásitos y hongos, así como de células dañadas internamente, como las cancerosas.

Dentro del sistema inmunitario, existe un mecanismo específico diseñado para protegernos contra microorganismos invasores y reparar tejidos dañados. Este mecanismo se llama *inflamación*.

Sin embargo, cuando la respuesta inflamatoria, que en esencia es beneficiosa, se descontrola y se convierte en crónica, este aliado de nuestra salud pasa a convertirse de héroe a villano. Este cambio no es trivial, pues marca el inicio de un ciclo perjudicial que acelera el proceso de envejecimiento y nos hace susceptibles a numerosas enfermedades, incluyendo las neurodegenerativas.

Por su parte, la llamada *senescencia celular* es un estado en el que las células dejan de dividirse, pero permanecen metabólicamente activas, negándose a morir. Esta resistencia a la muerte les ha hecho ganarse el sobrenombre de *células zombis*.

Se comportan como si fueran actores que se niegan a abandonar el escenario incluso después de que su actuación haya terminado, como las típicas visitas que no se marchan de tu casa ni a tiros, aunque les bosteces en la cara cada dos minutos.

No contentas con no desaparecer, las células senescentes comienzan a liberar (o como decimos los biólogos, secretar) una gran variedad de moléculas inflamatorias que pueden dañar el tejido circundante y promover la inflamación crónica.

De esta forma, inflamación y senescencia actúan en conjunto, promoviendo el deterioro asociado a la edad. Ambos factores se refuerzan mutuamente en un círculo vicioso que acelera el envejecimiento de tejidos y órganos, incluido el cerebro.

Comprender estos mecanismos es vital para poder adoptar estrategias que reviertan o detengan este proceso. Te ayudo a hacerlo en este capítulo.

Inflamación: del amor al odio, hay solo un paso

Para comprender la inflamación, primero debemos adentrarnos en el reino de la inmunidad, donde dos poderosos ejércitos —la inmunidad innata y la adquirida— velan incansablemente por nuestro bienestar.

La inmunidad innata es nuestra primera línea de defensa, un sistema de respuesta rápida que se activa ante la presencia de invasores. No es específica, en el sentido de que no distingue entre tipos de agresores: responde de la misma manera a todo lo que reconoce como ajeno.

Esta inmunidad se compone de barreras físicas como la piel, secreciones químicas que pueden destruir patógenos y diferentes células especializadas que buscan y destruyen microorganismos potencialmente problemáticos. Es rápida, eficaz y actúa exactamente igual en cada batalla. Todos los animales cuentan en menor o mayor grado con este tipo de defensa innata.

Por otro lado, la inmunidad adquirida o adaptativa actúa como un ejército de élite entrenado específicamente para reconocer y recordar a los enemigos con los que se ha enfrentado anteriormente. Se basa en la identificación precisa de moléculas concretas —generalmente proteínas o polisacáridos— que suelen estar presentes en los microorganismos invasores. Estas moléculas se llaman *antígenos* y, tras ser «fichados» en el primer encuentro, la inmunidad adquirida los recordará y atacará gracias a unas células llamadas linfocitos T y linfocitos B.

Esta memoria inmunológica permite una respuesta más rápida y fuerte en encuentros subsiguientes con el mismo agresor. Es un sistema tan sofisticado como el equipo de Ethan Hunt en *Misión imposible*, ya que es capaz de aprender y adaptarse. Se trata de una verdadera obra maestra de la evolución biológica solo presente en vertebrados.

Pero ¿qué tiene que ver la inflamación con la inmunidad?

La inflamación es una respuesta de la inmunidad innata y, por tanto, parte del sistema de defensa no específico, diseñada para aislar y eliminar amenazas, reparar el tejido dañado y restaurar la normalidad. Es como un grito de guerra que moviliza a las tropas, una llamada a las armas que señala la presencia de una lesión o infección.

En efecto, cuando nos cortamos, nos golpeamos o sufrimos una infección, la inflamación tiene como objetivo dirigir a nuestras células inmunitarias, los glóbulos blancos, desde la sangre hacia el foco infeccioso o tejido dañado. Para ello, se dilatan los vasos sanguíneos incrementando el flujo hacia la zona. En ese proceso, las paredes de los capilares, nuestros vasos más pequeños, se vuelven más permeables, permitiendo la salida de los glóbulos blancos.

Una vez en la zona afectada, algunas de estas células defensivas se zamparán a los microbios invasores, mientras que otras liberarán todo un arsenal químico para destruirlos, además de reclutar a más tropas.

Ahora bien, a pesar de que la inflamación es una herramienta poderosa, no está exenta de riesgos. De hecho, como es una respuesta poco específica, en su fervor por proteger puede dañar a nuestras propias células.

Déjame ponerte un ejemplo que siempre uso con mis estudiantes para explicarles el «lado oscuro» de la inflamación.

Imagina que un terrorista armado hasta los dientes entra en tu edificio, masacrando al conserje, a los ruidosos vecinos del principal y a todo quisque que se le pone a tiro. La noticia corre como la pólvora y en quince minutos tienes a la prensa, ambulancias y patrullas policiales en la puerta de entrada.

Tras varios intentos de negociar con el terrorista, que ha tomado como rehenes a un puñado de vecinos, las autoridades optan por una solución drástica: mandan a un avión del ejército para bombardear el edificio.

El bombardeo cumple su objetivo: adiós terrorista, problema

resuelto. Pero claro, adiós también a los vecinos, a tu edificio y a los que había alrededor. De una forma similar actúa la inflamación. Es un mecanismo eficaz para combatir agentes infecciosos, pero lo hace bastante a lo loco y tiende a causar daños colaterales. Lo que se llama popularmente «matar moscas a cañonazos».

Por eso recurrimos tan a menudo a los fármacos antiinflamatorios, estos agentes pacificadores que buscan rebajar las hostilidades, reduciendo la inflamación para prevenir el daño a nuestros propios tejidos.

Lo peor acontece cuando la respuesta inflamatoria, en lugar de disiparse tras la victoria, persiste en el tiempo. Aquí entramos en los dominios de la inflamación crónica, un estado parecido a un asedio fútil y prolongado que se produce cuando las defensas continúan disparando mucho después de que el enemigo haya desaparecido.

En ese estado, nuestros tejidos son bombardeados sin cuartel por el armamento químico que liberan las células del sistema inmunitario. En otras palabras, el defensor se convierte en atacante, alterando funciones vitales y contribuyendo al desarrollo de enfermedades.

Este estado de agresión permanente puede ser provocado por muchos factores, incluyendo infecciones no resueltas, enfermedades autoinmunes o exposición a toxinas, entre otros. Y, como no podía ser de otra manera, también se ha demostrado que, con el envejecimiento, tendemos a desarrollar una respuesta inflamatoria crónica, el denominado *inflammaging*.

INFLAMMAGING Y ENVEJECIMIENTO CEREBRAL

Este término, que en inglés combina las palabras «inflamación» y «envejecimiento», describe un estado de inflamación que se instaura progresivamente con la edad como consecuencia de la activación continuada del sistema inmunitario. Y el problema es que el *inflam-*

maging promueve el desarrollo y la progresión de diversas enfermedades relacionadas con el envejecimiento, incluyendo las que afectan al sistema nervioso.

De hecho, la inflamación parece tener un papel estelar en el nacimiento y avance de las enfermedades neurodegenerativas.

Muchos de los factores de riesgo genéticos para estas dolencias están relacionados, justamente, con el sistema inmune. Estos indicios nos llevan a pensar que la inflamación podría estar en el centro del escenario, con un papel fundamental tanto en el inicio como en la progresión de la neurodegeneración.

Por ejemplo, se ha observado que las personas de mediana edad con niveles elevados de proteínas inflamatorias en la sangre afrontan un riesgo mayor de caer en las garras de enfermedades neurodegenerativas. Además, estas personas muestran, décadas después, cerebros de menor tamaño y cambios preocupantes en la estructura de su materia blanca.

Estos descubrimientos refuerzan la idea de que la inflamación sistemática persistente podría acelerar la neurodegeneración.

Uno de los desencadenantes clásicos de los procesos inflamatorios crónicos en el cerebro son los agregados tóxicos de proteínas de los que te hablé en el capítulo anterior. Es decir, los «pegotes» moleculares desencadenan un proceso neuroinflamatorio que, una vez en marcha, promueve el estrés oxidativo, el daño al ADN y la disfunción neuronal.

Como si se tratara de una especie de incendio forestal en el cerebro, esta inflamación persistente tiene el poder de alterar el paisaje neuronal de varias maneras. Por un lado, daña a los vasos sanguíneos de Neurópolis, dificultando que los nutrientes que transporta la sangre lleguen hasta sus habitantes. Esto altera el equilibrio energético neuronal.

Además, la neuroinflamación también daña las vías que permiten que los pensamientos y recuerdos fluyan, afectando al funcionamiento de las sinapsis y causando muerte neuronal. Lógicamente, cuando las conexiones neuronales se rompen o se dañan, podemos sufrir una pérdida de memoria y un deterioro de las capacidades cognitivas.

No hay duda, pues, de que mantener un equilibrio entre las dos caras de la moneda de la inflamación es imprescindible para conseguir una Neurópolis a prueba de años.

SENESCENCIA: EXPLORAR EL FENÓMENO DE LA «JUBILACIÓN» CELULAR

Al igual que los humanos nacemos, crecemos y, si así lo deseamos y con un poco de suerte, nos reproducimos antes de envejecer y finalmente despedirnos, las células también atraviesan su propio ciclo de vida. Inician su viaje creciendo, luego duplican su material genético y finalmente se dividen, legando el preciado libro de recetas a dos nuevas células hijas.

Este proceso meticulosamente organizado y regulado, esencial para el crecimiento y la renovación de nuestros tejidos, se denomina *ciclo celular*. Se le llama ciclo porque, una vez completado, las células hijas emergen listas para embarcarse en la misma secuencia de eventos, perpetuando así una «saga microscópica».

Y si reproducirse es tan natural como la vida misma, quejarse también lo es. Seguro que has conocido a más de una persona que sueña constantemente con el momento de su jubilación y te lo explicita sin tapujos. De hecho, lo raro es encontrar a gente a la que le guste levantarse cada mañana con el despertador para pasarse la mayor parte del día arrimando el hombro en un empleo que tal vez odian.

Es natural que, tras años de trabajo incansable, las personas quieran retirarse y disfrutar de una nueva etapa de la vida, dejando atrás las responsabilidades diarias. De manera similar, las células de nuestro cuerpo llegan a un punto en el que deciden abandonar el ciclo celular y dejan de dividirse.

La historia de la senescencia celular comenzó en 1961, cuando Leonard Hayflick y Paul Sidney Moorhead hicieron un descubrimiento revolucionario en el laboratorio: *las células no pueden dividirse indefinidamente*. Observaron que, tras un número determinado de divisiones, las células perdían la capacidad de seguir multiplicándose: se volvían *senescentes*, un estado irreversible que marcó el inicio de nuestra comprensión sobre la «jubilación» celular.

Más adelante, se desveló que uno de los detonantes de este proceso es el acortamiento de los telómeros, esos capuchones cromosómicos que se van desgastando con cada división celular.

Pero, lejos de representar simplemente un merecido descanso, la senescencia celular es una estrategia maestra de nuestro cuerpo para protegernos. Al igual que no sería prudente confiar tareas críticas a personas que ya no tienen la fortaleza para realizarlas con seguridad, tampoco es beneficioso para nuestro organismo permitir que células envejecidas, desgastadas y potencialmente dañadas sigan reproduciéndose.

Estas células veteranas podrían transmitir errores acumulados a sus descendientes, aumentando el riesgo de enfermedades como el cáncer. En este sentido, la senescencia actúa como un mecanismo de defensa, retirando del ciclo a aquellas células «cansadas» que ya se han reproducido suficiente.

Además del acortamiento de los telómeros, existe una amplia variedad de factores de lesión celulares que pueden empujar a las células a una jubilación forzosa o anticipada. Por ejemplo, la activación de ciertos genes alterados, las lesiones en la molécula de ADN, el estrés oxidativo, la disfunción mitocondrial, infecciones víricas o bacterianas, ciertos desequilibrios nutricionales o una inflamación crónica, por citar solo algunos.

Células zombis atacando Neurópolis

Se ha demostrado que, a medida que envejecemos, nuestra población de células senescentes se hace más numerosa en diversos tejidos. De hecho, la acumulación de células senescentes es entre dos y veinte veces mayor en personas de más de sesenta y cinco años que en aquellas de menos de treinta y cinco.

Este dato nos da otra pista de cómo el paso del tiempo deja su huella a nivel celular en nuestro cuerpo.

La principal evidencia de que la senescencia celular es uno de los motores del envejecimiento nos llega de experimentos en ratones. Al eliminar las células senescentes de forma continua, bien usando ingeniería genética o fármacos diseñados para ello —apodados «senolíticos»—, los ratones viven más tiempo y con mejor salud.

Pero la senescencia no solo acelera el envejecimiento común. También se ha visto implicada en numerosas enfermedades, como la fibrosis pulmonar, el síndrome metabólico asociado a la obesidad, la aterosclerosis e incluso el alzhéimer y el párkinson.

¿Cómo contribuye a trastornos tan diversos? Curiosamente, además de abandonar su deber reproductivo y permanecer en un estado de jubilación anticipada, las células senescentes se vuelven un poco antisociales y adquieren conductas que dañan a sus células vecinas. Este fenómeno recibe el rimbombante nombre de *fenotipo secretor asociado a senescencia* o SASP (por sus siglas en inglés).

En términos sencillos, podríamos decir que las células SASP comienzan a «escupir» todo tipo de moléculas nocivas a su alrededor. Por ello, la analogía de las células senescentes con zombis resulta muy gráfica: estas células rebeldes se niegan a morir, abandonan sus funciones habituales, y deambulan escupiendo un cóctel de sustancias químicas perjudiciales.

Estas sustancias no solo causan un daño directo, sino que también promueven la inflamación crónica y tienen el poder de transformar a células sanas y funcionales en versiones senescentes de sí mismas, ampliando el ejército de «zombis microscópicos» dentro de nuestro cuerpo.

Lo mismo sucede en la genial *La noche de los muertos vivientes* de George A. Romero.

La senescencia en diferentes tipos de células cerebrales puede tener un papel clave, al acelerar el proceso de envejecimiento y neurodegeneración. Seguro que recuerdas a los astrocitos, los ciudadanos con forma de estrella de nuestra Neurópolis. Resulta que una de sus funciones más importantes es regular las comunicaciones sinápticas de las neuronas. Pues bien, los astrocitos senescentes pierden la capacidad de llevar a cabo esta tarea con eficiencia, lo cual provoca alteraciones sinápticas que pueden afectar a la función cognitiva.

Además, los astrocitos, entre otras células, también forman parte de la barrera hematoencefálica, un sistema que actúa como una especie de portero de una discoteca muy selecta: el cerebro. La barrera decide qué sustancias de la sangre pueden entrar y cuáles deben quedarse fuera, asegurando que solo los invitados más seguros y necesarios lleguen a la ciudad que tenemos dentro del cráneo.

Esta barrera es crucial porque protege a nuestro cerebro de sustancias potencialmente dañinas que circulan en la sangre, al mismo tiempo que permite el paso de nutrientes esenciales y oxígeno para mantenerlo saludable.

Si las células que forman la barrera hematoencefálica entran en senescencia, comienzan a dejar pasar indebidamente a sustancias dañinas hacia el cerebro. Esto promoverá que haya aún más senescencia, a la vez que dificultará el aporte de nutrientes. Este deterioro de la barrera hematoencefálica también parece contribuir al envejecimiento cerebral.

Los mismos astrocitos, junto con las células de la microglía —las principales «embajadoras» del sistema inmune en el cerebro—, se vuelven proinflamatorios cuando entran en senescencia y adquieren el estado SASP. De esta manera, contribuyen a la neuroinflamación y el *inflammaging*, dando lugar a lo que conocemos como el *neuroinflammaging*, cuyas consecuencias ya conoces.

Finalmente, cuando las células madre neuronales, llamadas *neuroblastos*, entran en senescencia se reduce la formación de nuevas neuronas en el hipocampo, la región del cerebro crucial para la memoria y el aprendizaje, como bien sabes.

¿Las neuronas se regeneran o no?

Durante décadas ha existido una acalorada disputa entre científicos sobre si en el cerebro adulto tiene lugar el nacimiento de nuevas neuronas o si, por el contrario, una vez que nos hacemos mayores, nos toca conformarnos con las que ya tenemos.

Es el debate de la neurogénesis adulta.

Esta polémica arranca en la década de 1960 cuando, por casualidad, los investigadores Joseph Altman y Gopal Das descubrieron indicios de formación de nuevas neuronas en cerebros adultos. No obstante, durante años fueron ignorados e incluso desacreditados.

No fue hasta finales de la década de 1990 cuando otros investigadores creyeron confirmar la neurogénesis en el hipocampo de humanos adultos. El problema es que los estudios actuales siguen contradiciéndose entre sí. Mientras unos afirman que la tasa de renovación neuronal se desploma tras la infancia, otros sostienen que se mantiene activa incluso durante el envejecimiento.

Aunque hay indicios claros de cierta capacidad regenerativa cerebral intrínseca, la controversia persiste entre los neurocientíficos. Por mi parte, aunque no soy una persona especialmente optimista, creo que sí hay una base científica para creer en la existencia de la neurogénesis adulta, aunque ise aceptan apuestas!

Sin duda, lo primero que hacen los servicios secretos de un país para desactivar a un enemigo es conocerlo a fondo. Ahora sabemos que la inflamación persistente es una gran enemiga de la longevidad del cerebro, y en la parte práctica de este libro buscaremos maneras de evitarla.

Mientras tanto, en el próximo capítulo tomaremos el ascensor para bajar de la sesera a otro lugar tan complejo como interesante...

Equilibrio intestinal, equilibrio mental

La conexión entre la microbiota y el envejecimiento cerebral

Seguro que has oído mil veces aquello de que el intestino es nuestro «segundo cerebro». Y es que este órgano está lejos de limitarse a procesar y asimilar los alimentos que ingerimos. De hecho, nuestro tubo digestivo contiene entre doscientos y seiscientos millones de neuronas que conforman el denominado sistema nervioso entérico, el cual puede operar con cierta independencia de Neurópolis.

Pero, sin duda, la influencia más extraordinaria en esta «mente intestinal» proviene de sus silenciosos intrusos microscópicos: los billones de bacterias, virus, hongos y otros microorganismos que componen nuestra microbiota.

En este capítulo te hablaré sobre el eje intestino-cerebro, cuyas comunicaciones bidireccionales tienen un impacto decisivo tanto en nuestro estado de ánimo como en la función cognitiva. Además, te mostraré cómo el equilibrio de los microorganismos intestinales se altera con la edad, contribuyendo a la aparición de diferentes patologías.

Comprenderemos la importancia de cuidar nuestra salud intestinal para mitigar los efectos del paso del tiempo en el cerebro.

Más allá de la digestión: diálogos internos acerca del eje
intestino-cerebro

Hace más de dos mil años, el filósofo griego Hipócrates, padre de la
medicina moderna, afirmaba lúcidamente que «todas las enfermedades comienzan en el intestino», destacando la importancia del
sistema digestivo en la salud.

Sin embargo, la gastroenterología moderna no arrancó hasta un
desafortunado incidente ocurrido en el siglo XIX. Este accidente
cambiaría para siempre la vida de su protagonista, al mismo tiempo
que abrió nuevos e insospechados caminos para la ciencia médica.

En una jornada aciaga, la rutina diaria del comerciante de pieles
canadiense Alexis St. Martin se vio abruptamente interrumpida
cuando una bala perdida impactó en su abdomen, dejándolo al bor-
de de la muerte. Gracias a la oportuna intervención quirúrgica del
doctor William Beaumont, médico militar estadounidense, la vida
de St. Martin logró salvarse.

Pese a ello, la recuperación de St. Martin le dejó una inusual
secuela: una fístula permanente que conectaba su estómago con el
exterior, creando una especie de ojo de buey gástrico. Ello permitió
al doctor Beaumont realizar numerosos estudios sobre la digestión
en tiempo real, llegando a introducir de forma controlada alimentos por la abertura para su observación durante el proceso.

También tomó muestras de jugos gástricos, las cuales analizó
químicamente, estableciendo otro avance poco habitual para la medicina decimonónica.

Pero uno de los hallazgos más revolucionarios de Beaumont fue
percatarse del vínculo que hay entre las emociones y la digestión:
cuando su paciente se irritaba, esta se tornaba mucho más lenta.
Una primicia en toda regla que abrió la puerta al concepto moderno del eje intestino-cerebro.

En realidad, todos hemos experimentado cómo nuestras respuestas a situaciones de estrés, miedo o tristeza alteran el funciona-

miento de nuestro sistema digestivo, demostrando la estrecha relación entre las emociones y la salud física.

Nuestro cerebro tiene múltiples «líneas telefónicas» directas para comunicarse con nuestras vísceras. Y, claro, también existen complejos sistemas neuronales para coordinar todo este tráfico de señales. Curiosamente, la comida puede influir en esta red siendo capaz, por ejemplo, de reducir la sensación de dolor. Este fenómeno, observado en estudios con ratas, se debe a que el consumo de alimentos activa caminos en el cerebro que ayudan a moderar tan temida sensación.

Podemos afirmar, pues, que tenemos una especie de minicerebro alojado en nuestras entrañas. O no tan mini. De hecho, se trata de un sofisticado sistema nervioso con muchas más neuronas de las que hay en la médula espinal. Situada en la pared del tubo gastrointestinal, esta fascinante delegación externa de Neurópolis se denomina *sistema nervioso entérico*.

Aunque, más que de una delegación, deberíamos hablar de una región un tanto soberana. Esta red neuronal tiene tal grado de autonomía que puede funcionar sin recibir instrucciones directas de tu cerebro. Sus numerosas neuronas envuelven al esófago, al estómago y a los intestinos, regulando desde los movimientos peristálticos que mezclan los alimentos, hasta la secreción de hormonas y jugos digestivos y la absorción de nutrientes.

Semejante dotación neuronal no sorprende al considerar los complejos desafíos que enfrentamos en el tubo digestivo. Por ejemplo, la superficie de absorción intestinal equivale a cien veces la superficie de nuestra piel. Además, alberga 100 billones de microbios de 40.000 especies diferentes. ¡Casi nada! También contiene dos tercios del total de células inmunes del cuerpo y miles de células endocrinas con más de veinte hormonas diferentes identificadas.

Pues bien, el sistema nervioso entérico opera como una avanzada red de «inteligencia intestinal», alertando constantemente al cerebro sobre cualquier variación relevante en el tubo digestivo, mediante sofisticados canales neuronales, inmunes y hormonales.

Actualmente existen muchas investigaciones focalizadas en explorar cómo la interacción intestino-cerebro afecta a nuestro pensamiento y emociones. Gracias a tales estudios sabemos que cuando hay problemas en esta comunicación, pueden surgir varios trastornos. Entre otras cosas, puede aumentar la inflamación en el intestino.

Esto abre la puerta a posibles soluciones para una amplia variedad de problemas, que van desde enfermedades mentales y problemas de aprendizaje hasta la obesidad, los trastornos digestivos, la enfermedad inflamatoria intestinal y el síndrome del intestino irritable.

Es importante señalar que, a pesar de que nuestro intestino constantemente envía señales al cerebro, solo nos percatamos de un número muy reducido de ellas, sobre todo cuando nos impulsa a actuar conscientemente; por ejemplo, cuando tenemos hambre o cuando necesitamos ir al baño.

No obstante, investigaciones recientes revelan que hay otros tipos de señales provenientes del intestino que no registramos de forma consciente, pero que inciden en la manera en que creamos recuerdos, en las emociones que vivimos y en cómo nos comportamos sin que siquiera nos demos cuenta, y entre estos se incluyen las originadas por las bacterias intestinales.

EL CLUB DE LA MICROBIOTA: PEQUEÑOS SOCIOS CON UN GRAN IMPACTO

Desde mucho antes de la aparición de los seres humanos, los microbios han estado presentes en nuestro planeta. Nuestra relación con estos microorganismos es tan antigua como la vida misma, influyendo en prácticamente todos los aspectos de nuestra biología.

El microbioma humano es el conjunto total de microorganismos —incluyendo bacterias, virus, hongos y otros microbios, junto con sus genes y metabolitos— que viven dentro y encima de nosotros. Y, a diferencia de nuestro genoma, que permanece relativamente fijo, nuestro microbioma es un caleidoscopio de vida cambiante y adaptable.

En cuanto a su número, la cantidad de microbios que albergamos es realmente asombrosa. Aunque hace pocos años se pensaba que en nuestro cuerpo había diez microbios por cada célula propia, estudios más recientes han ajustado esa cifra a la de 1,3 microbios por cada célula humana. Sigue siendo una cifra impresionante, ya que implica que tenemos más microbios que células propias.

Podemos albergar distintos microbiomas en cada uno de los rincones de nuestra anatomía, siendo la piel, los pulmones, el tracto urogenital y los ojos algunos de los ecosistemas principales. Sin embargo, es a lo largo del tubo digestivo, desde la boca hasta el ano, donde reside la mayor parte de esta biodiversidad microbiana.

La rica y compleja comunidad de microorganismos que vive en nuestros intestinos ha sido muy estudiada, y se ha demostrado que estos microorganismos tienen un papel esencial tanto en el funcionamiento normal de nuestro cuerpo como en el desarrollo de enfermedades.

En efecto, la fascinación por la microbiota intestinal creció exponencialmente cuando se hallaron diferencias significativas entre el microbioma de personas con diversas enfermedades y el de individuos sanos. Sin embargo, aún es un desafío conectar directamente ciertos trastornos con cambios específicos en los microorganismos que nos acompañan, debido a la complejidad de definir un microbioma específico que promueva la salud.

Si nos centramos en su influencia sobre el sistema nervioso, las bacterias intestinales son capaces de afectar a nuestra conducta, cognición y estado de ánimo de varias maneras.

Por un lado, pueden interactuar directamente con el sistema nervioso entérico, ya que estos microorganismos son capaces de liberar neurotransmisores como la serotonina o la dopamina, entre otros. Además, influyen en los procesos neuroinflamatorios, ya que activan a células inmunitarias que llevan el arsenal químico del que te hablé en el capítulo anterior. Finalmente, moléculas procedentes del metabolismo de la microbiota intestinal pueden llegar al torrente sanguíneo y afectar diferentes sistemas, incluyendo el nervioso.

De hecho, una de las cosas que más me fascinan de los microorganismos es su capacidad para utilizar una amplia gama de moléculas, tanto inorgánicas como orgánicas, como fuentes de alimento propio. Son capaces de nutrirse de prácticamente cualquier cosa. Por ejemplo, dentro del intestino de los mamíferos, estos microbios pueden descomponer moléculas inaccesibles para nosotros, como la celulosa, presente en las células vegetales y componente de la famosa fibra alimentaria.

Al ayudarnos a digerir estas moléculas que «se nos atraviesan», la microbiota intestinal pone a nuestra disposición nutrientes necesarios para nuestras vías metabólicas. Seguramente, uno de los metabolitos de origen microbiano más interesantes y de moda hoy en día son los *ácidos grasos de cadena corta* (SCFAs, por sus siglas en inglés).

Producidos por la fermentación microbiana de la fibra, los SCFAs, que incluyen ácidos como el acético, propiónico y butírico, son metabolitos clave para la salud intestinal y general. Estos ácidos grasos son una fuente de energía para las células del colon, ayudan a regular nuestra respuesta al estrés y el azúcar en la sangre, además de tener efectos antiinflamatorios. Otros compuestos producidos por microbios, como los exopolisacáridos, también ayudan a reducir la inflamación.

Es por todo ello por lo que mantener una microbiota en buenas condiciones nos puede ayudar a frenar el *inflammaging*.

ENVEJECIMIENTO, DISBIOSIS Y NEURODEGENERACIÓN

Es importante tener en cuenta que nuestra microbiota intestinal funciona como un organismo vivo que evoluciona con nosotros. Y de la misma manera que nos ocurre a los humanos, atraviesa por momentos mejores y peores, envejece y se desgasta.

Cuando se altera el delicado equilibrio entre los miles de especies en constante cooperación y competencia que nos habitan, hablamos de *disbiosis*. En este contexto, algunos microorganismos pueden empezar a dominar sobre otros y causarnos problemas.

La disbiosis puede aparecer por causas muy variopintas: cambios en la dieta, uso de antibióticos, exceso de estrés, determinadas enfermedades o, simplemente, a medida que le damos vueltas al sol.

Algunos estudios han mostrado que las personas sanas de edad avanzada tienen una composición, estabilidad y diversidad de la microbiota intestinal diferente a la de los adultos jóvenes. Uno de los más interesantes incluyó a 371 personas, desde recién nacidos hasta centenarios, y encontró diferencias significativas en treinta y cinco tipos de bacterias presentes en el intestino de los ancianos. Curiosamente, se observó una pérdida de géneros de bacterias consideradas beneficiosas para nosotros, mientras que aumentaron aquellos géneros asociados a la inflamación y a ciertas enfermedades.

No deja de ser preocupante.

Estudios similares han confirmado que, a medida que envejecemos, nuestro mundo microbiano interno experimenta una importante transformación: disminuye la variedad de microbios en general y aumentan aquellos más «pendencieros», mientras que las bacterias «amigables», como las *Bifidobacterium* —puede que te suenen por el yogur—, se vuelven menos comunes. Además, se produce menos cantidad de ciertos compuestos beneficiosos que nuestras bacterias intestinales nos proporcionan, como los ya mencionados SCFAs.

Estudios en ratones han mostrado que tras recibir antibióticos, no solo disminuyen los niveles de estos ácidos grasos beneficiosos, sino que también se observan problemas de memoria y aprendizaje, lo que sugiere un vínculo entre la salud de nuestros huéspedes intestinales y la función cerebral. De hecho, en ratones mayores se ha observado una notable disminución en la producción de SCFAs, acompañada de un deterioro cognitivo.

En investigaciones específicas, se ha utilizado el trasplante de heces para entender cómo estos cambios en la microbiota pueden influir en el sistema inmune, especialmente en personas mayores.

Trasplantes fecales: compartiendo nuestro «producto interior bruto» por una buena causa

La idea de utilizar los excrementos con fines curativos no es para nada nueva. Ya en la China del siglo IV se hacía referencia a una «sopa amarilla» elaborada a base de materia fecal humana, y se utilizaba para tratar casos severos de diarrea. Posteriormente, en documentos de la dinastía Ming del siglo XVI, se encuentran descripciones sobre preparados de heces frescas o fermentadas que se administraban vía oral o rectal a pacientes con diversos trastornos gastrointestinales, incluyendo el estreñimiento.

Como ves, cuando la banda española de punk La Polla Records lanzó su canción «Come mierda», en 1984, tampoco estaban siendo tan irreverentes.

La exploración del vínculo entre nuestro intestino y el cerebro ha abierto la puerta a nuevas posibilidades para esta técnica tan escatológica. Una de ellas implica transferir material fecal de individuos jóvenes y saludables al sistema digestivo de personas mayores para intentar rejuvenecer su microbiota intestinal.

Experimentos recientes en ratones han sugerido que el trasplante de heces de animales jóvenes a veteranos puede tener efectos positivos en el sistema inmunológico y en la capacidad cognitiva de estos últimos, mejorando aspectos como la memoria y el aprendizaje espacial.

Sin embargo, la aplicación de los trasplantes fecales todavía afronta retos importantes, principalmente debido a las incógnitas sobre sus resultados a largo plazo y los efectos secundarios que puedan surgir. Por ejemplo, se ha documentado que algunos pacientes experimentan complicaciones tales como obstrucciones intestinales después de someterse a un trasplante, posiblemente debido a la introducción de nuevas cepas bacterianas en su sistema.

Además, el riesgo de transmitir sustancias patógenas o dañinas durante el procedimiento plantea preocupaciones adicionales.

Un desequilibrio en nuestra flora intestinal puede activar nuestras defensas naturales de manera excesiva, llevando a una inflamación que se asemeja a la que ocurre naturalmente con el envejecimiento, el *inflammaging* que ya conoces. Esto se ve reflejado en un aumento de la inflamación tanto en el intestino como en el cuerpo en general, incluyendo el sistema nervioso central.

De hecho, no son pocos los estudios que señalan que la inflamación cerebral relacionada con la edad y el deterioro cognitivo están vinculados con el funcionamiento del eje intestino-cerebro-microbiota.

En relación a esto, se ha demostrado que ciertas enfermedades inflamatorias intestinales en ratas pueden causarles problemas en áreas del cerebro responsables del movimiento y la coordinación. De hecho, los microbios intestinales contienen y liberan diferentes sustancias que provocan una respuesta inflamatoria. Con el paso de los años, se ha observado que la producción de estas sustancias aumenta, promoviendo la neuroinflamación y la pérdida de funciones cognitivas.

Aunque aún no hay muchos estudios que detallen cómo los cambios en la microbiota intestinal o la disbiosis están directamente relacionados con la inflamación cerebral y el deterioro cognitivo en humanos, algunos han encontrado una menor diversidad en la microbiota de adultos mayores que presentan problemas cognitivos en comparación con aquellos sanos. Un estudio reciente encontró, incluso, una disminución significativa en *Faecalibacterium*, un género de bacterias con propiedades antiinflamatorias, en personas que experimentan los primeros síntomas del alzhéimer.

De hecho, hay especies microbianas intestinales que se asocian a la producción de proteínas amiloides capaces de viajar hasta el cerebro, donde pueden contribuir a la formación de los agregados tóxicos que ya conoces, y desatar la patogénesis de alzhéimer. En este sentido, se ha demostrado que el tratamiento con antibióticos en modelos de ratones con alzhéimer puede reducir la cantidad de proteínas amiloides en el cerebro y la sangre.

Pero no solo se trata de los agregados amiloides y la neuroinflamación. Los cambios en nuestra microbiota intestinal, especialmente aquellos que ocurren con la edad, pueden alterar la expresión de diversos genes y proteínas sinápticas, promoviendo la muerte neuronal y el deterioro cognitivo.

Y la cosa parece ir más allá de las enfermedades neurodegenerativas.

Todo apunta a que la microbiota intestinal también tiene un papel crucial en el desarrollo de problemas cognitivos vinculados a enfermedades vasculares, como la aterosclerosis y los accidentes cerebrovasculares en personas mayores.

Todas estas investigaciones nos enseñan que, a medida que avanzamos en edad, mantener un equilibrio saludable en nuestra microbiota puede ser una de las claves para preservar nuestra salud cerebral y retrasar el deterioro cognitivo.

En el capítulo de la segunda parte dedicado a la alimentación veremos cómo hacerlo. Antes, sin embargo, te espera un poco más de teoría para acabar de comprender lo que pasa ahí arriba.

Crisis energética

Disfunción mitocondrial y metabólica en el deterioro neuronal

Para introducir este capítulo necesito que te vuelvas a imaginar al cerebro como esa Neurópolis vibrante y bulliciosa, llena de luces, movimiento y actividad constante que te describía al inicio de nuestro viaje.

Y, como pasa con cualquier otra urbe, el cerebro necesita energía para funcionar. En una ciudad al uso, tenemos electricidad que ilumina las calles y edificios, gasolina que alimenta los vehículos, y gas que mantiene a los habitantes cálidos y confortables.

En Neurópolis y, en realidad, en todos nuestros órganos y sistemas, la energía vital procede de una molécula llamada *adenosín trifosfato*, o ATP para los amigos.

El ATP funciona como una especie de divisa energética universal en el interior de las células, posibilitando todas las funciones de nuestro cuerpo. Esta valiosa moneda se acuña en unas diminutas centrales de producción energética que hay dentro de la célula llamadas mitocondrias. Hemos hablado antes de ellas. Las mitocondrias utilizan nutrientes para generar millones de moléculas de ATP cada día, que luego exportan al resto de los orgánulos para alimentar el funcionamiento celular.

Además, nuestras células poseen mecanismos muy finos para medir la disponibilidad de los nutrientes que nos permiten obtener

ATP. Dependiendo de su abundancia o escasez, las células se envían señales que activan o desactivan complejas cadenas de reacciones químicas, conocidas como rutas metabólicas, para mantener un correcto funcionamiento.

Viene a ser una economía celular donde la oferta y la demanda están totalmente equilibradas.

Conforme vamos envejeciendo, nuestras mitocondrias y los sistemas de comunicación metabólicos empiezan a cometer errores y dejan de funcionar adecuadamente. Las claves de este deterioro se están empezando a comprender, lo cual abrirá nuevas posibilidades para mitigar el paso de los años en nuestro cerebro.

APAGONES EN NEURÓPOLIS: COMPRENDER LA DISFUNCIÓN MITOCONDRIAL

Como te decía, las mitocondrias son pequeños orgánulos presentes en el interior de la mayoría de nuestras células, donde ocupan una quinta parte de su volumen.

Envueltas por una doble membrana, estas estructuras diminutas actúan como las refinerías de petróleo que procesan el crudo para convertirlo en gasolina. Pero, en lugar de petróleo, lo que refinan las mitocondrias es, sobre todo, las moléculas de glucosa procedentes de nuestra alimentación.

A través de una serie de reacciones bioquímicas conocidas como el ciclo de Krebs y la cadena respiratoria (tan aborrecidas por los estudiantes de bachillerato), la glucosa y el oxígeno permiten obtener la máxima energía posible en forma de ATP.

Además de generar energía, las mitocondrias son el epicentro de una gran variedad de procesos vitales, desde la termogénesis (nos permite mantener una temperatura corporal constante), hasta la regulación del calcio y el hierro. Asimismo, contribuye a la fabricación de componentes fundamentales como el grupo hemo, indispensable para que nuestra sangre transporte oxígeno por todo el cuerpo.

Por si fuera poco, las mitocondrias intervienen en otros procesos clave de la vida celular, como la diferenciación (las células se especializan para cumplir tareas determinadas) y la proliferación (su capacidad para multiplicarse). También posibilitan momentos más difíciles, pero igualmente necesarios, como la muerte celular programada. Esta especie de eutanasia celular, denominada apoptosis, es esencial para la renovación de los tejidos y la prevención de enfermedades: actúa como un sistema de control de calidad que permite al cuerpo deshacerse de las células que ya no son necesarias o que podrían ser perjudiciales.

Una de las cosas que más me fascinan de las mitocondrias es que tienen su propio ADN, distinto del que se encuentra en el núcleo de la célula. Eso sí, el ADN mitocondrial es muy pequeño y solo contiene las instrucciones para fabricar trece proteínas. No obstante, que un orgánulo tenga su propio material genético es alucinante, ¿no crees? Este hecho realza su importancia y además sugiere que las mitocondrias se originaron a partir de la interacción única entre dos células, lo cual llevó a una relación mutuamente beneficiosa.

Según esta teoría, propuesta por la célebre bióloga estadounidense Lynn Margulis, hace más de mil quinientos millones de años una célula «se comió» a otra, pero en lugar de digerirla, las dos comenzaron a coexistir. Con el tiempo, la célula engullida se especializó en la producción de energía, evolucionando en lo que hoy son las mitocondrias.

Poca broma, este evento sentaría las bases para la aparición de células más complejas, así como de organismos multicelulares.

A pesar de que el origen de las mitocondrias es bastante antiguo, parece que a estos orgánulos no les sienta demasiado bien cumplir años. Y es que, a medida que envejecemos, la función mitocondrial se deteriora debido a múltiples factores interrelacionados.

Por un lado, al igual que sucede en el núcleo, se van acumulando errores y mutaciones en el ADN mitocondrial, lo que afecta al buen funcionamiento de estos orgánulos y puede contribuir a su vez al proceso de envejecimiento.

De hecho, se ha observado que los ratones con un ADN mitocondrial lleno de mutaciones envejecen antes, mostrando signos típicos de senectud prematura: encorvamiento, calvicie, canas, sordera, pérdida de peso y una esperanza de vida notablemente reducida. Existen estudios que sugieren que algo similar podría ocurrir en nosotros, los humanos: las personas mayores presentan muchas más mutaciones en el ADN mitocondrial de órganos especialmente afectados durante la vejez, como son el cerebro, el corazón o los músculos.

La acumulación de mutaciones en el ADN mitocondrial puede tener varias consecuencias, incluyendo una alteración del mecanismo de producción de ATP y la generación de un exceso de radicales libres, de los que ya hemos hablado.

Lo primero es muy preocupante en el cerebro, un órgano que requiere de una cantidad desproporcionada de energía para su tamaño. Esta gran demanda de energía significa que cualquier disminución en la eficiencia mitocondrial puede ser altamente perjudicial para las funciones cerebrales.

En cuanto a lo segundo, las mitocondrias se parecen a esas viejas fábricas donde se usaban máquinas de vapor que escupían humo y hollín por todas partes: aunque imprescindibles como motor económico durante la Revolución industrial, no eran precisamente limpias.

Y, en efecto, durante el proceso mitocondrial de producción de ATP se generan gran cantidad de radicales libres, moléculas químicamente reactivas y potencialmente dañinas. Y si las calderas viejas producen más humo y hollín, con la edad nuestras mitocondrias pierden rendimiento y generan cada vez más radicales libres.

Ya te expliqué de qué manera el estrés oxidativo contribuye a alterar el funcionamiento celular y a acelerar el envejecimiento. En el caso concreto de las mitocondrias, los radicales libres dañarán primero a sus propias moléculas, alterando las proteínas, el ADN y la membrana de estos orgánulos. Entramos, de esta manera, en un círculo vicioso donde más radicales provocan más disfunción mitocondrial y aún más radicales.

La acción tóxica de los radicales libres sobre la membrana mitocondrial la vuelve más permeable, es decir, facilita que se escapen moléculas que deberían permanecer encerradas dentro de las mitocondrias. Las consecuencias de estos escapes moleculares pueden ser devastadoras para las células.

Por ejemplo, si el ADN mitocondrial sale al citoplasma, la célula creerá que está siendo invadida por bacterias, al detectar este ADN «extraño». De este modo, se desencadena por error una respuesta inflamatoria defensiva, cuyos efectos proenvejecimiento también conoces ya.

Pero el ADN mitocondrial no es la molécula más «peligrosa» que contienen estos orgánulos. En las centrales energéticas celulares también se almacenan algunas proteínas con un verdadero lado oscuro, ya que son capaces de obligar a la célula a autodestruirse mediante la *apoptosis*. Este término proviene del griego antiguo y se utilizaba en el contexto de la caída de las hojas de los árboles en otoño.

¿Por qué los biólogos usamos una palabra tan poética para referirnos a la destrucción de una célula?

Pues porque cuando una célula muere por apoptosis, lo hace de forma silenciosa y ordenada, igual que las hojas cayendo de los árboles. Además, gracias a este «sacrificio», los tejidos eliminan células que podrían dañarlos, al igual que los árboles necesitan perder sus hojas para resistir el frío invierno.

Así, una mitocondria es como un frasquito lleno de veneno. Si su membrana falla, deja escapar proteínas que, una vez en el citoplasma, inician una reacción en cadena en la que se desmantelará cuidadosamente la célula desde dentro, provocándole la muerte.

Como ves, las mitocondrias son fundamentales para la salud y para el funcionamiento de nuestras células, sobre todo en el cerebro. De hecho, otro de los denominadores comunes de las enfermedades neurodegenerativas es la pérdida de rendimiento mitocondrial.

Por ejemplo, hay sólidas evidencias que relacionan las mutaciones en proteínas involucradas en el «reciclaje» de mitocondrias dañadas con casos hereditarios de párkinson. De forma similar, en la ELA se han identificado mutaciones en proteínas que alteran procesos mitocondriales tan importantes como su protección frente al daño oxidativo. Y en el alzhéimer también se observan mitocondrias con un funcionamiento alterado, menor consumo de oxígeno y una morfología aberrante.

FALLOS EN LA RED DE SEÑALIZACIÓN METABÓLICA

Metabolismo es uno de esos términos que la gente usa a menudo, a pesar de que tal vez no tengan demasiado claro qué significa. En realidad, es bien simple: se trata del conjunto de todas las reacciones químicas que ocurren dentro de nuestras células para mantenernos vivos. Es la forma en que nuestro cuerpo convierte lo que comemos y bebemos en energía y material de construcción para el crecimiento, la reparación y las funciones celulares.

Este proceso no es un camino de una sola vía; está compuesto por dos rutas complementarias pero opuestas: el *anabolismo* y el *catabolismo*.

El anabolismo viene a ser un equipo de albañiles celulares. Estos constructores toman materiales básicos, como los ladrillos y el mortero (en nuestro caso, pequeñas moléculas como los aminoácidos y los carbohidratos), y los ensamblan en estructuras más grandes y complejas, como edificios y puentes (proteínas, ADN y otras macromoléculas vitales para la célula). Este proceso requiere energía, al igual que se necesita combustible para operar grúas y otros equipos de construcción. Como ya sabes, esta energía suele provenir de una molécula llamada ATP.

Por otro lado, tenemos el catabolismo, que podría considerarse como un equipo de demolición de edificios. Y es que, como bien decían los alquimistas, *solve et coagula* o, lo que es lo mismo, necesitamos deshacer o desmantelar algo para reconstruir o crear algo nuevo.

Pues bien, los trabajadores especializados en catabolismo desmontan estructuras grandes y complejas en sus componentes básicos. Por ejemplo, cuando estás unas horas en ayunas y no tienes nada para echarte a la boca, tu cuerpo descompone moléculas que tenías almacenadas a modo de reserva, como las grasas. Este proceso no solo aporta la energía que permite mantener las funciones biológicas, sino que también proporciona los materiales básicos necesarios para seguir construyendo los componentes de las células.

Como ves, el equilibrio entre el anabolismo y el catabolismo es como el ciclo de la vida de una ciudad: construcción, mantenimiento y demolición, todo funcionando en un equilibrio dinámico. Cuando este equilibrio se desajusta, surgen problemas, al igual que se produce el caos en una ciudad si se intenta construir nuevos edificios en zonas excesivamente urbanizadas.

Para evitar que esto suceda, nuestras células poseen una sofisticada red molecular de sensores y vías de señalización. Su misión es gestionar los recursos, monitorizando constantemente los niveles de nutrientes para ajustar la actividad celular según las necesidades. Sería algo así como el equipo directivo de una empresa, que debe estar atento a las existencias en el almacén y las demandas del mercado para decidir si es momento de invertir en producción o de apretarse el cinturón.

Esta red de vigilancia nutricional dirige el metabolismo y no solo coordina la producción de ATP, sino que también regula procesos tan diversos como la autofagia, la síntesis de proteínas, la replicación del ADN o incluso la generación de nuevas mitocondrias. Lo hemos ido viendo desde el capítulo anterior.

Así, cuando los almacenes están llenos y no hay amenazas a la vista, la red da luz verde a las vías anabólicas, iniciando un período de prosperidad y crecimiento celular. Entonces, las proteínas, los lípidos y otros componentes se sintetizan a buen ritmo mientras hay materia prima disponible.

En cambio, si los suministros escasean o se detectan agentes que pueden dañar a las células (creando una situación de estrés celular), la red activa rápidamente los mecanismos de defensa y supervivencia, como el reciclaje de orgánulos dañados o la ralentización de procesos no esenciales para ahorrar recursos. Igual que cuando una empresa prescinde de gastos superfluos y optimiza su eficiencia ante una crisis.

La información es poder

En este caso, la frase no podría ser más cierta. Para que toda esta red metabólica funcione, hay multitud de vías moleculares que permiten la comunicación entre las células. Es un sistema donde se envían y se reciben señales, instrucciones sobre lo que hay o no hay que hacer.

En nuestra juventud, la red de señalización metabólica promueve los procesos anabólicos que nos permiten crecer, desarrollarnos y alcanzar la plenitud física. Es como el viento a favor que impulsa a un barco hacia su destino, aprovechando al máximo sus recursos. Pero conforme entramos en la edad adulta, este mismo sistema se va convirtiendo poco a poco en un potenciador del envejecimiento. El viento favorable se torna en una marea adversa que va desgastando lentamente el casco y las velas del barco.

De hecho, según estudios comparativos entre personas de distintas edades, la grasa corporal aumenta de media un 1 % cada año tanto en hombres como en mujeres, y este proceso empieza ya a partir de los treinta-cuarenta años. Paralelamente, se va produciendo una pérdida de tejido magro (no graso) en músculos, hígado y otros órganos vitales. Estos cambios en la composición corporal alteran nuestra función metabólica, porque el tejido magro es el principal determinante de cuánta energía necesitamos.

La mayor parte de la grasa corporal se almacena en unas células llamadas adipocitos que, haciendo honor a su nombre, forman el tejido adiposo. Estos adipocitos tienen una capacidad de almacenaje limitada, y cuando se ven obligados a acumular demasiada grasa, las cosas empiezan a torcerse. Se inicia entonces una reacción en cadena de fallos metabólicos que va extendiéndose a otros tejidos. Esto puede dar lugar a lo que se conoce como síndrome metabólico, un conjunto de alteraciones entre las que se incluye la obesidad, la diabetes tipo 2 y enfermedades cardiovasculares.

Esto sucede porque el tejido adiposo sobrecargado dará lugar a una respuesta inflamatoria, liberando armamento químico hacia la sangre que afectará a muchas regiones del cuerpo. Este es, en realidad, uno de los principales problemas que comporta la obesidad: implica *someter al cuerpo a un estado de inflamación crónica*, cuyas consecuencias ya conoces.

Pero aún hay más: un exceso de grasa en el tejido adiposo provoca que los adipocitos se vuelvan resistentes a la insulina, con lo que tendrán problemas para captar u obedecer señales clave en la regulación metabólica.

Sí, sí, como los típicos adolescentes a los que tus indicaciones les entran por una oreja y les salen por la otra.

EL ABC DE LA INSULINA

Por cierto, aunque estoy seguro de que has oído hablar muchas veces de la insulina, me voy a permitir recordarte algunos conceptos básicos para que comprendas lo realmente importante que es para nuestro organismo.

Como sabes, cada vez que comes tu cuerpo convierte los alimentos, especialmente los carbohidratos, en glucosa, principal combustible que nos permite obtener ATP. Simplificando un poco la historia, el problema es que la glucosa no siempre puede entrar directamente en las células para proporcionarles energía. En algunos casos necesita ayuda, especialmente en el tejido muscular, el adiposo y en ciertas zonas de Neurópolis, como el hipocampo.

Y aquí es donde entra en juego nuestra estrella, la insulina. Sería como una llave que abre las puertas de esas células para permitir que la glucosa entre. Sin insulina, la glucosa se queda vagando por el torrente sanguíneo, incapaz de entrar en las células, lo cual provoca una serie de problemas alarmantes.

Además, la insulina funciona como un freno lipolítico, es decir, evita que los ácidos grasos del tejido adiposo escapen hacia la sangre. En otras palabras, la insulina «prohíbe» a los adipocitos verter sus reservas lipídicas al torrente sanguíneo. Por este motivo, cuando los adipocitos se vuelven resistentes a la insulina, permiten la salida de ácidos grasos hacia la sangre.

Un desastre, vaya.

Personalmente, este proceso me recuerda a los accidentes de los cargueros que transportan petróleo, provocando mareas negras que dañan los ecosistemas marinos. Porque, en efecto, estos ácidos grasos descontrolados serán absorbidos por otros tejidos que no están preparados para almacenar tanto lípido.

El hígado es un ejemplo. Al verse inundado por esta marea grasienta, también desarrolla resistencia a la insulina, lo que altera su capacidad para regular la producción y el almacenaje de glucosa, agravando aún más la situación de descontrol metabólico generalizado.

Parece que esta tormenta perfecta de disfunciones metabólicas está alcanzando proporciones pandémicas a escala mundial, sobre todo entre las personas mayores. De hecho, algunos estudios sugieren que hasta el 50 % de los mayores de sesenta y cinco años podrían estar sufriendo síndrome metabólico en algún grado. Y la diabetes tipo 2 es la enfermedad endocrina más prevalente.

Es como si al llegar a cierta edad, nuestro cuerpo se volviese más vulnerable a este cortocircuito metabólico generalizado.

Sin embargo, las consecuencias de estos desajustes metabólicos van más allá de los michelines y de las altas cantidades de glucosa en sangre. Hoy en día nadie duda de que el síndrome metabólico pasa factura al cerebro, pudiendo acelerar el declive cognitivo y procesos de neurodegeneración. El exceso de grasa corporal, la resistencia a la insulina y la inflamación crónica que acompañan al síndrome metabólico son un caldo de cultivo perfecto para el deterioro neuronal. Un entorno tóxico que va erosionando poco a poco nuestra capacidad de pensar, recordar y razonar.

La enfermedad de Alzheimer. ¿La diabetes tipo 3?

La diabetes tipo 2 es una enfermedad metabólica cada vez más común, caracterizada por altas concentraciones de glucosa en la sangre debido a una pérdida de sensibilidad a la insulina, una hormona esencial para que las células absorban la glucosa de la sangre y la utilicen como fuente de energía.

Cuando nuestro cuerpo se vuelve resistente a la acción de la insulina, las células tienen dificultades para captar la glucosa, a pesar de estar bañadas en un mar de azúcar.

Pero las consecuencias de esta resistencia a la insulina van más allá del control glucémico. Cada vez tenemos más evidencias de su impacto negativo en nuestro cerebro, acelerando el declive cognitivo y aumentando el riesgo de enfermedades neurodegenerativas como el alzhéimer.

De hecho, las neuronas requieren un suministro constante de glucosa para mantener su actividad y sus conexiones. Precisamente por eso, en la mayoría de los barrios de Neurópolis, las neuronas pueden captar la glucosa de la sangre independientemente de la insulina. Sin embargo, en el hipocampo, esta región clave para la memoria, las células requieren de esta llave hormonal para captar eficientemente la glucosa.

Cuando las neuronas hipocampales se vuelven resistentes a la insulina, empiezan a pasar penurias energéticas. A largo plazo, esta «inanición neuronal» puede conducir a la disfunción y muerte de las células cerebrales, allanando el camino para el desarrollo de demencia.

Tan estrecha parece ser la relación entre la resistencia a la insulina y el deterioro cognitivo que algunos expertos han llegado a acuñar el término «diabetes tipo 3» para referirse al alzhéimer.

Evidentemente, los desajustes metabólicos que se van produciendo con la edad pueden verse multiplicados por estilos de vida sedentarios y dietas poco saludables. Por suerte, lo opuesto también sucede: como te mostraré en la segunda parte de este libro, el ejercicio físico y determinados tipos de dieta pueden mitigar los efectos del envejecimiento al reforzar tus funciones metabólicas.

¿Puede el estrés dañar el cerebro?

En este capítulo voy a hacer un pequeño paréntesis en el fascinante mundo del envejecimiento para sumergirte en un tema que, aunque no esté directamente relacionado, tiene un impacto significativo en la salud de nuestro cerebro y de todo nuestro organismo: el estrés.

Vivimos bajo un constante bombardeo de notificaciones, en una perpetua carrera contra el reloj. Y claro, todo tiene su precio. La actualidad ha traído consigo maravillas tecnológicas, pero también un ritmo de vida acelerado, que a menudo nos deja jadeando en un intento de mantenernos al día. Este panorama frenético, gobernado por las exigencias de la inmediatez y la eficiencia, ha fertilizado un terreno particularmente propenso al estrés.

En 2010, la Organización Mundial de la Salud catalogó el estrés como la gran «epidemia sanitaria del siglo XXI». En Europa, se estima que más de cuarenta millones de almas navegan las turbulentas aguas del estrés cotidiano. Pero cruzando el Atlántico, las cosas tampoco pintan mejor. Por ejemplo, una investigación reciente difundida por Gallup, empresa experta en análisis de datos internacionales, ha mostrado que los niveles de estrés de los estadounidenses exceden el promedio mundial.

¿Problemas del primer mundo? Tal vez, pero reflejan un pulso acelerado, noches de insomnio y preocupaciones que dan vueltas en la cabeza de millones de personas de todas las edades y situaciones socioeconómicas.

Mucho antes de que la palabra «estrés» formara parte de nuestro vocabulario cotidiano, grandes mentes de la Antigüedad, como Aristóteles e Hipócrates, ya advertían de sus estragos. Sin embargo, fue Hans Hugo Bruno Selye, médico nacido en Viena en 1907, quien realmente lo puso en el mapa. Selye se dio cuenta de un hecho curioso: los pacientes aquejados de diversas dolencias compartían un conjunto de síntomas «no específicos» como consecuencia de estímulos estresantes que afectaban a su organismo.

Esta revelación no se detuvo en las camas del hospital. Selye trasladó su curiosidad al laboratorio, estudiando ratas y viendo cómo reaccionaban bajo la presión constante. De esta exploración nació su teoría del Síndrome General de Adaptación (GAS, por sus siglas en inglés): el estrés prolongado favorecía la aparición de «enfermedades de adaptación», como úlceras gastroduodenales e hipertensión arterial, debido a la producción excesiva de ciertas sustancias químicas y hormonas.

Aunque el tiempo demostró que la teoría de Selye necesitaba ajustes (el GAS no resolvía la ecuación por completo), su legado es indiscutible. Fue un pionero que advirtió del impacto del estrés en nuestros sistemas inmunológico y endocrino. Gracias a él, comenzamos a entender que el estrés es más que un sentimiento; es una respuesta profunda que afecta desde las entrañas hasta el cerebro. Déjame mostrarte cómo.

La respuesta fisiológica (¡y necesaria!) al estrés

Cuando nos enfrentamos a una situación estresante, nuestro cuerpo inicia una serie de respuestas fisiológicas. El sistema nervioso central, el periférico y el sistema endocrino trabajan juntos para ayudarnos a superar el desafío, estimulando cambios metabólicos y neurobiológicos.

Del sistema nervioso central (SNC) te he hablado mucho en este libro: está compuesto por el cerebro y la médula espinal, y es responsable de procesar la información sensorial, controlar los movimientos voluntarios y realizar funciones cognitivas superiores como el pensamiento, la memoria y las emociones.

Qué te voy a contar, a estas alturas ya conoces Neurópolis mejor que cualquier guía turístico.

El sistema nervioso periférico (SNP) es como una red de autopistas y carreteras secundarias (en definitiva, de nervios) que conectan el sistema nervioso central con el resto del cuerpo. Es el mensajero que lleva la información desde los órganos sensoriales al SNC y transporta las instrucciones del SNC a los músculos y glándulas para que puedan actuar.

Uno de los componentes del SNP es el sistema nervioso autónomo, encargado de regular las funciones involuntarias y automáticas de tu cuerpo, como la frecuencia cardíaca, la presión arterial o la digestión. Y se divide en dos ramas: el sistema nervioso simpático, que, como verás, te prepara para la acción en situaciones de estrés, y el sistema nervioso parasimpático, que promueve la relajación y la recuperación una vez que has superado la situación estresante.

Dos sistemas opuestos, como el yin y el yang.

Complementando las distintas secciones del sistema nervioso se encuentra el sistema endocrino. Consiste en una compleja red de glándulas, órganos responsables de la producción y liberación de hormonas.

Al igual que los neurotransmisores, las hormonas funcionan como mensajeros químicos que transmiten instrucciones de célula a célula. Sin embargo, a diferencia de los neurotransmisores, las hormonas se desplazan a través del torrente sanguíneo, con lo que pueden hacer llegar su mensaje hasta el último rincón de nuestro cuerpo.

Esto permite que el sistema endocrino regule un amplio espectro de funciones corporales, que van desde el crecimiento y desarrollo hasta el metabolismo y la reproducción.

Pues bien, ¿cómo colaboran estos sistemas ante una situación de estrés?

Imagina que estás caminando por la calle y, de repente, aparece un perro enorme que corre hacia ti, ladrando ferozmente. Ante una situación tan espeluznante, se activará la rama simpática del sistema nervioso autónomo, liberando unas moléculas mensajeras llamadas catecolaminas, que incluyen la adrenalina y noradrenalina. Esto provocará una reacción en cadena: el corazón bombea más rápido, la respiración se acelera, y el cuerpo se prepara para actuar, ya sea para luchar contra la bestia o para huir cual alma que lleva el diablo.

Sin embargo, a esta reacción rápida al estrés hay que sumarle una respuesta a medio o largo plazo desarrollada por el eje hipotálamo-pituitario-adrenal (HPA), una alianza de tres componentes que se coordinan para manejar la respuesta al estrés.

El proceso se inicia en la pequeña región cerebral del hipotálamo, que envía una señal de alarma (en forma de hormonas) hacia la glándula pituitaria, también llamada hipófisis. Esta, al recibir la alarma del hipotálamo, traslada la señal mediante una hormona que irá a la sangre, con destino a las glándulas suprarrenales. Ubicadas justo encima de los riñones, estas glándulas captan el mensaje y actúan en consecuencia: inician una serie de reacciones enzimáticas que convierten el colesterol en unas hormonas denominadas glucocorticoides, entre las que destaca el cortisol, popularmente conocido como la hormona del estrés.

Los glucocorticoides tienen un papel fundamental en nuestra respuesta al estrés. En primer lugar, ayudan a proporcionar una fuente de energía adicional para que el cuerpo pueda hacer frente a la situación de alerta, ya sea huir del perro rabioso o pelearnos con él. Esto lo consiguen activando vías metabólicas como la fabricación de glucosa (gluconeogénesis) o la descomposición de proteínas y grasas para maximizar la producción de energía. Por eso, muchas personas con situaciones de estrés persistente tienen el colesterol elevado en la sangre, aunque hagan deporte y lleven una dieta equilibrada.

En cualquier caso, estos cambios confieren una especie de «superpoderes» temporales. Nos proporcionan un chute energético adicional, como la poción mágica de los cómics de Astérix y Obélix. Pero, al mismo tiempo, nuestro cuerpo es inteligente y sabe que algunas funciones no son esenciales para la supervivencia inmediata, así que las pone en pausa.

En este sentido, los glucocorticoides ejercen efectos inmunosupresores y antiinflamatorios, es decir, limitan el trabajo de nuestro sistema inmune a unos «servicios mínimos», ya que no conviene gastar energía en algo que no sea luchar o huir. Lamentablemente, al hacerlo también nos convierte en presa fácil de determinadas enfermedades.

Este es el motivo por el que las personas sometidas a estrés constante suelen resfriarse más o padecer otras afecciones. Quizá lo hayas experimentado en etapas difíciles de tu vida.

Finalmente, los glucocorticoides también provocan cambios en regiones cerebrales críticas como la amígdala y el hipocampo, involucradas en la regulación del estado de ánimo y en los procesos de aprendizaje y memoria, como ya sabes. Esto ayuda al organismo a adaptarse y a estar mejor preparado para afrontar futuras experiencias estresantes.

Con esta pequeña lección de fisiología recreativa quería mostrarte que, aunque tendemos a ver el estrés como el malo de la película, también tiene su lado heroico: nos prepara para responder a los retos, optimizando nuestra mente y nuestro cuerpo para adaptarnos a situaciones complejas.

Eustrés y distrés

Como acabamos de ver, el estrés es una reacción defensiva del cerebro ante una amenaza. Su función es poner el cuerpo y la mente en «posición de combate», optimizando nuestro rendimiento. Sin embargo, cuando el estrés es permanente, lo pagamos con agotamiento y torpeza, con lo cual empeoramos aún más las cosas.

El psiquiatra Javier Schlatter, profesor de la Clínica Universidad de Navarra, establece la siguiente diferenciación:

> *Para clasificar los distintos tipos de estrés, podemos valorar el efecto beneficioso o perjudicial que puede obrar sobre una persona. En este sentido se han propuesto dos tipos de estrés designados con los términos de eustrés y distrés.*

El *eustrés* sería el estrés útil y positivo, que promueve la adaptación y el máximo rendimiento en una determinada situación, como el futbolista a punto de chutar un penalti.

El *distrés*, en cambio, presenta un desequilibrio entre el estímulo exterior y la reacción interior. Esta alerta injustificada, como la persona que sufre un ataque de pánico por agorafobia, genera una sensación de incapacidad e incluso paraliza a la persona, poniendo en riesgo su salud.

CUANDO EL ESTRÉS SE CONVIERTE EN UN PROBLEMA

Lo cierto es que el estrés es como un camaleón, puede adoptar muchos tonos diferentes. A veces, el origen del estrés (lo que los expertos llaman «estresor») viene del exterior, como el perro rabioso del ejemplo anterior o como cuando nos enfrentamos a situaciones sociales exigentes, como acudir a una entrevista de trabajo.

Otras veces, su origen está en nuestra mente, como cuando nos preocupamos por un examen o nos provoca ansiedad una discusión pendiente con nuestra pareja. Y no nos olvidemos del estrés de nuestro propio cuerpo cuando estamos lidiando con alguna enfermedad.

Algunos expertos van más allá y nos dicen que para que algo sea estresante, tiene que cumplir tres condiciones:

1. Tiene que ponernos en *un estado de excitación elevada*, como cuando bebes demasiado café.
2. Debemos percibirlo como *una experiencia desagradable*, como cuando te toca sentarte al lado del cuñado pesado en una cena familiar.
3. Esto es clave, hay que sentir que *no tenemos control sobre la situación*. Es esta falta de control lo que determina cuánto nos afecta el estrés y lo vulnerables que somos a sus efectos en nuestro cuerpo y mente.

Como sucede con muchas otras dificultades en la vida, el problema llega cuando el estrés se prolonga durante mucho tiempo, dando lugar a lo que se conoce como *estrés crónico*. Al igual que sucedía con la inflamación, lo que hace que el estrés crónico sea tan perjudicial es su persistencia.

A diferencia del estrés agudo, que es como una tormenta intensa pero breve, el estrés crónico equivale a una llovizna constante que erosiona lentamente nuestro bienestar. Con el tiempo, puede desgastar nuestra salud física y mental, haciéndonos más vulnerables a una gran variedad de afecciones.

Evidentemente, las causas del estrés crónico pueden ser tan variadas como las personas que lo experimentan. Puede tener su origen en la presión laboral, como tener que trabajar largas horas o lidiar con un jefe implacable, o bien en condiciones de trabajo deficientes, como un ambiente hostil o una falta de recursos. Las dificultades financieras también pueden ser una fuente notable de estrés crónico, al igual que los problemas de salud o las relaciones sentimentales conflictivas o insatisfactorias.

Pero este estrés no siempre proviene de grandes problemas. A veces, se trata de pequeñas cosas del día a día que se acumulan: una nutrición inadecuada, la sobrecarga de información a través del móvil —en ese caso, hay que seguir una dieta digital— o la falta de sueño pueden contribuir al estrés crónico.

Cada pequeño factor estresante es como un grano de arena y, con el tiempo, esos granos se acumulan hasta formar una montaña de estrés. Por si fuera poco, parece ser que el envejecimiento se asocia frecuentemente a alteraciones en el funcionamiento del eje hipotálamo-pituitario-adrenal, de manera que los niveles de cortisol en nuestra sangre aumentan de por sí a medida que cumplimos años.

En la población general, esto se relaciona con una lista considerable de problemas de salud.

Se ha demostrado que cuando nos exponemos a niveles elevados de glucocorticoides durante mucho tiempo, el sistema inmunológico se debilita.

Entre los muchos otros riesgos que supone el estrés continuado para la salud, contribuye a que nuestros huesos se vuelvan más frágiles y quebradizos, como si fueran ramas secas. La artritis reumatoide, una enfermedad inflamatoria y dolorosa que afecta a las articulaciones, también ha sido relacionada con el estrés crónico.

Asimismo, una exposición prolongada a altos niveles de glucocorticoides promueve que la grasa se acumule en lugares indeseados, como el abdomen, los hombros y la cara, como si lleváramos un disfraz mal ajustado. Por otro lado, el estrés puede afectar a la piel y volverla más propensa a moretones y estrías, cual papel delicado. También puede provocar acné e hirsutismo (exceso de vello), alterar los ciclos menstruales y comprometer la fertilidad.

El estrés crónico también afecta a nuestro corazón, haciéndolo latir más rápido y más fuerte de lo necesario. Es como si estuviera siempre presionando el acelerador, cosa que aumenta el riesgo de enfermedades cardiovasculares e hipertensión. La lista sería casi interminable. Finalmente, puede aumentar el riesgo de trastornos metabólicos, como la hipercolesterolemia, la diabetes y la obesidad, los cuales, a su vez, son factores de riesgo para desarrollar demencia.

Teniendo en cuenta los efectos deletéreos del estrés crónico en nuestra salud, no es de extrañar que, en la tercera edad, los niveles altos de cortisol se asocien a la fragilidad, un síndrome geriátrico complejo que comporta pérdida de peso involuntaria, fatiga, inactividad física, lentitud al caminar y debilidad general. Por el contrario, los niveles más bajos de cortisol se correlacionan con una mayor longevidad.

Merece la pena, por lo tanto, que encontremos maneras para reducir el estrés de forma considerable.

El estrés crónico y el cerebro: una relación tormentosa

Diversos estudios científicos han intentado dilucidar de qué forma el estrés crónico afecta el funcionamiento de nuestra Neurópolis. En general, los resultados ponen de manifiesto una preocupante realidad: el estrés podría ser un factor de riesgo significativo para las enfermedades neurodegenerativas. De hecho, la exposición sostenida al estrés parece imitar los efectos del envejecimiento en diversos parámetros neurobiológicos de la estructura y función neuronales.

El estrés tiene un impacto negativo en el cerebro a lo largo de diferentes etapas de la vida. Por ejemplo, se ha observado que la exposición al estrés durante la infancia, un período crítico para el desarrollo cerebral, altera el funcionamiento de algunos receptores de neurotransmisores y se ha asociado con un mayor riesgo de demencia en la edad adulta. Además, el estrés laboral durante la madurez aumenta las probabilidades de sufrir más adelante deterioro cognitivo, demencia y enfermedad de Alzheimer.

Por si fuera poco, el hipocampo, que como sabes es una región cerebral crucial para el aprendizaje y la memoria, es particularmente sensible al exceso crónico de glucocorticoides, en especial a edades avanzadas. De hecho, el cortisol se ha propuesto como biomarcador potencial de trastornos neurodegenerativos: existe evidencia clínica de que los niveles elevados de cortisol pueden predecir una progresión más rápida del alzhéimer.

Pero ¿por qué el estrés crónico predispone a la neurodegeneración?

Los científicos han propuesto varios mecanismos. Uno de ellos implica al sistema inmunológico. A pesar de que, como te he explicado, el estrés generalmente regula a la baja la función inmune, se ha visto que en el cerebro suele activar las células de la microglía. Esto provocaría una respuesta neuroinflamatoria que incrementa el estrés oxidativo y altera la función y estructura neuronales. Además, la sobreexposición sostenida a glucocorticoides aumenta la formación y acumulación de proteínas relacionadas con la neurodegeneración.

Con todo lo que te acabo de contar, no me extrañaría que te estuvieras estresando más de la cuenta.

Ciertamente, uno de los grandes retos que tenemos hoy en día es aprender a gestionar el estrés para que no nos pase factura.

Para ello, no quiero que pierdas de vista un punto clave: *lo que para ti puede ser estresante para otra persona puede ser pan comido.* El estrés es una experiencia muy subjetiva. Es decir, el estrés y tu respuesta al mismo son como un baile complejo entre tus pensamientos, emociones y conductas que puede cambiar según la situación.

En otras palabras, el estrés es algo que se puede controlar; puedes aprender a mantenerlo a raya. Por lo tanto, está en tus manos implementar estrategias que te ayuden a mantener un cerebro joven y saludable durante muchos años.

La parte práctica que sigue te dará herramientas para ello y mucho más.

SEGUNDA PARTE

La ciencia de la longevidad

Claves prácticas para un cerebro joven

Ahora que has explorado las bases fisiológicas y fisiopatológicas del envejecimiento, ya estás listo para adentrarte en el fascinante mundo de las estrategias *antiaging* a tu alcance.

En esta segunda parte descubrirás cómo ciertos cambios en tu rutina diaria pueden ayudarte a mantener una buena salud cerebral a cualquier edad.

Por desgracia, no todas las estrategias serán aplicables o efectivas para todo el mundo, pero el objetivo es ofrecerte un abanico de opciones basadas en evidencias científicas, para que puedas tomar decisiones bien informadas sobre tu salud y bienestar.

No pretendo venderte una fuente milagrosa de juventud eterna, sino más bien que entiendas qué medidas contribuyen a mitigar el envejecimiento para que puedas vivir de la forma más saludable y plena posible. Como decía una profesora de pilates a quien conocí y que, a sus setenta y cinco años, tenía más energía y flexibilidad que yo: «Mi objetivo es morirme algún día en perfecto estado de salud».

Me parece una buena filosofía de vida.

Algunas de las estrategias que verás a continuación te sorprenderán por su sencillez y accesibilidad, mientras que otras requerirán un análisis y comprensión más profundos.

Vamos allá, ¡no hay tiempo que perder!

CAPÍTULO
11

En los brazos de Morfeo

El papel neuroprotector del sueño

Debo reconocer que me encanta dormir y no acabo de entender a aquellas personas que lo consideran «una pérdida de tiempo». En un mundo que no se detiene, donde las demandas sobre nuestra atención parecen infinitas, el acto de cerrar los ojos y sumergirse en el sueño podría parecer una simple pausa, un interludio necesario, pero no crítico en el ciclo de nuestras vidas.

Sin embargo, nada más lejos de la realidad. De hecho, el sueño es un factor que puede ayudarnos a mantener el cerebro joven hasta el final.

Desde un punto de vista fisiológico, durante el sueño nuestro cerebro se embarca en un viaje a través de dos grandes fases, cada una con sus propias peculiaridades. La primera se conoce como el sueño sin movimientos oculares rápidos (NREM, por sus siglas en inglés), mientras que la segunda se denomina sueño con movimientos oculares rápidos (REM).

La fase NREM es una especie de descenso gradual hacia las profundidades de la relajación. A medida que nos sumergimos en ese estado, atravesamos tres etapas distintas: N1, N2 y N3. Es en la etapa N3 cuando nos encontramos en el sueño más profundo, también conocido como sueño de ondas delta.

Por otro lado, durante la fase REM nuestros ojos se mueven

rápidamente de un lado a otro bajo los párpados cerrados, de ahí su nombre. Esta fase se compone de dos períodos: el tónico y el fásico. El período tónico, caracterizado por los movimientos oculares, variaciones en la respiración y pequeñas contracciones musculares, nos introduce en un estado impulsado por el sistema nervioso simpático. Contrariamente, la fase tónica del sueño REM, en la que los ojos permanecen quietos, está dirigida por el sistema parasimpático, marcando un período de calma relativa.

A lo largo de la noche, el relato de nuestro sueño se compone de idas y venidas entre estas fases, iniciando con NREM y avanzando hacia REM, en un ciclo que se repite aproximadamente cada noventa minutos. De esta forma, durante una noche de sueño de ocho horas, nuestro cerebro realiza este recorrido entre cuatro y cinco veces, alternando entre ambas fases.

Es precisamente durante la fase REM cuando ocurren la mayoría de los sueños, esas historias fascinantes y a veces surrealistas que nos acompañan mientras dormimos.

Para coordinar la compleja interacción entre la vigilia, el sueño no REM y el sueño REM, la naturaleza ha perfeccionado una serie de neurocircuitos que facilitan las transiciones fluidas y repetidas entre estos estados, apoyándose en dos tipos de neurotransmisores.

Por un lado, contamos con neurotransmisores excitatorios, como el glutamato, que estimulan y activan nuestras neuronas. Por el otro, están los neurotransmisores inhibidores, como el ácido γ-aminobutírico (o GABA, por sus siglas en inglés), que nos conducen al relajante refugio del sueño.

Nadie trabaja gratis, y la evolución seguramente no habría invertido tanto esfuerzo en desarrollar un mecanismo tan complejo y refinado si el sueño no tuviera una importancia crucial. Como bien dijo el doctor Allan Rechtschaffen, uno de los pioneros en el campo de la ciencia del descanso, «si el sueño no cumple alguna función vital, es el mayor error que la evolución jamás cometió».

Y es que el sueño, lejos de ser un mero receso, es en realidad un estado dinámico, fundamental para regular nuestra inmunidad, metabolismo y función cardiovascular. Es esencial para mantener nuestra salud física, pero también es una piedra angular de nuestra salud cerebral.

¿Dormir peor es envejecer más?

Eso es precisamente lo que se preguntaron un grupo de científicos que, en 2022, publicaron un artículo a partir de los resultados obtenidos de 363.886 adultos ingleses de mediana edad.

Para determinar si una peor calidad en el descanso nocturno aceleraba el envejecimiento, los investigadores crearon una especie de «índice de calidad del sueño». Este parámetro se basaba en seis situaciones relacionadas con el descanso:

1. presencia o no de ronquidos;
2. cronotipo (si eres más activo por la mañana o por la noche);
3. grado de somnolencia diurna;
4. duración del sueño;
5. insomnio;
6. dificultad para levantarse al día siguiente.

Luego miraron cómo el índice se relacionaba con la edad biológica de las personas; es decir, lo envejecidos que estaban fisiológicamente en comparación con su edad cronológica, o cuántos años habían vivido realmente. Para ello, usaron dos algoritmos matemáticos diferentes que permiten calcular la edad biológica a partir de parámetros clínicos, fisiológicos y biomarcadores.

Lo fascinante fue descubrir que cuanto mejor era el índice de sueño de alguien, más joven era biológicamente en comparación con su edad cronológica. Para ser más específicos, por cada unidad que aumentaba el índice de calidad de sueño, la aceleración de la edad biológica disminuía en alrededor de 0,104 y 0,119 años.

Teniendo en cuenta estos resultados, la siguiente pregunta es: ¿cómo contribuye el sueño a combatir el envejecimiento cerebral? En realidad, lo hace de muchas formas. Déjame contarte las más importantes.

LA BIBLIOTECA NOCTURNA DE LA MEMORIA

Neurópolis posee una gran biblioteca, y cada vez que aprendes algo nuevo, se apunta en un libro. Durante el día, mientras estás despierto y activo, estos volúmenes se acumulan en tu escritorio mental, esperando ser guardados en el lugar correcto.

Cuando te acuestas y te sumerges en el mundo de los sueños, tu cerebro se dedica a gestionar los libros adquiridos. Es como si un equipo de bibliotecarios nocturnos entrara sigilosamente y comenzara a organizar y consolidar todos esos nuevos recuerdos. Seleccionan cuidadosamente cada volumen, deciden cuáles son los más importantes y los colocan en las estanterías adecuadas para su almacenamiento a largo plazo.

Pero ¿qué sucede si no duermes lo suficiente?

En este caso, los tomos de la memoria se quedan en el escritorio, acumulando polvo bajo el riesgo de perderse o dañarse.

Cuando te despiertas, te encuentras con que tu capacidad para acceder a esos recuerdos se ve comprometida. De hecho, no son pocos los estudios que han demostrado que la falta de sueño nos afecta de maneras muy amplias, golpeando duramente nuestra capacidad para mantener la atención y manejar la información en nuestra mente.

Los científicos han descubierto que tanto el sueño REM como el NREM desempeñan papeles cruciales en este proceso de consolidación de la memoria. Es como si cada tipo de sueño tuviera su propio equipo especializado de bibliotecarios, trabajando en armonía para asegurar que tus recuerdos estén a salvo y sean fácilmente accesibles cuando los necesites.

Pero el sueño no solo archiva tus recuerdos, sino que también hace un poco de limpieza. Durante la vigilia, nuestras neuronas están constantemente comunicándose mediante impulsos eléctricos y neurotransmisores, y esto hace que las conexiones sinápticas se fortalezcan a través de un proceso llamado *potenciación a largo plazo* (LTP, por sus siglas en inglés).

Imagina que cada experiencia y cada nuevo aprendizaje agregaran «una nueva capa de cemento» a los puentes que conectan nuestras neuronas. Cuanto más fuerte es la conexión, más fácil será que se transmitan las señales y que se formen los recuerdos.

Si este proceso continuara sin control, nuestros cerebros estarían abarrotados de conexiones, muchas de las cuales podrían ser irrelevantes o incluso perjudiciales. Aquí es donde el sueño entra en escena, favoreciendo un proceso de remodelación bajo el poco atractivo nombre de *depresión a largo plazo* (LTD, por sus siglas en inglés).

Durante el sueño, nuestras neuronas comienzan a «debilitar» selectivamente ciertas conexiones sinápticas. Funciona como un equipo de inspectores que examina cada conexión, determinando cuáles son esenciales y cuáles son prescindibles. Las conexiones débiles o poco utilizadas se desmontan, liberando espacio y recursos para las más importantes.

El descanso nocturno representa así un gran reajuste, un momento para que el cerebro se tome un respiro del constante bombardeo de información y experiencias del día. Al debilitar selectivamente ciertas sinapsis y fortalecer otras, el sueño nos permite consolidar los recuerdos importantes, mientras descarta los detalles superfluos.

El sueño y la salud metabólica a largo plazo

Coincidirás conmigo en que, durante el día, mientras estás despierto y activo, ya sea trabajando, haciendo deporte, tomando algo con tus amigos o tocando un instrumento, tu Neurópolis está en pleno rendimiento, con energía fluyendo por todas las calles y los barrios. Pero cuando cae la noche y te vas a dormir, la Ciudad Cerebral entra en un modo diferente. Las luces se atenúan, el ruido disminuye y todo parece ralentizarse.

Podrías pensar que esto significa que el cerebro está usando menos energía, pero no es tan simple. De hecho, se ha calculado que mientras dormimos, la cantidad de energía que el cuerpo utiliza para realizar todas sus funciones vitales en reposo (como respirar, mantener el corazón latiendo y mantenernos calientes) solo se reduce un 15 %.

Esto sugiere que el sueño no es tanto un período de ahorro energético, sino más bien un tiempo dedicado a la óptima redistribución de la energía para diversas funciones cerebrales y corporales; como si, por la noche, se reajustaran las prioridades para asegurar que los órganos más cruciales tengan lo que necesitan para funcionar correctamente.

Entonces, ¿qué sucede cuando no duermes lo suficiente?

El gasto energético en realidad aumenta, pero a costa de la eficiencia. Imagina que Neurópolis se viera obligada a permanecer en modo de actividad máxima de forma ininterrumpida, sin tiempo para recargar y reajustar energías.

Al principio, podría parecer que estás logrando una mayor actividad, ya que la energía sigue fluyendo. Pero con el tiempo, la eficiencia comienza a disminuir.

Para empeorar las cosas, la privación del sueño puede hacer que tu cuerpo entre en un modo de «demanda cerebral», donde tu sesera exige más recursos a expensas del resto del cuerpo. Esto lleva a decisiones poco saludables, como picar entre horas o comer más de lo debido. Favorece un desequilibrio en las hormonas que regulan el apetito, creando un ansia insaciable de alimentos ricos en energía, pero poco saludables.

Al mismo tiempo, para garantizar un suministro energético continuo al cerebro, en el resto del cuerpo se consumen las reservas de glucosa, a través de las órdenes del eje hipotálamo-pituitario-adrenal y la activación del sistema nervioso simpático. Es como si Neurópolis estuviera quemando las reservas de emergencia del cuerpo, sin tener en cuenta las consecuencias a largo plazo.

Ya te he hablado de cómo los desajustes metabólicos pueden dilapidar las expectativas de un envejecimiento saludable.

En suma, el sueño es mucho más que un momento de menor gasto energético. Se trata de un período estratégico de redistribución de recursos para asegurar que cada parte de tu cuerpo, especialmente tu cerebro, reciba el apoyo que necesita para funcionar óptimamente el máximo de años.

EL GUARDIÁN DEL GENOMA NEURONAL Y LA DANZA NOCTURNA DE LOS CROMOSOMAS

A medida que las actividades del día a día nos obligan a explorar nuestro entorno, las neuronas se enfrentan a desafíos constantes. Su actividad se intensifica, como una tormenta eléctrica en el cerebro, y, con cada estímulo, estas células trabajan obstinadamente.

Sin embargo, esta frenética actividad tiene un precio: el ADN neuronal sufre daños. En otras palabras: al sumergirnos en la vigilia, nuestras neuronas se mantienen muy activas para que podamos desenvolvernos en el mundo que nos rodea, lo cual desgasta su «libro de recetas».

Pues bien, en los últimos años, los expertos han destapado una nueva función del sueño: el mantenimiento del genoma neuronal. Esta sorprendente capacidad reparadora se ha descubierto a partir de experimentos en moscas *Drosophila* y en ratones. Se ha demostrado que durante la vigilia se producen pequeñas roturas en la doble hélice del ADN neuronal, especialmente en áreas relacionadas con la memoria y el aprendizaje.

Las lesiones se producen más a menudo cuando los animales se exponen a un ambiente nuevo que les obliga a «exprimir» al máximo sus neuronas para adaptarse a lo desconocido. La buena noticia es que, curiosamente, la mayoría de estas roturas en el ADN se reparan tras veinticuatro horas, o, lo que es lo mismo, después de que los animales disfruten de una merecida ración de sueño.

Para paliar las rupturas de la doble hélice del ADN, el movimiento de la cromatina desempeña un papel crucial. Como te expliqué en el capítulo de la genética del envejecimiento, la cromatina es básicamente ADN empaquetado con proteínas.

Si te imaginas la cromatina como una especie de ovillo de lana enredado, los cromosomas serían los hilos individuales. Cuando se produce una rotura en la doble cadena del ADN, es como si alguien hubiera cortado uno de estos hilos por la mitad. Para reparar el daño, las células necesitan encontrar el otro extremo del hilo y volver a unirlos. Aquí es donde entra en juego el movimiento de la cromatina. Igual que en una elaborada danza, la cromatina gira y se retuerce para permitir que los extremos rotos del ADN se rencuentren y se vuelvan a conectar.

¿No es romántico?

Para observar esta danza cromosómica en acción, algunos investigadores han recurrido al pez cebra, un vertebrado transparente que permite ver dentro de sus células vivas. Usando marcadores fluorescentes unidos a los extremos y el centro de los cromosomas, han podido seguir el movimiento de los cromosomas individuales en el cerebro de las larvas de pez cebra durante los períodos de vigilia y sueño.

De este modo, encontraron que, durante el sueño, el movimiento de los cromosomas en el cerebro de los peces cebra prácticamente su duplicó; aprovechaban las horas de descanso para montar un ballet en el núcleo que les permitiría encontrar y reparar las rupturas del ADN.

Este descubrimiento subraya el papel crítico del sueño para el mantenimiento de nuestros cerebros a nivel molecular: Neurópolis aprovecha la quietud de la noche para actualizar el mantenimiento y las reparaciones de su material genético, asegurando que estemos listos para enfrentar un nuevo día.

BARRIENDO EL AMILOIDE BETA: EL SERVICIO DE LIMPIEZA NOCTURNO DEL CEREBRO

Como te he explicado en la primera parte de este libro, a medida que envejecemos nuestras células ven mermado su control de calidad proteico (la famosa proteostasis), lo que comporta una mayor producción y acumulación de proteínas inservibles que pueden resultar tóxicas.

Este síndrome de Diógenes celular, del que ya hablamos, es especialmente preocupante en el contexto de las enfermedades neurodegenerativas, pues la acumulación de proteína amiloide beta y alfa-sinucleína se asocia con el desarrollo del alzhéimer y el párkinson, respectivamente.

Y lo cierto es que este tipo de desechos proteicos también se generan como consecuencia de la actividad sináptica de las neuronas. Es decir, a medida que las abnegadas trabajadoras de Neurópolis cumplen su imprescindible función, se producen residuos moleculares, de la misma manera que cualquiera de nosotros produce basura diariamente por el simple hecho de existir.

Por suerte, en nuestra ciudad cerebral tenemos algo así como una red de alcantarillado. Ha sido descubierta bastante recientemente y la llamamos *sistema glinfático*. Se trata de un sistema de limpieza cerebral a gran escala que utiliza una red especializada de canales que rodean los vasos sanguíneos. Han sido creados por otros célebres habitantes de Neurópolis de los que ya te he hablado: los astrocitos. Estos canales actúan como un sistema de drenaje, eliminando eficazmente los desechos metabólicos del sistema nervioso central, con lo que logran mantener un entorno saludable para las neuronas.

Pero el sistema glinfático no se limita a la eliminación de desechos. También se cree que desempeña un papel en la distribución de sustancias beneficiosas en el cerebro, como la glucosa, que proporciona energía a las células cerebrales; los lípidos, que son esenciales para la salud de las membranas neuronales; los aminoácidos, que son los componentes básicos de las proteínas; y los neurotransmisores, que permiten la comunicación entre las neuronas.

¿Y por qué te hablo ahora de este sistema glinfático? Porque uno de sus aspectos más fascinantes es que su actividad está estrechamente ligada a nuestros ciclos de sueño-vigilia. En efecto, los experimentos realizados con ratones han demostrado que este sistema de limpieza cerebral trabaja arduamente mientras dormimos, aprovechando el tiempo de descanso para dejar Neurópolis como una patena. Sin embargo, durante la vigilia, cuando nuestro cerebro está ocupado con las tareas diarias, el sistema glinfático se encuentra mucho menos activo. Por eso es crucial disfrutar de un descanso adecuado para mantener un cerebro en óptimas condiciones.

En este sentido, se ha demostrado que la restricción crónica del sueño incrementa la cantidad de amiloide beta en un líquido que baña el espacio que existe entre las células cerebrales, el fluido intersticial. De hecho, una sola noche sin dormir ya aumenta la carga de amiloide beta en regiones críticas del cerebro, como el hipocampo y el tálamo. Además, dormir menos horas se correlaciona con un exceso de amiloide beta en varias regiones subcorticales, lo que subraya la importancia del sueño en la limpieza de este metabolito.

En resumen: mientras Neurópolis trabaja a pleno rendimiento durante el día, generando más y más desechos, la noche trae consigo un período crítico de limpieza y mantenimiento, esencial para mantener a raya las enfermedades neurodegenerativas.

KLOTHO Y EL SUEÑO: ALIADOS CONTRA EL ENVEJECIMIENTO

Con todo lo que te he contado en este capítulo, creo que ya te haces una idea de la importancia del sueño para tratar de mantenernos jóvenes a medida que pasan los años. Y es que muchas evidencias científicas refuerzan la idea de que dormir poco o mal promueve los mecanismos moleculares, celulares y fisiológicos que se asocian al envejecimiento.

En todo caso, si todavía no he logrado convencerte, déjame contarte algunas más.

Varios estudios realizados en ratas han puesto de manifiesto que la privación prolongada de sueño disminuye la cantidad de enzimas antioxidantes en el hipocampo y el tronco encefálico. Por si fuera poco, la privación del sueño también se asocia a un incremento de moléculas inflamatorias en la sangre de estos roedores, resultados también observados en personas sanas.

No hace falta que te recuerde el papel de la oxidación y la inflamación en el envejecimiento, ¿verdad?

Un equipo de científicos de la Universidad de Granada ha arrojado luz sobre otro mecanismo antienvejecimiento relacionado con el sueño, gracias a una investigación publicada en 2020. Mediante el estudio de los patrones de sueño y el análisis sanguíneo de setenta y cuatro participantes cercanos a los cincuenta años, los investigadores encontraron que una mejor calidad de sueño estaba asociada con niveles más altos de la proteína *Klotho* en la sangre.

Tres años más tarde, investigadores turcos reportaron resultados similares en cien pacientes con problemas renales.

Pero ¿qué es Klotho? Esta proteína, cuyo nombre parece sacado de una película de samuráis, posee impresionantes propiedades antienvejecimiento. Fue descubierta inicialmente en ratones, donde un defecto en el gen que servía para fabricarla conducía a una vida más corta y a una serie de problemas de salud dignos de una película de terror médico: desde enfermedades renales e hipertensión hasta problemas pulmonares, deterioro cognitivo y envejecimiento acelerado de varios órganos.

La proteína Klotho no solo se halla en los riñones, donde tiene un papel muy importante a la hora de regular los niveles de fosfato y de vitamina D en nuestro organismo, sino que también se produce en el cerebro, el páncreas y otros tejidos corporales.

Su influencia rejuvenecedora deriva de su capacidad para suprimir vías moleculares asociadas a la senescencia y la inflamación, al mismo tiempo que promueve mecanismos antioxidantes.

Este descubrimiento sobre la proteína Klotho subraya la importancia del sueño reparador para la lucha contra el envejecimiento y abre una ventana a nuevas estrategias para el tratamiento del deterioro cognitivo relacionado con la edad.

En este sentido, un equipo de científicos estadounidenses inyectó proteína Klotho extraída de macacos (primates como nosotros) en ratones. Descubrieron que esta proteína no solo aumentaba la plasticidad sináptica (la capacidad de las neuronas para formar nuevas conexiones), sino que también mejoraba la cognición de los roedores.

Animados por estos resultados, los científicos pasaron a inyectar Klotho a algunos macacos de edad avanzada. De nuevo, descubrieron que una sola administración de esta proteína a dosis bajas mejoraba la memoria en los monos ancianos.

Por supuesto, aún queda mucho trabajo por hacer antes de que esto pueda convertirse en una terapia efectiva contra el envejecimiento cerebral, si es que alguna vez llega a serlo. Mientras tanto, haremos bien en cuidar nuestros hábitos de sueño.

¡PUES A DORMIR! QUÉ FÁCIL, ¿NO?

Pues no tanto... El sueño, con todo su poder restaurador, se enfrenta a numerosos enemigos, desde el azul incesante de nuestras pantallas hasta el ritmo frenético que impone la sociedad contemporánea.

Y, por si fuera poco, ir cumpliendo años tampoco ayuda.

De hecho, a medida que envejecemos, el sueño sufre una serie de cambios característicos que pueden comenzar ya en la madurez, aunque se vuelven más relevantes a medida que nos adentramos en la tercera edad.

Uno de los cambios más notables es que tendemos a acostarnos y levantarnos más temprano. También nos cuesta más conciliar el sueño y, una vez dormidos, nuestro sueño es más fragmentado, con más despertares y transiciones a etapas de sueño más ligeras. Esto hace que nuestro sueño sea más frágil y fácilmente perturbable por estímulos externos, como los ronquidos de la media naranja que descansa a nuestro lado —una razón por la que muchas parejas maduras duermen en habitaciones separadas—, o los movimientos de los animales de compañía que prefieren nuestra cama a la suya.

Además, la cantidad de sueño profundo, el de la etapa N3, disminuye significativamente con la edad. Cada vez pasamos más tiempo en las etapas más ligeras del sueño NREM (1 y 2). Los ciclos de sueño NREM-REM también se vuelven más cortos y menos numerosos, transcurriendo más tiempo despiertos durante la noche.

Sin embargo, los cambios asociados al envejecimiento no se circunscriben únicamente a la estructura del sueño. Las oscilaciones eléctricas propias de las fases del sueño también sufren alteraciones.

Asimismo, es común que muchos adultos mayores desarrollen la tendencia a dormir siestas durante el día y experimenten una somnolencia diurna más acentuada.

Otra cuestión relevante es cuántas horas de sueño son necesarias para envejecer de forma saludable. Sobre esto, los científicos no acaban de ponerse de acuerdo, pero la idea predominante es que a partir de la segunda década de vida, lo recomendable es dormir no menos de seis horas ni más de nueve.

Entre siete y ocho horas diarias sería, por lo tanto, una medida saludable.

Cuanto más nos alejamos de esta franja, tanto por falta como por exceso de sueño, mayor es el riesgo de sufrir enfermedades cardiovasculares, deterioro cognitivo, depresión y otros problemas de salud.

Por suerte, existen algunas estrategias con cierta base científica que nos pueden ayudar a abrazar a Morfeo como corresponde.

En primer lugar, es fundamental prestar atención a lo que comes antes de dormir. Es mejor optar por una cena ligera que combine proteínas, grasas saludables y fibra, como un yogur con arándanos, frambuesas, moras o un puñado de nueces.

Nada más despertar por la mañana, intenta pasar un rato al aire libre, exponiéndote a la luz solar intensa. Si el clima o tu ubicación no lo permiten, considera usar una lámpara de luz especial. La exposición a la luz brillante en las primeras horas del día ayuda a regular tu ritmo circadiano, mejorando así la calidad de tu sueño.

Cronobiología y longevidad

Quienes se dedican a la cronobiología estudian cómo los relojes internos del cuerpo —los ciclos del sueño, los latidos del corazón, la respiración, las digestiones— se sincronizan con los relojes externos de la vida, con la luz solar como principal regulador.

Pasar el máximo tiempo al aire libre para que ambos

relojes se sincronicen, además de seguir un horario regular de sueño y comidas, parecen ser factores decisivos para la larga vida. De hecho, los habitantes de las famosas «zonas azules» se levantan con el sol, están fuera buena parte del tiempo, comen a horas fijas y se acuestan a la caída del sol, como las gallinas.

Proponte hacer al menos treinta minutos de ejercicio cardiovascular por la mañana, idealmente cinco días por semana. No es necesario que empieces con una rutina intensa; pequeños cambios como dejar el coche un poco más lejos y caminar hasta tu oficina, o subir las escaleras en lugar de tomar el ascensor, pueden marcar la diferencia.

El ejercicio habitual promueve un sueño más profundo y restaurador.

Asimismo, después de un ajetreado día de trabajo, es esencial tomarse un tiempo para calmar la mente y el cuerpo, entrando en un estado de reposo dominado por el sistema nervioso parasimpático. Prueba a hacer una sencilla sesión de yoga o un ejercicio guiado de relajación progresiva antes de acostarte. Estas técnicas te ayudarán a aliviar el estrés acumulado y prepararán tu organismo para un sueño reparador.

Incorporar estos hábitos a tu día a día te ayudará a optimizar la calidad de tu sueño, contribuyendo así a tu bienestar general. Recuerda que cada pequeño cambio cuenta, así que no dudes en empezar poco a poco y ser constante.

Con paciencia y dedicación, podrás construir una rutina que favorezca un buen descanso, que es la garantía de una vigilia despierta y activa.

En esencia

- Tu cuerpo necesita dormir entre siete y ocho horas para consolidar la memoria y llevar a cabo la necesaria reparación celular. Ayúdale acostándote temprano, sin exponerte a pantallas o excitantes las horas previas.
- Toma una cena ligera antes de dormir, al menos en las dos o tres horas previas a acostarte.
- Exponte a la luz solar todo lo que puedas, especialmente por la mañana, de modo que tus relojes internos se sincronicen con los de la vida.
- Practica al menos media hora diaria de ejercicio cardiovascular.
- Regálate tiempo para descomprimir y relajarte cuando regreses del trabajo. La meditación, el yoga y otros ejercicios te pueden ayudar en ese sentido.

CAPÍTULO

12

Entre pesas y paseos

Actividad física para un envejecimiento saludable

Tras concienciarnos sobre la importancia del sueño para mantener un cerebro joven, en este capítulo toca cambiar el pijama por la ropa deportiva y sumergirnos en la ciencia del ejercicio físico.

Y si anteriormente te comentaba que soy un devoto absoluto del placer extraordinario de dormir, debo confesar ahora que nunca he sido un gran aficionado al deporte. A pesar de haber jugado a baloncesto en un equipo federado durante el último tercio de mi niñez y prácticamente toda mi adolescencia, mi relación con el ejercicio ha sido, en el mejor de los casos, complicada.

Mi padre era un deportista nato y un apasionado de todo tipo de deportes. Ganó varios trofeos jugando a tenis en su juventud y aprovechaba cualquier momento libre para subirse a una bicicleta y hacer kilómetros o reventarse haciendo *running* por la ciudad. Hasta que el cuerpo le dijo basta, jugaba cada semana a fútbol sala con un grupo de amigos, la mayoría de ellos mucho más jóvenes que él.

Lo mismo podría decirse de mi madre, que se aficionó a hacer aeróbic tres días a la semana desde los treinta y tantos hasta prácticamente su jubilación. Ahora ha sustituido esta actividad por clases de baile flamenco, donde sus zapateados percuten con un vigor que nada tiene que envidiar a los martillazos del dios Thor.

Con estos antecedentes, si me dicen que soy adoptado, me lo

creería. Y es que, para bien o para mal, la genética no siempre sigue un camino recto. A lo largo de mi vida, he pasado por varios intentos fallidos de ponerme en forma en el gimnasio, una experiencia que, para ser honesto, aborrezco.

A pesar de mi buena voluntad y de las ganas de tener un cuerpo fibrado y una tableta abdominal irresistible, a los pocos meses siempre he acabado tirando la toalla, resignándome a ser un «tirillas» de por vida.

De nada me servía el chute de endorfinas que aporta la actividad física, ni el placer celestial de la duchita caliente postejercicio. No me gusta el deporte, y mi constitución física no se presta fácilmente para ganar ni mantener músculo. Lo acepto e intento consolarme diciéndome que, aunque soy poco más que piel, pelo y hueso, tengo otras virtudes. Es lo que hay.

Sin embargo, a pesar de mi falta de entusiasmo por los métodos convencionales de ponerse en forma, he aprendido a apreciar la actividad física en todas sus formas. Y es que, a principios del siglo II d. C., un poeta romano con un nombre bastante «juvenil», Décimo Junio Juvenal, ya decía aquello de *mens sana in corpore sano*.

Aunque él se refería más bien a la importancia de la oración para hallar un equilibrio vital, la ciencia ha puesto de manifiesto los beneficios incomparables que ofrece el ejercicio físico a nuestro cuerpo y, en especial, cuando se trata de mantener nuestro cerebro joven durante más tiempo.

Por eso me obligo a hacer deporte diariamente, por muy tentador que resulte el sofá. Si yo he podido, tú también podrás, así que déjame convencerte con argumentos científicos más que contrastados.

Actividad física y ejercicio: ¡ahí van los METs!

En términos sencillos, podríamos decir que la actividad física es cualquier movimiento voluntario de nuestro cuerpo que requiere un gasto de energía. Puede formar parte de nuestro día a día, como las actividades que realizamos en el trabajo o en nuestro tiempo libre, al trasladarnos de un lugar a otro o incluso durante las tareas domésticas.

Evidentemente, no todas las actividades físicas son iguales. Podemos clasificarlas según la intensidad, es decir, según cuánta energía gastamos al realizarlas. Si paseas tranquilamente por el parque, tu cuerpo está trabajando, pero no demasiado. Ahora, si ves que tu autobús está a punto de salir y corres para alcanzarlo, tu corazón late más rápido y respiras con más intensidad. En ambas situaciones, estás realizando actividad física, pero la cantidad de energía que gastas es diferente.

Aquí es donde entran en juego los equivalentes metabólicos o METs. Y no me refiero al equipo de béisbol de Nueva York.

Los METs son una unidad que nos ayuda a medir cuánta energía gastamos durante diferentes actividades físicas. Imagina que 1 MET es la cantidad de energía que gastas cuando estás sentado tranquilamente, sin hacer nada. A partir de ahí, cada actividad tiene un valor en METs, que indica cuántas veces más energía estás gastando en comparación con estar en reposo.

Por ejemplo, caminar a un ritmo normal tiene un valor de alrededor de 3 METs, lo que significa que estás gastando tres veces más energía que cuando estás sentado. Si decides ir a correr, podrías llegar a 8 METs o más, lo que implica un gasto de energía ocho veces mayor que estar en reposo.

Los METs nos permiten clasificar las actividades físicas en diferentes categorías según su intensidad. Las actividades sedentarias, como mirar la televisión o teclear ante el ordenador, tienen un valor entre 1 y 1,5 METs. Las actividades ligeras, como fregar los platos, están entre 1,6 y 2,9 METs. Y las actividades de moderadas a vigorosas, como nadar o correr, tienen un valor de más de 3 METs.

En cuanto al concepto de ejercicio, se trata de un tipo concreto de actividad física que se caracteriza por estar planificada, estructurada y ser repetitiva, además de pensada específicamente para mejorar o mantener la forma física. Para obtener los máximos beneficios del ejercicio, es importante tener en cuenta cuatro aspectos clave:

1. frecuencia (cuántas veces por semana);
2. intensidad (cuánto esfuerzo requiere);
3. tiempo (cuánto dura cada sesión);
4. tipo de ejercicio.

Sobre esto último, los tres tipos más importantes de ejercicio son el entrenamiento *aeróbico*, que busca mejorar la salud cardiovascular a través de actividades como caminar, correr o bailar; el entrenamiento de *resistencia*, que se enfoca en aumentar la fuerza, potencia y resistencia muscular utilizando el propio peso corporal o material externo; y el entrenamiento *multicomponente*, que combina el entrenamiento aeróbico y de resistencia, o que incluye otras formas de ejercicio como el entrenamiento de equilibrio y agilidad.

Entender estos conceptos nos permitirá adaptar mejor las rutinas de ejercicio a nuestras necesidades y objetivos personales. Lo que parece indudable es que cuando nos calzamos las zapatillas o ponemos a trabajar los músculos, no solo estamos mejorando nuestra forma física, sino que también podríamos estar reprogramando los mecanismos biológicos que dictan cómo envejecemos.

EL POTENCIAL *ANTIAGING* DEL EJERCICIO: UNA CUESTIÓN MOLECULAR

El ejercicio es mucho más que sudar y quemar calorías. En la última década, muchos investigadores han comenzado a desentrañar el vasto laberinto de procesos celulares y moleculares que se desencadenan en todo el cuerpo durante e incluso después de una sesión de ejercicio. Aún queda mucho por descubrir, pero hoy sabemos que el ejercicio induce a las células a liberar moléculas señalizadoras que llevan un frenesí de mensajes entre órganos y tejidos: desde las células musculares hasta el cerebro, pasando por el sistema inmune, entre otros.

En este sentido, un estudio realizado con ratones en 2022 identificó más de doscientos tipos de proteínas que se expresan de manera diferente en veintiún tipos de células como respuesta al ejercicio. Algo parecido sucede en los humanos.

En 2018, un equipo de investigadores insertó tubos en las arterias femorales de once hombres sanos y extrajeron sangre antes y después de que montaran en una bicicleta estática a un ritmo creciente durante una hora. Los investigadores detectaron un aumento en los niveles de más de trescientos tipos de proteínas, durante y después del ejercicio, pero no en reposo.

Lógicamente, esta fascinante área de investigación está moviendo una ingente cantidad de dinero. Por ejemplo, el Instituto Nacional de Salud de Estados Unidos ha invertido 170 millones de dólares en un estudio de seis años para crear un mapa completo de las moléculas responsables de los efectos del ejercicio y cómo cambian durante y después de una sesión de entrenamiento.

A medida que los investigadores continúen desentrañando estos procesos, podremos comprender mejor cómo el ejercicio promueve la salud y mitiga los efectos del envejecimiento. Voy a tratar de resumirte algunas de las evidencias que conocemos hoy.

DEPORTE PARA EL ADN: EL IMPACTO DEL MOVIMIENTO PARA NUESTROS GENES

Ya hemos visto que el envejecimiento es un proceso complejo que afecta a nuestro organismo a distintos niveles, y uno de los más fascinantes es el que ocurre en el ADN. Como sabes, con el paso de los años se van acumulando los daños en nuestro material genético, y los protectores de los extremos de los cromosomas, los celebérrimos telómeros, se van acortando y deteriorando.

Pues bien, algunos estudios sugieren que la actividad física podría tener un papel protector contra el desgaste de los telómeros, aunque aún no se han comprendido bien los mecanismos responsables. Por ejemplo, se ha observado que el ejercicio regular, especialmente el aeróbico, está relacionado con telómeros más largos en los leucocitos, las células de la sangre que forman parte indispensable de nuestro sistema inmune.

Algunos investigadores creen que el ejercicio puede estimular la actividad de la enzima telomerasa, la «regeneradora» de los telómeros. Esta enzima está compuesta por una proteína llamada TERT junto con un complejo de proteínas que protegen y estabilizan los telómeros. Pues bien, se ha visto que después de hacer ejercicio, aumenta la expresión del ARN mensajero de la TERT en los leucocitos.

Además, en atletas de mediana edad, se ha observado que el ejercicio se asocia con un incremento de otra proteína que protege a los telómeros (el factor llamado TRF2) y también de una proteína reparadora de rupturas del ADN llamada Ku. «Kurioso», ¿eh?

Antes de que me mates por una broma tan deplorable, déjame contarte que los experimentos en animales han puesto de relieve la capacidad reparadora del ejercicio en el ADN cerebral. Por ejemplo, se ha visto que correr en la cinta reduce el daño del ADN y la muerte neuronal en el hipocampo de ratas con lesiones cerebrales traumáticas y con alzhéimer.

Como ves, el ejercicio podría ser clave para mantener nuestro «libro de recetas» celular en buen estado y retrasar el envejecimiento cerebral.

Más allá de su papel protector sobre la molécula de ADN, parece que el ejercicio también actúa como un «interruptor» epigenético que puede modular la expresión de nuestros genes de una manera beneficiosa para nuestra salud.

Por ejemplo, una sesión de ejercicio aeróbico disminuye la metilación de genes importantes para la función mitocondrial y el metabolismo energético. En términos generales, disminuir la metilación de un gen ayuda a que se pueda leer. Además, se ha demostrado que el ejercicio aeróbico moderado y regular favorece la metilación y, por tanto, el silenciamiento de genes asociados a la inflamación y la muerte celular programada.

Ejercicio y regulación metabólica durante el envejecimiento

A medida que envejecemos, nuestras células empiezan a tener problemas para gestionar las reservas energéticas. Por un lado, los orgánulos clave para la producción de energía, las mitocondrias, ven alterado su funcionamiento. Además, los niveles sanguíneos de glucosa en ayunas aumentan con la edad. Como sabes, esto ocurre porque nuestras células se vuelven menos eficaces en captar la glucosa de la sangre en respuesta a la insulina, un fenómeno conocido como resistencia a la insulina.

El cerebro, con su apetito voraz por la glucosa —su combustible estrella—, sufre particularmente cuando esto sucede. Por eso, la resistencia a la insulina y la diabetes se asocian con un envejecimiento cerebral acelerado, una función cognitiva deteriorada y, lo que es más desalentador, la demencia. A esto se le suman otros cambios metabólicos y cardiovasculares propios del envejecer, que crean una tormenta perfecta para nuestros sesos.

Ante este panorama, se ha demostrado que la actividad física puede ser uno de nuestros mejores aliados. De hecho, el ejercicio obliga a las células a gastar más energía de la que invierten normalmente y esto desencadena una serie de respuestas adaptativas que trabajan para restaurar el equilibrio bioenergético. En otras palabras, estas respuestas constituyen un equipo de rescate que se activa cuando las reservas de energía de la célula están bajas. Y lo mejor de todo es que las vías metabólicas de rescate tienen la capacidad de prevenir muchas de las alteraciones moleculares clave del envejecimiento, no solo las estrictamente relacionadas con el metabolismo energético. Por eso me veo obligado a presentarte algunas de ellas ahora, ya que irán apareciendo en otros apartados del libro.

Entre los miembros clave del equipo de rescate se encuentran los transportadores de glucosa, también llamados GLUTs. Podría haberte hablado de ellos en el capítulo del metabolismo, pero he preferido hacerlo ahora. Se trata de unas proteínas que se encuentran en la membrana de las células y que facilitan que estas capten la glucosa que circula por la sangre.

Existen catorce transportadores GLUT diferentes, pero en el cerebro son especialmente importantes el GLUT1, el GLUT3 y, sobre todo en el hipocampo, el GLUT4. Pues bien, en experimentos desarrollados en ratones con alzhéimer, se ha demostrado que el ejercicio físico regular incrementa la cantidad de transportadores GLUT en el cerebro, lo que sugiere una mayor capacidad de las neuronas para obtener glucosa. De hecho, esto se correlacionó con un mejor rendimiento cognitivo en los ratones «deportistas».

Otro componente esencial del equipo de rescate metabólico es una proteína llamada AMPK. Cuando nos vamos quedando sin combustible, la función principal de la AMPK es preservar el ATP a toda costa para que la célula no se quede sin energía. Como un líder eficaz, ordena la suspensión de todos los procesos de «fabricación» molecular (vías anabólicas) y, simultáneamente, pone en marcha los sistemas de destrucción y reciclaje (vías catabólicas) para recuperar las reservas energéticas.

De hecho, que el ejercicio físico activa la AMPK en los músculos es algo que se conoce desde hace tiempo, pero recientemente también se ha demostrado el mismo efecto en la AMPK cerebral.

Por si fuera poco, la AMPK activa otra molécula crucial, la PGC-1α, que promueve la expresión de los genes necesarios para incrementar la fabricación de nuevas mitocondrias, algo fundamental para revertir la pérdida de función de estos orgánulos durante el envejecimiento. La PGC-1α también mejora la capacidad de obtener energía a partir de las grasas y aumenta la producción de GLUT-4, todo ello con el fin de aumentar la disponibilidad energética de la célula.

En este sentido, se ha demostrado que el ejercicio intenso y prolongado, como correr a alta intensidad, estimula la creación de nuevas mitocondrias gracias a la acción de PGC-1α en roedores. Esto permite mejorar la maquinaria mitocondrial y la respiración celular de estos animales. En cuanto a los humanos, se ha demostrado que las personas mayores que se mantienen físicamente activas tienen unos patrones de expresión génica que reflejan una mejor producción de energía en las mitocondrias.

Sé lo que estás pensando: AMPK, GLUT-4, PGC-1α, etc., nombres que parecen sacados de las novelas de ciencia ficción de Isaac Asimov. Pero no, ¡te juro que se llaman así!

Y hablando de nombres curiosos, es el momento de presentaros a otra de mis proteínas favoritas, la Sirtuina-1 o SIRT1. El nombre «Sirtuina» me fascina; evoca onomásticas añejas que, lamentablemente, están cayendo en desuso, como Delfina, Agustina o Joaquina. Más allá de un nombre que suena viejuno, la SIRT1 tiene la sana «costumbre» de arrancar grupos químicos acetilo a otras proteínas, modificando así su actividad. Es lo que se conoce como una proteína desacetilasa. Al retirar acetilos de determinadas enzimas, SIRT1 es capaz de regular procesos celulares muy importantes y variados.

A propósito de esto, un estudio desarrollado en 2010 ya ponía de manifiesto que las ratas sometidas a ejercicio físico aumentaban sus niveles de SIRT1 en el hipocampo. Nueve años más tarde, un equipo de investigadores libaneses que trabajaban con ratones demostró que el incremento de SIRT1 cerebral inducido por el ejercicio podía deberse al ácido láctico. Probablemente te suena este metabolito que generan los músculos durante el ejercicio, ya que durante muchos años existió la falsa creencia de que era el responsable de las malditas agujetas.

En cualquier caso, cuando los niveles de energía en la célula flaquean durante el ejercicio o bien llega ácido láctico al cerebro, SIRT1 se pondrá manos a la obra para potenciar la expresión de genes y la actividad de enzimas que promoverán el metabolismo de la glucosa, la función mitocondrial y la producción de ATP.

Como ves, la activación de este gabinete anticrisis energética durante el ejercicio desencadena una serie de procesos celulares que trabajan en conjunto para mantener el cerebro saludable.

Otro aspecto fascinante es que, durante el ejercicio prolongado, nuestro cuerpo agota las reservas de glucógeno, una molécula que nos permite almacenar glucosa cuando esta se encuentra en abundancia. Habiendo gastado el glucógeno, las células empiezan a echar mano de otras fuentes de energía, como los ácidos grasos. Como consecuencia de ello, se generan unas moléculas llamadas cuerpos cetónicos, que constituyen una fuente de energía alternativa y potente para el cerebro. Además, los cuerpos cetónicos también son capaces de activar de forma independiente las proteínas del equipo energético que te acabo de mencionar.

Esto implica que el ejercicio no solo mejora la eficiencia energética del cerebro, sino que también le proporciona combustibles alternativos para mantenerlo en óptimas condiciones.

Ejercicio y oxidación: ¿una relación de amor-odio?

Como ya sabes, el estrés oxidativo es uno de esos términos científicos que suena a algo que preferirías evitar, y no sin razón. Está involucrado de lleno en el proceso de envejecimiento, contribuyendo al desgaste de nuestras células con el paso de los años.

Pues bien, te voy a contar algo que te va a dejar de piedra: el ejercicio físico incrementa el estrés oxidativo. Desde finales de la década de 1970, los científicos han observado que en las personas y los animales que hacen ejercicio se produce un aumento en la oxidación de biomoléculas, como las proteínas o el ADN, tanto en la sangre como en otros tejidos.

Aunque hay varias partes de nuestro cuerpo que podrían ser responsables de generar estos oxidantes durante el ejercicio, las evidencias apuntan a que la principal culpable es la actividad de los músculos esqueléticos, esos que usamos para movernos. Cuando los músculos se contraen una y otra vez durante el ejercicio, producen una gran cantidad de radicales libres que no solo afectan al propio músculo, sino que también pueden llegar a la sangre y afectar a otros órganos.

En realidad, si lo piensas, tiene toda la lógica del mundo. Al ejercitarnos, consumimos más energía (sobre todo, los músculos) y nuestras células se ven obligadas a incrementar su metabolismo, como acabamos de ver en el apartado anterior. Como nuestro metabolismo se basa fundamentalmente en procesos de oxidación, al incrementarlo producimos más radicales libres y, por ende, podríamos vernos abocados a una situación de estrés oxidativo.

Vaya gracia, ¿no?

Antes de que cierres este libro y corras a darte de baja del gimnasio, déjame explicarte cómo, a la larga, el estrés oxidativo que genera el ejercicio puede ser realmente beneficioso para tu cuerpo y tu cerebro. En realidad, esta aparente paradoja no es solo un capricho de la naturaleza, sino una fascinante estrategia de defensa.

La clave está en entender que el ejercicio tiene un efecto *hormético*. Y perdona por introducirte otro tecnicismo, pero es muy fácil de comprender y siempre podrás usar esa palabra en una reunión de amigos para demostrar que eres una persona culta.

La *hormesis* describe cómo una exposición moderada a un agente que en altas dosis sería dañino, en realidad, tiene efectos beneficiosos para la salud. Como decía el filósofo alemán Friedrich Nietzsche, «lo que no te mata te hace más fuerte». Y es que la exposición limitada a ciertos tipos de estrés puede estimular al cuerpo a adaptarse y mejorar sus respuestas y funciones biológicas.

En el contexto del ejercicio, el aumento temporal del estrés oxidativo desencadena una respuesta adaptativa que fortalece las defensas antioxidantes naturales, entre otros mecanismos protectores que ayudan a proteger y mejorar la función celular y la salud general.

De hecho, se ha observado que el ejercicio aeróbico habitual se asocia con un menor daño en las biomoléculas del cerebro. Por ejemplo, en roedores ancianos, tanto correr como nadar durante un período prolongado reduce los niveles de radicales libres, así como de proteínas y lípidos oxidados en el cerebro, lo cual mejora la función cognitiva. Este efecto se relaciona con un aumento de los niveles de moléculas antioxidantes.

Incluso se ha visto que correr en una rueda durante un largo período reduce los lípidos oxidados, mejora la memoria y protege contra la patología de la enfermedad de Alzheimer en modelos de ratones transgénicos.

Aunque hay poca evidencia directa de los efectos del ejercicio sobre el daño oxidativo en el cerebro humano, los estudios clínicos han demostrado que el ejercicio aumenta las defensas antioxidantes y reduce los procesos oxidativos en varios sistemas y órganos, por lo que es probable que ocurran efectos similares en nuestra Neurópolis.

Ejercicio y proteostasis: fortalecer el sistema de limpieza celular

Como ya hemos visto, el envejecimiento está relacionado con una disminución en la actividad de los sistemas de reparación y eliminación celular. Con el paso de los años, se reduce nuestra capacidad de degradar proteínas y orgánulos dañados a través de la autofagia. Por si fuera poco, los proteasomas, aquellos encargados de eliminar proteínas defectuosas o envejecidas de los que te hablé en la primera parte de este libro, también ven mermada su actividad.

Estos sistemas son especialmente importantes en las neuronas, que prácticamente no pueden reproducirse y deben mantenerse al pie del cañón durante toda la vida.

Lo peor de todo es que cuando la autofagia y la actividad del proteasoma se ven comprometidas, se produce una acumulación de proteínas dañadas, mal plegadas o agregadas, lo que constituye un factor clave en el desarrollo de enfermedades neurodegenerativas como el alzhéimer o el párkinson.

En este sentido, el ejercicio físico ha demostrado ser un potente estimulador de los sistemas de control de calidad celular. Numerosos estudios, tanto en animales como en personas, han evidenciado que la actividad física regular aumenta la autofagia y la actividad del proteasoma.

Aunque la evidencia directa de estos efectos en el cerebro es aún limitada, algunas investigaciones sugieren que nadar mejora la autofagia en el hipocampo de roedores mayores y puede proteger contra el envejecimiento cerebral prematuro al activar los mecanismos proteostáticos. Correr también incrementa la actividad del proteasoma en el cerebro de las ratas, lo cual conduce a una reducción de la cantidad de proteínas oxidadas.

Incluso en ratones transgénicos con alzhéimer, se vio que la activación de estos sistemas de control de calidad protectores a través del ejercicio redujo los niveles del temido amiloide beta.

Cómo el ejercicio incrementa el «elixir» neuronal

Probablemente, uno de los beneficios más destacados del ejercicio físico en el cerebro es el aumento de los niveles del Factor Neurotrófico Derivado del Cerebro, conocido como BDNF por sus siglas en inglés.

Esta proteína, inicialmente descubierta en el cerebro de los cerdos, desempeña un papel crucial en la proliferación y supervivencia de las neuronas. Más allá de su presencia en Neurópolis, el BDNF también lo producen otras células del cuerpo, incluyendo las musculares y algunas células sanguíneas. Y es que este factor también es esencial para mantener un sistema inmunológico saludable y participa activamente en la reparación de tejidos.

Pero ¿por qué podríamos considerar al BDNF como una especie de elixir neuronal? Por un lado, es capaz de reducir el estrés oxidativo, protegiendo al ADN y a otras biomoléculas de los daños causados por los ladrones de electrones. Además, modula la neurogénesis, es decir, la formación de nuevas neuronas, y promueve el crecimiento de los axones y las dendritas, que, como sabes, son estructuras clave para la comunicación neuronal.

Por otro lado, el BDNF también modula la plasticidad sináptica, o la capacidad de fortalecer o debilitar las conexiones entre neuronas como respuesta a nuestras experiencias.

En los últimos años, numerosos estudios en animales han demostrado que el ejercicio físico aumenta los niveles de BDNF en diferentes regiones de Neurópolis, como el hipocampo, responsable de la memoria y el aprendizaje; la corteza prefrontal, encargada de la toma de decisiones y el control emocional; la corteza motora, que controla nuestros movimientos; el septum lateral, involucrado en mecanismos de motivación y recompensa; el cerebelo, fundamental para la coordinación y el equilibrio; el estriado, relacionado con el movimiento y la respuesta a estímulos; y finalmente la amígdala, que procesa nuestras emociones.

¿Y qué ocurre en los seres humanos?

Hay que tener en cuenta que la mayoría de los estudios sobre los cambios celulares y moleculares inducidos por el ejercicio se han centrado en analizar la sangre y el líquido cefalorraquídeo, que baña nuestro cerebro y médula espinal. Gracias a estos estudios, sabemos que el ejercicio de larga duración aumenta los niveles de BDNF a cualquier edad, incluyendo a los pacientes con enfermedad de Alzheimer y las personas que padecen trastornos psiquiátricos.

Imagina el impacto que esto puede tener en nuestra salud cerebral. Desde los más pequeños hasta los más mayores, pasando por aquellos que afrontan desafíos neurológicos o psiquiátricos, todos pueden beneficiarse de este incremento en los niveles del elixir BDNF gracias al ejercicio.

ACTIVIDAD FÍSICA CONTRA LA NEUROINFLAMACIÓN

Como sabes, el *inflammaging* y sus efectos perniciosos sobre Neurópolis nos acechan a medida que vamos acumulando vueltas al sol. En este sentido, los efectos del ejercicio físico sobre la inflamación son parecidos a los que te he contado en el caso de la oxidación. De hecho, la inflamación y la actividad física están estrechamente vinculadas, aunque su efecto varía según el tipo de ejercicio, así como de su intensidad y duración.

Cuando hacemos ejercicio intenso de manera puntual, la inflamación en los músculos alcanza un punto máximo en las primeras horas. Y es que el efecto proinflamatorio de la actividad física intensa o de darlo todo en una sesión de deporte de competición es algo que se conoce desde hace mucho tiempo.

Sin embargo, está demostrado que si mantenemos una rutina de ejercicio regular, la respuesta inicial proinflamatoria se equilibra rápidamente con efectos antiinflamatorios. Y es que ya lo decía el bueno de Goethe, que vivió ochenta y tres años, lo cual no está nada mal para haber nacido en el siglo XVIII: «En lo ideal, todo depende del impulso; en lo real, de la perseverancia».

En efecto, varios estudios en roedores han demostrado que el ejercicio reduce la inflamación cerebral, disminuyendo los niveles de algunas de las moléculas proinflamatorias clave, y que estos cambios se asocian con una mejor memoria espacial. Además, el ejercicio incluso previene el deterioro cognitivo inducido por la obesidad en los ratones, al reducir los principales responsables de la inflamación en el hipocampo.

Hasta la fecha, no existen estudios que hayan podido analizar específicamente los efectos del ejercicio sobre la neuroinflamación en humanos. Sin embargo, sí se ha demostrado que el ejercicio regular se asocia a una disminución de proteínas proinflamatorias en la sangre. Cabe esperar, pues, que este efecto antiinflamatorio se trasladará también a los diferentes órganos, incluyendo el cerebro.

MÁS ALLÁ DE LOS MÚSCULOS: EL EJERCICIO FORTALECE Y PROTEGE TU CEREBRO

Considerando todos los efectos moleculares que te acabo de mencionar, no es sorprendente que numerosos estudios sugieran que practicar actividad física, ya sean ejercicios aeróbicos como correr o actividades de resistencia como levantar pesas, tenga un impacto notablemente positivo en nuestro cerebro. Y, entre muchos otros beneficios, ayuda a prevenir algunos de los deterioros mentales típicos que suelen acompañar al envejecimiento.

Déjame contarte algunos de los estudios más reveladores en este sentido.

Todo comenzó con un estudio realizado por un investigador de la Universidad de Illinois llamado Arthur Kramer y su equipo en 1999. El planteamiento era bien simple. Reunieron a 124 personas sedentarias de entre sesenta y setenta y cinco años y las dividieron en dos grupos: uno se dedicó a caminar a buen ritmo durante seis meses, mientras que el otro grupo solo realizó ejercicios de estiramiento y tonificación (el ejercicio de los vagos, podríamos decir).

Los resultados fueron muy interesantes. Aquellas personas que habían estado caminando mostraron una mejora significativa en sus funciones ejecutivas, es decir, en su capacidad para planificar, tomar decisiones y resolver problemas, en comparación con el grupo de estiramiento y tonificación. Fue como si el ejercicio aeróbico hubiera dado un impulso extra a sus cerebros. Por desgracia, también mostró que una rutina *light* de tonificación, más apta para perezosos, no tenía un impacto demasiado significativo para Neurópolis.

Unos años más tarde, los mismos investigadores decidieron profundizar en estos hallazgos. Después de otro programa de ejercicio aeróbico de seis meses, descubrieron que los cerebros de los participantes habían aumentado de volumen, tanto en la materia gris como en la materia blanca, especialmente en las regiones temporales y prefrontales, áreas especialmente vulnerables al deterioro relacionado con la edad.

No contentos con eso, el mismo equipo liderado por Kramer publicó en 2011 unos resultados no menos sorprendentes. Observaron que hacer cuarenta minutos de ejercicio aeróbico moderado tres veces a la semana durante un año aumentaba el volumen del hipocampo en un 2 %, lo cual mejoraba la memoria espacial.

Para que te hagas una idea, el hipocampo tiende a reducir su tamaño entre un 1 y un 2 % anual en los adultos mayores. Por lo tanto, este régimen de ejercicio aeróbico fue capaz de contrarrestar un año de reducción natural del volumen del hipocampo.

Los amantes del ejercicio de resistencia también están de enhorabuena, ya que existen muchas evidencias que apuntan a que el uso de pesas o bandas elásticas para fortalecer los músculos también puede tener beneficios sorprendentes para la salud cerebral en adultos mayores. Uno de los estudios pioneros en este campo fue realizado por el equipo liderado por Ricardo Cassilhas, de la Universidad Federal de São Paulo en 2007. Reunieron a sesenta y dos hombres mayores, de entre sesenta y cinco y setenta y cinco años, y los dividieron en tres grupos: un grupo realizó entrenamiento de resistencia de alta intensidad, otro de intensidad moderada y el último se libró de grandes esfuerzos.

Tras veinticuatro semanas de entrenamiento tres veces por semana, tanto el grupo de alta intensidad como el de intensidad moderada mostraron mejoras significativas en varias medidas de la función cognitiva, incluyendo la memoria, la velocidad de procesamiento y las funciones ejecutivas, en comparación con los que no se ejercitaron. Y lo más sorprendente es que los beneficios fueron similares en ambos grupos de entrenamiento, independientemente de si levantaban pesas al 80 % o al 50 % de su capacidad máxima.

Moraleja: al menos en el deporte, no hace falta machacarse para obtener unos buenos resultados.

Sin embargo, los beneficios del entrenamiento de resistencia no se limitan a los hombres mayores. Unos años más tarde, la fisioterapeuta e investigadora canadiense Teresa Liu-Ambrose y su equipo encontraron que las mujeres mayores que realizaban entrenamiento de resistencia de intensidad moderada una o dos veces por semana también experimentaban mejoras significativas en los procesos ejecutivos de atención selectiva y resolución de conflictos.

Resumiendo, el deporte no entiende de edades ni de géneros por lo que respecta al *antiaging* del cuerpo y del cerebro.

MÁS VALE TARDE QUE NUNCA

Si, al igual que yo, eres de las personas que siempre encuentran excusas para evitar el deporte, probablemente habrás pensado cosas como «debería haber hecho más ejercicio cuando era joven, ahora ya no vale la pena».

En este caso, estoy seguro de que los resultados de un trabajo llevado a cabo por un equipo de investigadores de Perth, en Australia, te van a desmontar algunos mitos. El estudio incluyó a 12.201 hombres mayores, de entre sesenta y cinco y ochenta y tres años, que fueron observados durante poco más de una década. Al inicio del estudio, algunos de estos hombres eran físicamente activos, realizando al menos 150 minutos de actividad física vigorosa por semana, mientras que otros eran menos activos.

¿Qué pasó con ellos a lo largo de los años?

Pues ya te lo puedes imaginar. Aquellos hombres activos al inicio del estudio que se mantuvieron activos a medida que envejecían tenían menos riesgo de sufrir discapacidad funcional, deterioro cognitivo e incluso depresión, en comparación con aquellos que hacían menos de 150 minutos de actividad física por semana.

Por desgracia, aquellos que eran activos al principio pero luego se volvieron sedentarios perdieron los beneficios que la actividad física había aportado a su salud. No me cansaré de insistir: la perseverancia es la clave.

La buena noticia es que lo contrario también sucedió. Es decir, las personas inactivas al inicio del estudio que luego se volvieron físicamente activas también obtuvieron los beneficios de un envejecimiento saludable.

La conclusión de este estudio es clara: *nunca es demasiado tarde para incorporar la actividad física a tu vida diaria.* Incluso si no has sido muy activo en el pasado, comenzar a moverte ahora puede tener un impacto muy positivo en tu salud a medida que envejezcas.

Eso sí, aunque no me gustaría ser un aguafiestas, hay que tener en cuenta que el efecto protector de la actividad física parece disminuir con la edad. En un metaanálisis publicado en 2020 se reportó que los beneficios de ser activo cuando se es más joven son mayores que los de comenzar a ser activo más adelante en la vida. De hecho, el efecto protector de la actividad física parece disminuir aproximadamente un 3 % cada año a medida que envejecemos.

En este sentido, en 2023 se publicaron los resultados de un estudio superinteresante que llevaron a cabo un equipo de investigadores del University College de Londres. Su objetivo era descifrar cómo la actividad física a lo largo de la vida adulta, desde los treinta y seis hasta los sesenta y nueve años, podía influir en la función cognitiva de las personas en su vejez.

Para ello, incluyeron a 1.417 participantes (de los cuales, más de la mitad eran mujeres) que formaban parte de un estudio llamado «1946 British Birth Cohort». Se trata de un estudio muy especial porque ha seguido a las mismas personas desde que nacieron en

1946 hasta la actualidad. En este caso, los participantes informaron sobre su actividad física en su tiempo libre en cinco ocasiones diferentes entre los treinta y seis y los sesenta y nueve años. Eso permitió a los investigadores clasificar a las personas en tres grupos: los que no eran activos (no hacían actividad física regularmente), los moderadamente activos (hacían actividad física de una a cuatro veces al mes) y los más activos (hacían actividad física cinco o más veces al mes).

Cuando los participantes cumplieron sesenta y nueve años, los investigadores evaluaron sus funciones cerebrales a través de diferentes pruebas que medían su estado cognitivo general, su memoria verbal y su velocidad de procesamiento.

Los resultados demostraron que las personas que habían sido físicamente activas en todas las evaluaciones a lo largo de su vida adulta tenían una mejor función cognitiva a los sesenta y nueve años. Tanto para el estado cognitivo general como para la memoria verbal, los beneficios eran similares, independientemente de si las personas eran moderadamente activas o muy activas.

También quedó claro que cuanto más tiempo habían sido activas estas personas a lo largo de su vida, mejor era su estado cognitivo en la vejez. Es decir, no se trataba solo de hacer ejercicio en un momento dado, sino de mantener esa actividad física de manera constante a lo largo de los años.

De nuevo, la constancia, esa gran virtud, parece indispensable para mantener un cerebro joven.

Nuevamente, el mensaje de toda esta historia es que nunca es demasiado tarde para empezar a movernos, pero cuanto antes comencemos, mayores serán los beneficios para nuestra salud a largo plazo. Tengas treinta, cincuenta o setenta años, la ciencia lo tiene claro: incorporar la actividad física a tu vida te ayudará a envejecer de manera más saludable.

Joven como Mick Jagger

Este tenía que ser el título del primer libro publicado por mi amiga Isadora Puiggené, aunque por problemas de *copyright* se ha acabado llamando *Pacto con el diablo*.

Si analizamos las rutinas del Stone, muy bien explicadas a lo largo del libro, el verdadero pacto de Mick ha sido con su cuerpo. En palabras de su autora:

> *Jagger lleva veinticinco años bajo las órdenes de Torje Eike, un conocido entrenador noruego de deportistas de alto rendimiento (...) Entrena de cinco a seis días por semana y su rutina está basada en ejercicios de resistencia y de equilibrio, además de su deporte favorito: bailar. Asimismo, Mick corre 12 kilómetros diarios y, para mantener la fuerza, la flexibilidad y el equilibrio, hace también ballet, yoga y pilates.*

Sé lo que estás pensando: este es el plan de un deportista de élite. Sin embargo, seguramente tú no tienes que saltar y bailar durante horas por los escenarios del mundo. Bastará que incorpores a tu vida un poco de disciplina Jagger para convertirte en estrella del rock en tu día a día.

VALE, TENGO QUE HACER EJERCICIO, PERO ¿CUÁNTO Y CÓMO?

Si he sido capaz de convencerte de la importancia del ejercicio y has decidido ponerte manos a la obra, déjame hacerte algunas consideraciones sobre la «dosis» adecuada.

Para personas sanas de entre dieciocho y sesenta y cuatro años, la Organización Mundial de la Salud recomienda realizar un mínimo de 150 a 300 minutos de actividades aeróbicas moderadas a la semana. Si vas corto de tiempo, también puedes optar por unos 75-150 minutos de actividades aeróbicas intensas.

Además, la OMS nos invita a incluir, al menos dos veces por semana, ejercicios de fortalecimiento muscular moderados o intensos que involucren todos los grupos musculares principales. Estos ejercicios aportan beneficios adicionales para la salud.

Se trata de valores mínimos (y lo lamento si te parece demasiado ejercicio), pero la misma OMS indica que, para obtener aún más ventajas, se puede prolongar la actividad aeróbica moderada más allá de los 300 minutos; o la actividad aeróbica intensa más allá de los 150. Asimismo, se pueden combinar ambas de manera equivalente a lo largo de la semana. De hecho, superar las recomendaciones mínimas y llegar a los 450 minutos o más de ejercicio moderado a intenso por semana se asocia con una vida más larga.

En este sentido, un metaanálisis que incluyó datos de más de 42.000 deportistas profesionales demostró que los atletas de élite viven más años que la población en general.

En un estudio a gran escala llevado a cabo en Alemania, se evaluó la función cognitiva de más de 3.500 personas de entre dieciocho y setenta y nueve años y les preguntaron sobre sus hábitos de ejercicio físico en los últimos tres meses. Los resultados mostraron que las personas que hacían más ejercicio físico semanal, ya fuera menos de dos horas, dos horas o más de dos horas, tenían una mejor función ejecutiva y mejor memoria en comparación con aquellos que no hacían ejercicio.

Tales beneficios se observaron en todos los grupos de edad, tanto en jóvenes como en mayores.

En otro estudio publicado en 2018, un equipo de investigadores liderado por el doctor Álvaro Pascual Leone, uno de los neurólogos españoles más reconocidos mundialmente, desarrolló un metaanálisis para establecer la relación entre las horas de ejercicio y el rendimiento cognitivo en adultos mayores, tanto sanos como con demencia.

A partir de los datos obtenidos de más de once mil participantes con un promedio de edad de setenta y tres años, observaron que hacer poco más de dos horas de ejercicio a la semana ya se relacionaba con una mejora de las capacidades cognitivas. Los tipos de ejercicio que se mostraron más beneficiosos fueron el aeróbico, el de resistencia (o de fuerza), los ejercicios mente-cuerpo —tipo yoga o taichí—, o una combinación de estos.

Así que, ya lo ves, la necesidad de hacer ejercicio es algo que debes grabarte a fuego en tus neuronas, si de verdad quieres darle larga vida a la juventud de tu cerebro.

En esencia

- La práctica regular de ejercicio, aunque sea moderado, no solo incide en el cuerpo. También beneficia la salud y juventud de la mente.
- Cuarenta minutos de ejercicio moderado tres veces por semana pueden marcar la diferencia en tu vitalidad corporal y mental.
- Según la OMS, si tienes entre dieciocho y sesenta y cuatro años, lo ideal sería 75-150 minutos semanales de actividad aeróbica intensa, o bien 150-300 minutos de actividad aeróbica moderada. Conviene incluir ejercicios de fortalecimiento muscular.
- Nunca es tarde para empezar a moverte, aunque los beneficios serán mayores cuanto antes empieces.

CAPÍTULO
13

Gimnasia para la mente

Aprendizaje continuo contra el deterioro cerebral

En el capítulo anterior, exploramos la importancia del ejercicio físico para mantener nuestro cuerpo y cerebro en forma, a medida que envejecemos. Ahora permíteme hablarte sobre otro tipo de ejercicio igualmente crucial: el «mental».

Porque, así como ejercitar tus músculos tiene un efecto *antiaging* indiscutible, entrenar la mente de forma específica y constante también es clave para conservar su agudeza y vitalidad.

Permíteme ilustrar este punto con una anécdota personal un tanto peculiar. Hace algunos años, tuve la oportunidad de ir a un *outlet* ambulante de una conocida (y cara) marca de calzado. No era cualquier día, no, era uno de esos días en los que sientes que el universo está alineado para que encuentres exactamente lo que necesitas.

Y ahí estaban, esperándome: unos botines rockeros muy extravagantes que me robaron el corazón. Eran de un púrpura oscuro, con detalles plateados y unas hebillas que gritaban «rebeldía» por todos lados.

Milagrosamente, mi número estaba disponible, así que no pude resistirme y, en un arrebato de euforia, decidí comprar dos pares. Sí, has leído bien, dos pares. ¿Por qué? Porque cuando algo me encanta y el precio lo permite, siempre compro dos. Uno para usar de inmediato y otro para guardarlo como repuesto para cuando el primero sucumba al desgaste.

Durante años, lucí orgullosamente mi primer par de botines, pisando fuerte por la vida con mi estilo alternativo. Eran cómodos y estilosos, nunca vi a nadie con unos parecidos. Los llevé a conciertos, a fiestas y hasta a alguna que otra reunión de trabajo en la universidad. Allí más de uno me miró con cara de «¿en serio vienes así vestido?» (a lo que estoy más que acostumbrado).

Pero, como todo en esta vida, a los botines les llegó su hora. Estaban tan deteriorados que decidí que era hora de sacar el par gemelo, que había descansado plácidamente en el armario tanto tiempo, aguardando su momento de gloria. ¡Qué emocionante fue aquel día! Me puse los botines nuevos y me dirigí a la universidad, listo para enfrentar un nuevo día de clases e investigación con mi calzado de reserva.

Todo iba de maravilla hasta que, a media mañana, comencé a notar algo extraño. Un ligero «flop, flop» me seguía por los pasillos. Miré hacia abajo y, para mi horror, vi que la suela de mis preciados botines se estaba desintegrando, literalmente.

Al principio, pensé que era una broma pesada del destino.

«¿En serio?», me dije mientras veía cómo, a cada paso que daba, se desprendían trozos de suela. ¡No lo podía creer! Los había guardado con tanto esmero y cariño... ¿Cómo era posible que se desmoronaran en su primer día de uso?

Tuve que improvisar y recurrir a un poco de cinta aislante para mantener unida al resto de los zapatos lo que quedaba de la suela.

Una compañera de trabajo me vio y se partió de risa.

—Pero ¿qué te ha pasado? —preguntó entre carcajadas—. ¿Has decidido lanzar una nueva moda? ¿La del profesor rockero posapocalíptico?

Con toda la entereza que pude reunir (que no era mucha, la verdad), le expliqué mi trágica situación.

La moraleja de esta historia es sencilla pero profunda: *las cosas que no se usan se estropean.* Mientras que el primer par de botines me acompañó fielmente durante años, resistiendo todo tipo de aventuras y desventuras, el segundo par, relegado a «chupar banquillo» en el armario, no sobrevivió ni un solo día de uso.

Pero ¿qué tiene que ver todo esto con nuestro cerebro?, te estarás preguntando. Pues mucho más de lo que imaginas. Y es que, si no lo ejercitamos lo suficiente, si lo dejamos languidecer en un estado de sedentarismo, corre el riesgo de deteriorarse prematuramente, perdiendo su capacidad de adaptación y rendimiento.

Déjame contarte más acerca de este tema.

EDUCACIÓN TEMPRANA PARA UN CEREBRO ACTIVO EN LA MADUREZ

Es bastante común, sobre todo entre adolescentes y jóvenes, mostrar un cierto desdén hacia la educación. De hecho, coincidirás conmigo en que el ser humano, al igual que muchas otras especies, no tiene una inclinación natural hacia aquello que le suponga un esfuerzo.

Esta tendencia es aún más pronunciada cuando los frutos de tal esfuerzo no llegan de forma inmediata.

He debatido en varias ocasiones con personas a las que considero muy inteligentes sobre la conveniencia de mantener una educación variada durante el mayor tiempo posible. Es en esos momentos cuando muchos piensan: «Si quiero ser ingeniero, ¿por qué perder el tiempo estudiando Historia o Filosofía?».

Esta reacción surge de una tendencia alarmante hacia la especialización temprana, con el objetivo de enfocarse en el futuro profesional.

Entiendo que una persona que estudia un grado en Matemáticas no necesite una asignatura sobre arte románico en su plan de estudios. Nuestro tiempo y energías son limitados. Sin embargo, considero que la educación secundaria debería seguir siendo lo más transversal posible, independientemente de si alguien es «de ciencias» o «de letras».

Aunque hoy en día podemos encontrar cualquier información con un solo clic, construir una buena base cultural desde la niñez y la adolescencia debería ser una prioridad en cualquier sociedad sana.

Además, una educación variada no solo enriquece nuestro conocimiento, sino que también fomenta habilidades críticas como el pensamiento analítico, la creatividad y la empatía. Estudiar disciplinas aparentemente no relacionadas con nuestra carrera puede proporcionarnos nuevas perspectivas y enfoques innovadores a los problemas, lo cual es muy valioso en cualquier campo.

En fin, cuando escribo turras como la que te acabo de soltar es cuando me doy cuenta de que me hago mayor (por mucha estrategia *antiaging* que quiera mostrarte). Dejando de lado esta introducción propia de un abuelo cebolleta, debo decirte que hay mucha evidencia científica que sugiere que la educación que recibimos en nuestros primeros años podría ser una de las mejores inversiones para mantener nuestro cerebro en forma a lo largo de toda nuestra vida.

Varios estudios a gran escala en epidemiología cognitiva refuerzan la idea de que la educación no solo contribuye directamente a moldear nuestra inteligencia en la edad adulta, sino que también parece ralentizar el declive cognitivo en la vejez.

De hecho, se ha descubierto que un porcentaje considerable de personas que recibieron una buena educación en su juventud, y que no mostraban signos clínicos de enfermedad de Alzheimer antes de morir, mostraban signos de esta patología en la autopsia del cerebro. Es decir, parecería que la educación ayuda a crear una especie de escudo protector, que ayuda al cerebro a seguir funcionando incluso cuando ya ha sufrido lesiones neurodegenerativas.

¿Cómo es posible que lo que aprendemos de jóvenes tenga un efecto tan duradero? Algunos estudios sugieren que puede deberse al mantenimiento de actividades que estimulan a la mente a lo largo de la vida.

Y eso es otra buena noticia, porque si no has tenido el privilegio de recibir una buena educación en tu infancia o adolescencia, tal vez porque la vida te obligó a tomar otros caminos, no pasa nada. Tu cerebro sigue siendo capaz de hacerlo ahora, aunque no te lo parezca. En eso consiste la *neuroplasticidad*.

PLASTICIDAD NEURONAL: ¿EL CEREBRO APRENDE A CUALQUIER EDAD?

Estoy seguro de que alguna vez has oído hablar del concepto de plasticidad neuronal o de neuroplasticidad. Sí, es un término que aparece a menudo en los millones de pódcast disponibles hoy en día.

Vamos a definir este «palabro» antes de entrar en harina.

La neuroplasticidad es la capacidad del cerebro para adaptarse y transformarse a partir de las experiencias que vivimos, los conocimientos que adquirimos e incluso las adversidades que enfrentamos, como lesiones o enfermedades.

En otras palabras, nuestro sistema nervioso es un entramado dinámico y flexible, capaz de reorganizarse y redefinirse en respuesta a los estímulos que recibe, tanto del mundo exterior como de nuestro propio organismo.

Este proceso de adaptación y cambio se sustenta en una serie de mecanismos que operan a diferentes niveles. Por un lado, las neuronas pueden experimentar modificaciones en su estructura y función según la actividad que desempeñen. Por otro lado, las sinapsis, los puntos de conexión entre las neuronas, también están sujetas a cambios: pueden crearse nuevas conexiones, fortalecerse las existentes o debilitarse e incluso eliminarse aquellas que ya no son necesarias.

Por ejemplo, al sufrir un ictus, las áreas del cerebro asociadas con ciertas funciones pueden lesionarse gravemente, resultando en la pérdida de determinadas capacidades, como el habla o el movimiento. Con el tiempo y gracias a la neuroplasticidad, las partes sanas del cerebro pueden llegar a asumir esas funciones y se pueden recuperar las habilidades perdidas.

Desafortunadamente, este mecanismo tiene limitaciones y, aunque cierta recuperación sea posible, no siempre se pueden restablecer del todo las funciones afectadas por el daño en áreas cerebrales clave.

Déjame ponerte otro ejemplo un poco menos dramático. Los humanos nacemos con decenas de miles de millones de células cerebrales. De hecho, una sola neurona puede conectarse con hasta 15.000 células vecinas. A los tres años, el cerebro de un niño ya ha establecido cerca de un billón de sinapsis.

Si crees que estas cifras son un poco exageradas, tienes razón. Resulta que el sistema nervioso inmaduro tiene una circuitería neuronal fundamentalmente redundante. Digamos que tiene un montón de conexiones extra por si acaso, pero que en realidad no son tan necesarias. Un poco como yo cuando me compro dos pares de botines idénticos... Es de ser agonías, ¿verdad?

Por si esto fuera poco, la cantidad de espinas dendríticas (esa especie de buzones que facilitan la comunicación entre las neuronas) en la corteza cerebral de un niño es hasta tres veces mayor que en el cerebro de un adulto. Y no solo sucede en humanos; también los monos, las ratas y los gatitos muestran una mayor densidad sináptica en la corteza cerebral durante el desarrollo posnatal, en comparación con los animales adultos.

¿Qué tiene que ver esto con la neuroplasticidad?

Pues que, a partir de esta «sobreproducción sináptica» inicial, muchísimas de estas conexiones desaparecen durante la edad adulta, y solo se mantienen las que resultan realmente útiles. Este proceso tiene el gráfico nombre de *poda sináptica*, ya que recuerda a la eliminación de algunas ramas de los árboles para que estos acaben dando mejor fruto. Y es que, como suele decirse, en esta vida es importante «ser felices mientras podamos», ¿verdad?

Si no he sido capaz de arrancarte una sonrisa con este juego de palabras, no te preocupes, lo entiendo perfectamente.

Además de la poda sináptica, existen otros mecanismos de plasticidad neuronal, algunos de los cuales se centran más en crear nuevas conexiones en lugar de destruirlas, potenciar unos tipos de neurotransmisores por encima de otros, etc. No querría ponerme demasiado técnico con este tema y tal vez no merece la pena comentarlos todos.

En cualquier caso, durante mucho tiempo los científicos pensábamos que el cerebro adulto era como un circuito impreso, fijo e incapaz de cambiar. Como si, una vez que llegabas a cierta edad, tu cerebro se quedara estancado, sin posibilidad de adaptarse a nuevas situaciones.

Después de algunos descubrimientos revolucionarios, hoy sabemos que *la neuroplasticidad es una propiedad que nos acompaña toda la vida.*

Para que te hagas una idea, en el caso de la corteza prefrontal humana, la remodelación cerebral basada en la poda de espinas dendríticas superfluas se mantiene ¡hasta la tercera década de vida! Esto implica que el neurodesarrollo va bastante más allá de la adolescencia. O sea, que si resulta que tienes hijos que han cumplido ya los treinta y no se van de casa ni a tiros, no se lo tengas en cuenta. Aún están asentando sus sinapsis. Y, claro, la precariedad laboral y los precios de la vivienda tampoco ayudan.

Más allá de esta poda masiva relacionada con el desarrollo de nuestro sistema nervioso, a lo largo de nuestra vida, aquellas neuronas que se utilizan con mayor frecuencia desarrollarán conexiones más fuertes. Y, al contrario, las conexiones que se usan poco o nunca acabarán desapareciendo.

Al crear nuevas conexiones y eliminar las más débiles, el cerebro puede aprender cosas importantes, olvidar otras que no lo son tanto y, en definitiva, adaptarse al entorno cambiante. Y sí, esto sucede a cualquier edad.

Evidentemente, la neuroplasticidad del cerebro adulto no es tan poderosa como la que tenemos durante el desarrollo temprano, así como no podemos comparar la flexibilidad de un gimnasta olímpico con la de un cincuentón que hace yoga de vez en cuando.

De hecho, varios estudios desarrollados en animales han demostrado que el envejecimiento está relacionado con una disminución de la neuroplasticidad en todo el cerebro, incluyendo el hipocampo, la biblioteca de los recuerdos de Neurópolis.

Por ejemplo, en los roedores, el envejecimiento conlleva una reducción general de la ramificación y la longitud de las dendritas. Además, la formación de nuevas sinapsis, conocida como sinaptogénesis, también disminuye. La capacidad de generar nuevas neuronas, lo que llamamos neurogénesis, se reduce drásticamente con la edad, y una menor proporción de células madre neuronales logran convertirse en neuronas maduras en un cerebro envejecido.

Tal como vimos en el segundo capítulo de este libro, estudios de neuroimagen en humanos han mostrado que el envejecimiento se asocia a una disminución en el volumen cerebral. En concreto, hay una reducción de la materia gris y del grosor de la corteza, y algunos investigadores sugieren que ello podría reflejar una menor cantidad de sinapsis.

Por supuesto, este declive en la plasticidad cerebral es mucho más acusado en caso de desarrollar una enfermedad neurodegenerativa.

Resumiendo, la neuroplasticidad es un proceso necesario para seguir siendo capaces de sobrevivir en el medio que nos rodea. Por lo tanto, todo deseo de mantener un cerebro joven pasará por la necesidad de retener y potenciar esta capacidad de reorganización neuronal.

La reserva cognitiva

Más allá de la plasticidad neuronal, otro concepto clave de la neurociencia es la teoría de la *reserva cognitiva*. Explica por qué algunas personas son más resistentes a los cambios cerebrales relacionados con la edad, así como a enfermedades como el alzhéimer.

Si imaginamos el cerebro como una batería, una mayor carga permite que funcione mejor y por más tiempo, incluso cuando empiezan a surgir problemas. Esta carga o reserva se manifiesta de diferentes formas.

Tenemos la *reserva cerebral*, que se refiere a características físicas del cerebro, como su tamaño o el número de neuronas. Luego está la *reserva cognitiva*, que tiene más que ver con cómo usamos nuestro cerebro de manera eficiente.

La reserva cerebral sería una especie de «capital neurobiológico»: hace referencia al tamaño de nuestro cerebro, al grosor de la corteza cerebral o a la cantidad de neuronas que poseemos en un momento dado. A priori, las personas con alta reserva cerebral pueden afrontar mejor el envejecimiento y la neurodegeneración porque tienen más «capital neuronal» para perder antes de que se noten las primeras dificultades cognitivas.

La reserva cognitiva es un concepto diferente. Se refiere a cómo el cerebro es capaz de adaptarse al envejecimiento y las patologías utilizando mecanismos compensatorios, o «planes B». Evidentemente, esto es posible gracias a la neuroplasticidad e implica que, cuando algunas neuronas o sinapsis se deterioran con la edad, el cerebro recurrirá a rutas alternativas para seguir funcionando eficazmente.

Como es lógico, una persona con una alta reserva cognitiva manejará mejor el daño cerebral.

La gracia de todo esto es que tanto la neuroplasticidad como la reserva cognitiva no solo nos ayudan a lidiar con el daño cerebral una vez que ocurre, sino que también contribuyen a prevenirlo.

Algunas maneras de propiciarlo ya te las he comentado: se ha demostrado que tanto el ejercicio físico regular como mantener unos buenos hábitos de sueño favorecen la neuroplasticidad. Más allá de eso, existen otras estrategias avaladas científicamente que pueden ayudar, y ahora voy a hablarte de aquellas que se basan en «poner a trabajar» la mente.

Efectivamente, a través del aprendizaje de nuevas habilidades, la exploración de diferentes entornos o la participación en actividades mentalmente estimulantes, podemos favorecer la neuroplasticidad, la reserva cognitiva y mantener nuestro cerebro en forma.

Estas experiencias actúan como un verdadero «gimnasio neuronal», donde fortalecemos las conexiones existentes y promovemos la creación de nuevas redes neuronales.

Como mi abuela me repetía una y mil veces, la cabeza no la tenemos solo para peinarnos, hay que usarla. Probablemente, esta filosofía le ayudó a llegar hasta los noventa y dos años con una mente más lúcida que la de su nieto.

Melodías *antiaging*: la música como gimnasio cognitivo

Permíteme barrer para casa otra vez, ya que estoy a punto de hablarte de algo que me toca muy de cerca: la música. Desde que tenía trece años y empecé a recibir clases de guitarra, me sumergí en el mundo del heavy metal con mi primera banda.

Nos llamábamos Veil of Death y, cuando actuábamos, lo hacíamos vestidos de vampiros victorianos, con la cara totalmente maquillada y unas canciones plagadas de melodías de ultratumba. Sí, mi adolescencia fue una sinfonía de cuerdas metálicas, espectáculos grotescos y exceso de decibelios...

Tras seis años de clases de guitarra, me pasé al bajo y también empecé a hacer mis pinitos como vocalista, explorando aún más los mares musicales. Desde entonces, he llegado a grabar varios álbumes con bandas de estilos dispares y he actuado en todo tipo de escenarios, desde auditorios respetables hasta sórdidos cuchitriles.

Hoy en día, todavía canto en tres bandas y en un coro, y, por supuesto, me obligo a tocar la guitarra al menos veinte minutos al día. ¿Por qué? Porque además de ser una pasión que me transporta a otros mundos, tocar un instrumento tiene beneficios asombrosos para el cerebro.

Como verás, hay evidencia científica de que esta afición puede ser uno de tus mejores aliados contra el envejecimiento cerebral y la pérdida cognitiva.

En primer lugar, hay que tener en cuenta que tocar un instrumento no es solo una actividad divertida y gratificante, sino que también supone un desafío cognitivo de primer nivel.

Cuando te sientas frente a un piano, una guitarra o cualquier otro instrumento, estás poniendo en marcha una serie de procesos mentales que involucran la percepción, la atención, la memoria y el aprendizaje. Por lo que respecta a la neuroplasticidad, se ha demostrado que la música puede influir en regiones del cerebro responsables de diferentes funciones, induciendo cambios en las áreas auditivas (mejorando la capacidad de procesamiento del sonido) y en las motoras (favoreciendo la coordinación y el control muscular).

Gracias a las técnicas de neuroimagen, los científicos han podido observar que existen diferencias anatómicas entre los cerebros de los músicos y los de las personas que no tocan un instrumento. Por ejemplo, se ha descubierto que los músicos tienen un cuerpo calloso más grande (la estructura que conecta los dos hemisferios cerebrales), así como una mayor profundidad en el surco central y un desarrollo más pronunciado de áreas relacionadas con la audición, el lenguaje y el control motor. También se ha observado que poseen una mayor cantidad de materia gris en el hipocampo, en comparación con las personas que jamás han tocado un instrumento.

Solo por eso ya vale la pena empezar a meter ruido.

De hecho, una de las autoridades mundiales en el campo de la neurofisiología de los músicos, el médico, investigador y músico alemán Eckart Altenmüller asevera que el aprendizaje musical podría ser uno de los estímulos más poderosos para impulsar la neuroplasticidad en el sistema nervioso central.

Es decir, una práctica musical regular puede conferir una protección contra la degeneración cerebral que ocurre con la edad.

De la gran cantidad de estudios que apoyan esta idea, uno de mis preferidos lo publicó en 2014 un equipo de investigadores de la Universidad del Sur de California. Analizaron datos de 157 pares de hermanos gemelos o mellizos, en los que uno de ellos había desarrollado demencia o deterioro cognitivo, mientras que el otro no. De esos 157 pares de hermanos, en veintisiete casos, uno tocaba un instrumento y el otro no.

Cuando los investigadores analizaron los datos, teniendo en cuenta factores que podrían haber influido, como el sexo, la educación y la actividad física, descubrieron que los gemelos que tocaban un instrumento tenían un 64 % menos de probabilidades de desarrollar demencia o deterioro cognitivo que sus hermanos que no tocaban.

Eso es un efecto protector impresionante, especialmente si consideramos que los gemelos comparten gran parte de su carga genética y ambiental.

En otro estudio publicado en 2023 por la revista *Psychology and Aging*, un equipo de investigadores de la Universidad de Edimburgo analizó los datos de un grupo de 420 personas nacidas en 1936 y a las que se les había realizado diferentes pruebas a lo largo de su vida. Resultó que el 40 % había tocado algún instrumento, principalmente en la infancia y la adolescencia, y que estos participantes con experiencia musical presentaban un mejor rendimiento cognitivo en diferentes dominios, como la capacidad verbal, la memoria verbal, la velocidad de procesamiento y la capacidad visuoespacial. Esta ventaja se mantuvo a lo largo del tiempo, como mínimo desde los setenta hasta los ochenta y dos años.

Por supuesto, si tu relación vital con la música ha sido más bien escasa, o simplemente la has considerado como un sonido de fondo en las discotecas o pubs durante noches de ligoteo, probablemente todo esto te dé un poco igual.

No obstante, en vista de todos estos beneficios, puedes empezar a aprender ahora, independientemente de tu edad y falta de experiencia, porque eso beneficiará a tu cerebro igualmente.

El experimento del piano Satori

Francesc Miralles, mi amigo y «bro» en mil batallas, empezó hace una década a experimentar con un método de piano muy simple para personas que se creían negadas musicalmente. En su célebre *El método ikigai*, coescrito con Héctor García, explica así el resultado:

> *Cuando empecé a desarrollar mi terapia artística, buscaba palancas para que la creatividad de la persona saliera de golpe, como quien descorcha una botella de champán. Había comprobado ya el poder de la escritura rápida con alumnos que decían estar bloqueados pero que eran capaces de generar textos de gran calidad en la inmediatez del taller, y algo parecido sucede con las artes plásticas, cuando uno se permite ser espontáneo. Al cesar el análisis y autocrítica constantes, surgen las mejores creaciones.*
>
> *Lograr algo así con el piano, un instrumento que parece vetado a las personas que jamás han tenido contacto con él, parecía una quimera. Para superar ese prejuicio ideé el piano Satori (en el zen, «iluminación abrupta»), tomando como punto de partida el método simplificado del profesor Antonio Ortuño.*

El reto era que cualquier persona pudiera tocar una breve pieza de piano a dos manos desde la primera sesión, de menos de una hora, y lograr en la cuarta o quinta interpretar una versión sencilla del Canon de Pachelbel. Para ello les animaría a jugar con el teclado sin partitura ninguna, poniéndoles pequeños retos para pasar a otros mayores sin darse cuenta.

Para mi asombro, la práctica totalidad de los alumnos de piano Satori lograron tocar a dos manos desde el principio, y en el plazo de un mes interpretaban ya las canciones que les gustaban.

La finalidad de esta experiencia, sin embargo, nunca ha sido descubrir grandes pianistas, aunque alguno de ellos ha demostrado tener la capacidad para serlo. El gran beneficio de esta práctica tiene lugar en un nivel psicológico: en el momento que una persona se demuestra que es capaz de hacer algo que, una hora antes, le parecía imposible, se empieza a desatar un poderoso cambio a todos los niveles. Se ponen en duda todos los «imposibles» y la persona se lanza de forma natural al siguiente reto en cualquier ámbito de su vida.

En mi caso, me adentré en el fascinante universo de la música persiguiendo el sueño de convertirme en una estrella del rock. Aunque ese anhelo no llegó a materializarse, sumándose así a mi colección personal de fracasos, no me arrepiento en absoluto. Más allá de las incontables y profundas satisfacciones que me ha brindado este lenguaje del alma, estoy firmemente convencido de que todo el tiempo, energía y recursos que he invertido en la música me ayudarán a preservar una mente lúcida y ágil durante muchos más años.

Si estás considerando embarcarte en esta apasionante aventura musical, mi sincero consejo es que no lo dudes ni un instante más.

Solo te pido que no escojas el ukelele... ¡no soporto ese maldito instrumento!

Leer o no leer: esa no es la cuestión (porque la respuesta es obvia)

Si pensabas que habíamos terminado con mis aficiones, ahora viene la secuela. Después de la música, otra de mis grandes pasiones es la lectura. Y no, no me refiero a leer partituras.

Mi mesita de noche es un bastión de resistencia contra la invasión de las pantallas. Mientras gran parte del mundo se queda hipnotizado por el brillo azulado de sus teléfonos o se pierde en el último capítulo de una serie, yo soy de los que se aferran a la vieja escuela: siempre hay al menos un par de libros al lado de mi cama esperando pacientemente a que termine el día.

Es mi ritual nocturno: en lugar de hacer *scrolling* infinito o de ver «solo un episodio más», me sumerjo entre páginas que me transportan a otros mundos.

Mi trabajo diario implica leer durante gran parte de la jornada, y reconozco que las distracciones del mundo digital cada vez merman más mi capacidad de concentrarme ante un libro. Aun así, leer una novela o un ensayo interesante justo antes de acostarme es una de las mejores maneras que conozco para relajarme, hacer higiene mental y conciliar el sueño.

El mismo doctor Estivill, el famoso médico del sueño, corrobora que no hay mejor somnífero que un buen libro de papel.

Las vacaciones de verano se convierten en mi maratón personal de lectura. Mientras otros presumen de sus «selfis playeros», mi maleta siempre pesa unos cuantos kilos extra, cortesía de los libros que no puedo dejar atrás.

Pero más allá de mis hábitos personales, que probablemente no te importen demasiado, se ha demostrado que la lectura es un gimnasio excelente para la mente, una valiosa ayuda para mantenerla ágil y joven.

Y es que algo tan aparentemente banal como leer una novela puede cambiar la forma en que Neurópolis conecta algunos de sus barrios.

En este sentido, un equipo de científicos estadounidenses hizo un experimento muy interesante en 2013 con un grupo de estudiantes universitarios. Primeramente, durante cinco días seguidos hicieron resonancias magnéticas a los participantes para ver cómo era su actividad cerebral normal.

Durante los nueve días posteriores, cada noche los participantes tenían que leer una pequeña parte de una novela. A la mañana siguiente de cada lectura, se les tomaban nuevamente imágenes del cerebro en reposo.

Finalmente, después de terminar la novela, siguieron tomando imágenes del cerebro durante varios días para ver cómo cambiaba la actividad cerebral una vez que dejaron de leer.

Los resultados del estudio mostraron que, justo después de leer, ciertas áreas del cerebro presentaban un aumento significativo en su conectividad. Es decir, las neuronas de esas áreas se comunicaban más entre sí. A pesar de que estos cambios desaparecían poco después de que los participantes terminaran la novela, algunas conexiones en la corteza somatosensorial persistían varios días después.

Me encanta este estudio, porque implica que, de alguna manera, leer una buena historia «recablea» temporalmente tu cerebro, preparándolo para procesar mejor las experiencias futuras.

Aunque tiene un carácter más bien psicológico, el siguiente estudio te gustará tanto como a mí. En él, dos investigadoras de la Universidad de Hull, en el Reino Unido, estudiaron a 295 niños de entre diez y once años. Descubrieron que el gusto por la lectura se relacionaba con una personalidad más abierta. Y resulta que este rasgo podría ser muy beneficioso para mantener una buena salud cognitiva en la vejez, en parte porque nos hace más propensos a probar cosas nuevas y ampliar nuestro repertorio de comportamientos.

Como decía Albert Einstein: «La mente es igual que un paracaídas, solo funciona si se abre».

Leer fomenta, sin duda, una actitud de apertura y curiosidad que nos lleva a buscar más estimulación mental, tal como sucede con el piano Satori.

En otro estudio publicado por la prestigiosa revista *Science*, se descubrió que incluso las sesiones de lectura de ficción relativamente cortas mejoran nuestra capacidad de empatía, tal vez porque leer nos ayuda a ponernos en los zapatos de los demás.

Muchos estudios han encontrado que la experiencia lectora está relacionada con habilidades de procesamiento del lenguaje, como la fluidez verbal y la comprensión. También se ha visto que la relación entre el hábito de leer y las habilidades lingüísticas se hace más fuerte desde la infancia hasta la edad adulta temprana. Esto ha llevado a algunos investigadores a proponer la idea de un círculo virtuoso: *cuanto más lees, mejor lees*, lo que te permite acceder a textos cada vez más complejos, lo que a su vez mejora tus habilidades, y así sucesivamente.

Es cierto que las investigaciones sobre el impacto a largo plazo del hábito de leer en las funciones intelectuales se han centrado principalmente en niños y estudiantes universitarios. Ahora bien, aunque algunos estudios sugieren que la lectura también beneficia a los adultos mayores, sorprendentemente apenas se ha investigado de manera sistemática si el compromiso con la lectura podría ser una forma de refuerzo cognitivo para este grupo de edad.

Es como si hubiéramos olvidado que la plasticidad cerebral se mantiene en la vejez... En cualquier caso, afortunadamente también existen algunos resultados muy interesantes en este sentido.

Por ejemplo, un análisis que incluyó a 3.635 personas que formaban parte de un estudio nacional sobre salud y jubilación en Estados Unidos encontró que las personas que leían libros vivían un promedio de casi dos años más que los no lectores. Sí, sí, no es broma, ¡vivían más! De hecho, presentaban un 20 % menos de riesgo de mortalidad en comparación con quienes no leían o solo leían revistas y periódicos.

Este efecto parecía estar relacionado con una mejor función cognitiva. Es decir, leer libros puede estar asociado con una vida más larga porque se trata de una actividad que ayuda a mantener el cerebro activo y saludable.

Tal y como te explicaba en este mismo capítulo, haber estudiado más años durante la niñez y adolescencia se correlaciona con una mejor salud cognitiva en la vejez.

En este sentido, algunos investigadores se han preguntado si las personas que estudiaron menos años podrían conseguir igualmente una mayor reserva cognitiva a través del hábito de leer.

Por ejemplo, en un estudio publicado en 2022, un equipo de investigadores de Pekín recopiló datos demográficos y clínicos, así como información acerca del nivel educativo y hábitos de lectura de 459 participantes de alrededor de sesenta años. Los resultados mostraron que los participantes que leían regularmente (un 37 % del total) tenían un mejor rendimiento en todas las pruebas cognitivas en comparación con aquellos que no leían. Como era de esperar, aquellos con niveles educativos más altos (más de doce años de educación) presentaron un mejor rendimiento cognitivo y un hipocampo más grande. Pero lo más interesante es que en el grupo con menor nivel educativo, aquellas personas que leían más obtenían mejores puntuaciones que el resto en las pruebas cognitivas.

En un estudio parecido participaron 1.962 personas mayores de sesenta y cuatro años que vivían en Taiwán. Los investigadores siguieron a los participantes durante catorce años y encontraron que aquellos que leían más a menudo tenían menos probabilidades de sufrir deterioro cognitivo, independientemente de su nivel educativo.

Ya te dije al principio de este capítulo que no te preocupes demasiado si no pudiste estudiar en la juventud. Leer a cualquier edad puede ayudarte a mantener una mente joven.

Si, a pesar de todo lo que te acabo de contar, lo de sentarte a leer no es para ti, no te preocupes... Siempre puedes escuchar un audiolibro. ¿Funcionaría?

Un estudio publicado en 2019 nos da alguna pista. En él, participaron cuarenta y tres pacientes con diferentes formas de demencia, incluyendo alzhéimer y demencia vascular. Los pacientes se dividieron en dos grupos y participaron en un programa de cuarenta días.

Uno de los grupos se sometió a sesiones de lectura en voz alta realizadas por estudiantes universitarios, quienes leían a los pacientes durante una hora al día, cinco días a la semana. Las historias seleccionadas empezaron siendo cuentos breves y simples, y fueron avanzando hacia narraciones más elaboradas y complejas.

El otro grupo prosiguió con sus actividades diarias habituales, sin estas narraciones.

Los resultados del estudio mostraron que el grupo sometido a las sesiones de lectura experimentó mejoras significativas en varias áreas cognitivas, en comparación con el grupo de control. Específicamente, hubo mejoras en la memoria inmediata, el lenguaje, la atención y la memoria a largo plazo. Algo así como si escuchar historias pudiera ejercitar y fortalecer ciertas áreas del cerebro, incluso en personas con deterioro cognitivo.

Así que ya sabes, no te tomes a mal cuando alguien intente contarte un «cuento chino», porque podría estar ayudándote a mantener una mente joven.

DE BABEL A NEURÓPOLIS: EL PASAPORTE LINGÜÍSTICO HACIA UN CEREBRO SALUDABLE

Estoy seguro de que, al igual que yo, más de una vez has deseado que todo el mundo hablara el mismo idioma. Hace años, cuando no teníamos el acceso a toda la información del planeta en nuestro bolsillo, encontrarse en el extranjero intentando descifrar un menú o las indicaciones para llegar a la atracción turística de turno eran un verdadero calvario.

He lamentado muchas veces que el noble intento del esperanto por unificar la comunicación global fracasara..., aunque, siendo realistas, probablemente cualquier iniciativa que persiga que los seres humanos nos pongamos de acuerdo en algo está condenada desde el primer día.

De todos modos, reconozco que la diversidad lingüística, como cualquier otra, es una fuente de riqueza cultural inigualable. Cada idioma es una ventana única a una forma distinta de pensar, percibir y describir el mundo.

Hoy en día, cada vez hay más personas que pueden comunicarse en al menos dos lenguas, y esta tendencia va en aumento. Sin duda, la globalización, el auge de internet y la movilidad internacional, tanto por motivos laborales como turísticos, están impulsando la pluralidad lingüística.

La inmersión en una lengua que no sea la nuestra nos ofrece una gran oportunidad para mantener nuestro cerebro en forma. Y es que, pasada la frustración inicial al enfrentarnos a un nuevo idioma, su aprendizaje constituye un gimnasio mental completo, un desafío que puede ayudarnos a combatir el envejecimiento cognitivo.

Los científicos han observado que el manejo de varios idiomas tiene efectos que trascienden la mera capacidad de comunicación. En concreto, parece fortalecer las funciones ejecutivas del cerebro, es decir, aquellas habilidades que nos permiten planificar, concentrarnos y realizar tareas complejas.

El constante ejercicio mental de alternar entre idiomas parece agudizar nuestra capacidad de atención y control cognitivo.

Esto se ha visto en estudios donde se utilizan una serie de juegos mentales diseñados para poner a prueba la agilidad cerebral. Curiosamente, los investigadores han descubierto que las personas bilingües suelen destacar en estos desafíos, independientemente de su edad, a pesar de que a veces muestran un vocabulario ligeramente menos extenso en cada idioma individual.

Esta mejora en las funciones cerebrales ha llevado a los investigadores a plantear que el multilingüismo podría, en efecto, contribuir a la reserva cognitiva. Se especula, por lo tanto, que hablar varios idiomas podría ayudar a retrasar o incluso prevenir la aparición de trastornos cognitivos graves, como la demencia.

En este sentido, parece ser que dominar más de un idioma mejora nuestra reserva cerebral. Algunos estudios han mostrado que los cerebros de las personas bilingües tienen mayor volumen de materia gris y mejor conectividad cerebral en comparación con las monolingües.

En cuanto al potencial neuroprotector de hablar más de un idioma, en un estudio pionero publicado en 2007, un equipo de científicos canadienses investigó si el bilingüismo podía influir en la aparición de la demencia. Tomaron a 184 pacientes con demencia y los dividieron en dos grupos: bilingües de toda la vida y monolingües. Descubrieron que los monolingües habían empezado a mostrar síntomas de demencia, en promedio, a los 71,4 años, mientras que los bilingües no empezaron a mostrar síntomas hasta los 75,4 años.

¡Cuatro años de diferencia!

Y los resultados de otro estudio que no puedo dejar de comentarte te parecerán fascinantes. En él, se compararon dos grupos de pacientes con alzhéimer: uno de bilingües y otro de monolingües. Todos tenían la misma edad, estilos de vida similares y el mismo nivel de función cognitiva. Pero cuando los científicos analizaron las tomografías computarizadas de ambos grupos, descubrieron algo sorprendente: los cerebros de los pacientes bilingües mostraban más desgaste en áreas clave asociadas con el alzhéimer, específicamente en el lóbulo temporal medial.

¿Cómo puede ser que los bilingües, con mayor daño cerebral, mantuvieran el mismo nivel cognitivo que los monolingües?

Aquí es donde entra en juego el concepto de reserva cognitiva que ya hemos visto. Es como si hablar otra lengua hubiera dotado a estos pacientes de recursos mentales extra, permitiéndoles compensar el mayor daño cerebral y mantener su función cognitiva.

En algunas autonomías de España, por ejemplo, se hablan dos lenguas cooficiales, con lo cual nos ponen en bandeja gozar de esta ventaja cognitiva. Se trata solo de aprender y practicar la que no te resulte tan cercana. En el caso de que vivas en un territorio monolingüe, puedes hacerte con esta herramienta prodigiosa para la neuroplasticidad eligiendo un idioma extranjero que te haga ilusión aprender.

¿Cuál sería el tuyo?

Actualmente, además, hay muchas maneras fáciles y divertidas de aprender un idioma. Por ejemplo, aplicaciones como Duolingo, aunque acudir a un curso presencial es también una gran idea.

Sobre esto, un estudio publicado en 2016 analizó noventa y tres naciones y las clasificó según el número promedio de idiomas que dominaban sus habitantes. Descubrieron que, cuantos más idiomas habla de promedio la población de un país, menor es la incidencia de alzhéimer.

Si te lanzas a aprender otro idioma, te puede motivar el experimento que sigue. Un equipo de investigadores suecos analizó a jóvenes de entre veinte y veinticinco años, de los cuales algunos estudiaron italiano durante diez semanas y otros no. Los resultados mostraron que aquellos que aprendían italiano experimentaron cambios significativos en la estructura de la materia gris del hipocampo, en comparación con los que no estudiaron el idioma.

Estudios con personas más crecidas también han demostrado los beneficios cerebrales de aprender otro idioma.

Por ejemplo, investigadores de la Universidad de Edimburgo analizaron los efectos de sumergirse en un curso intensivo de cinco horas diarias para aprender gaélico. Sé que a priori no suena muy atractivo, pero si te digo que el curso se hacía en la pintoresca isla de Skye, seguro que te apuntarías. Y no solo por los buenos whiskies. No he estado allí, pero las fotos que he visto son espectaculares.

Los estudiantes de gaélico, que tenían entre dieciocho y setenta y ocho años, mostraron una mayor agilidad mental en comparación con aquellos que tomaron cursos sobre otros temas, independientemente de su edad.

Aunque estos resultados son prometedores, los efectos de aprender otro idioma sobre la función cognitiva —específicamente durante la tercera edad— se han estudiado muy poco. Además, los pocos trabajos serios en este ámbito han mostrado resultados un tanto dispares. Sin embargo, una revisión sistemática de los estudios disponibles hasta 2019 concluyó que aprender un idioma extranjero tiene un impacto positivo en mantener o reforzar las capacidades cognitivas también en adultos mayores.

JUEGOS QUE MANTIENEN JOVEN TU CEREBRO

Estoy seguro de que habrás oído muchas veces aquello de «abraza a tu niño interior». Personalmente, este tipo de sentencias *new age*, cursis como ellas solas, siempre me han producido una urticaria horrorosa.

En este caso, no obstante, hay que reconocer que tiene cierta lógica. Si queremos mantenernos jóvenes, ¿qué mejor que comportarnos como tales?

No te estoy sugiriendo que vuelvas a jugar con muñecas o que bajes al parque de debajo de tu casa para competir con otros niños a ver quién es capaz de columpiarse más alto. Lo que propongo es algo que evitará que te tachen de friki: *incorpora actividades lúdicas a tu tiempo libre*; lo cual, de paso, aportará a tu cerebro el entrenamiento que necesita.

Sin duda, aprender un idioma, tocar un instrumento o sentarse a leer diariamente ya son una forma magnífica de darle a tu cerebro un «chute» *antiaging*, como acabo de contarte. Pero si estas aficiones tienen un carácter demasiado «académico» para tu gusto, tienes alternativas que consisten, sencillamente, en jugar.

Hace tiempo que existen numerosos juegos de estimulación cognitiva con un efecto beneficioso contrastado sobre diversas funciones cerebrales que tienden a empeorar con la edad, como la memoria, la atención, la orientación o las funciones ejecutivas.

Tradicionalmente, este tipo de actividades consistían en resolver ejercicios de memoria, de lógica o de cálculo con lápiz y papel. Un ejemplo vintage serían los crucigramas o incluso los sudokus.

La era digital ha permitido evolucionar estos juegos hacia lo que se denomina entrenamiento cognitivo computarizado. Significa que cualquier persona con acceso a un ordenador, tableta o, simplemente, un móvil puede sumergirse en un mundo de juegos cognitivos divertidísimos.

Una ventaja es que, como se trata de actividades entretenidas, dan una retroalimentación inmediata. Además, el jugador o jugadora va avanzando automáticamente en función de los resultados que se van obteniendo. Este tipo de gimnasia cerebral digital aumenta la motivación y hace que el usuario se «enganche».

Sobre este tipo de juegos, en 2021 se publicó un estudio muy interesante en la revista *Scientific Reports*, donde se analizaron datos de más de doce mil personas de sesenta años o más que participaron en cien sesiones de siete juegos cognitivos diferentes para teléfono móvil.

Los juegos entrenaban diversas habilidades como el razonamiento, la memoria, la atención y la velocidad de procesamiento.

Los resultados mostraron que los participantes mejoraban su rendimiento en todos los juegos. Además, la velocidad de procesamiento mental, un indicador importante de la salud cognitiva, también mejoró en todos los grupos de edad.

El estudio, por tanto, refuerza la idea de que nunca es tarde para entrenar el cerebro y que las personas mayores pueden cuidar su salud cognitiva con juegos mentales disponibles en sencillas aplicaciones para móviles.

Un metaanálisis publicado en 2022 fue más allá y se propuso determinar si los juegos de entrenamiento cognitivo computarizado podían mejorar o mantener las funciones cognitivas en personas que ya mostraban un leve deterioro. Tras analizar dieciocho estudios con un total de 1.059 participantes, los resultados mostraron que estos juegos producían una pequeña pero significativa mejora en la función cognitiva global.

Y, atención, porque si estás hasta el gorro de que tus hijos o nietos se pasen todo el día dándoles a los videojuegos, no les machaques demasiado: tal vez pronto querrás pedirles que te dejen jugar con ellos. De hecho, es cada vez más común que los adultos jueguen a videojuegos, y conozco a más de un *gamer* acérrimo que hace años que luce canas...

Y es que existen no pocos estudios que sugieren que los videojuegos pueden mejorar varios aspectos de la función cognitiva. De hecho, constituyen un muy buen ejercicio mental, ya que activan diferentes áreas de nuestro cerebro de manera simultánea.

Por supuesto, siempre con mesura. No se trata de estar horas y horas delante de la pantalla.

Al jugar, el cerebro debe procesar rápidamente la información visual en la pantalla, interpretarla y tomar decisiones basadas en ella. Esto implica una coordinación constante entre lo que vemos, cómo lo entendemos y cómo respondemos físicamente con nuestros movimientos.

Además, muchos videojuegos, especialmente los de estrategia en tiempo real, ponen a prueba nuestra memoria de trabajo. Nos obligan a manejar varias tareas a la vez y a administrar eficientemente nuestro tiempo y recursos virtuales, si no queremos perder vergonzosamente la partida... Por último, los videojuegos nos ayudan a desarrollar una especie de «mapa mental» tridimensional. A medida que exploramos entornos virtuales complejos, nuestro cerebro trabaja para recordar y navegar por estos espacios.

Sobre esto, uno de mis estudios preferidos lo llevó a cabo un grupo de neurobiólogos de la Universidad de California en 2020.

Dividieron a cincuenta y seis participantes de entre sesenta y ochenta años en tres equipos a los que se les encomendó jugar a un videojuego treinta minutos al día durante un mes. Un grupo se sumergió en las aventuras de Super Mario 3D, otro se enfrentó a los desafíos de Angry Birds, mientras que el tercero jugó al clásico Solitario en el ordenador.

Sí, ya sé que a los que les tocó el Solitario tuvieron mala suerte... De hecho, los científicos usaron a este tercer grupo como control, es decir, como grupo de referencia con el que comparar los otros dos, ya que el Solitario es un juego conocido por todos y que no requiere aprender nuevas habilidades tecnológicas.

Los resultados te los puedes imaginar: los jugadores de Super Mario 3D y Angry Birds mostraron mejoras significativas en la función del hipocampo, en comparación con los del Solitario.

Un mes después de finalizar el experimento, los participantes mantenían las mejoras observadas, lo que indica que estos beneficios pueden extenderse incluso tras dejar de jugar.

Otro estudio parecido me provoca sentimientos encontrados, pero es tan interesante que no puedo dejar de comentártelo. En este caso, un equipo de investigadores canadienses trabajó con adultos de entre cincuenta y cinco y setenta y cinco años durante medio año. También los dividieron en tres grupos: unos jugaron a un videojuego de plataformas en 3D (Super Mario 64), otros tomaron clases de piano por ordenador, y el grupo control no hizo ninguna actividad especial.

Los resultados mostraron que quienes jugaron al videojuego aumentaron su materia gris tanto en el hipocampo (crucial para la memoria) como en el cerebelo (importante para la coordinación). En cuanto a los pianistas novatos, solo incrementaron la materia gris en el cerebelo, mientras que el grupo de control perdió materia gris en ambas regiones.

Digan lo que digan los estudios, no obstante, coincidirás conmigo en que una persona que toca el piano es mucho más interesante que un *crack* del Super Mario, ¿no?

Si, definitivamente, tienes un espíritu *old school* y las pantallas no son lo tuyo, te gustará conocer los resultados de otro estudio desarrollado por investigadores de las universidades de Columbia y Duke, en Estados Unidos. Durante setenta y ocho semanas, siguieron a 107 participantes con una edad media de setenta y un años, todos ellos con deterioro cognitivo leve. Los dividieron en dos grupos: uno hacía crucigramas y el otro jugaba a juegos de entrenamiento cognitivo computarizado.

Contra todo lo esperado, los crucigramistas ganaron por goleada en las pruebas cognitivas, tanto a las doce como a las setenta y ocho semanas. Además, se observó que desarrollaban mejor sus actividades de la vida diaria; mostraron incluso una menor reducción del volumen del hipocampo y del grosor de la corteza cerebral, en comparación con el grupo de los juegos por ordenador.

Estos últimos, sin embargo, también obtuvieron ciertos beneficios, en especial en las etapas más tempranas del proceso de deterioro cognitivo.

El impacto de jugar para el cerebro es un campo sobre el que se sigue investigando mucho. Si existe la posibilidad, con una base científica más que razonable, de jugar y divertirse, a la vez que cuidamos nuestra Neurópolis, ¿por qué no hacerlo?

En esencia

- La neuroplasticidad no es exclusiva de la infancia y la juventud. Es una propiedad que nos acompañará toda la vida.
- Podemos estimularla poniendo a trabajar la mente; por

ejemplo, al aprender a tocar un instrumento o a hablar un idioma extranjero.

- Escribir y leer son herramientas muy poderosas para lubricar tu cerebro. Esto incluye escuchar audiolibros. ¿Y si te fijas un desafío lector? ¿Cuántos libros quieres leer —o escuchar— los próximos meses?

- Si no se convierte en una obsesión, el juego, en cualquiera de sus variantes, es una excelente gimnasia para el cerebro.

Menos es más

Restricción calórica y ayuno intermitente para un cerebro joven

Si has llegado hasta aquí, te habrás fijado en que mantener joven tu azotea implica una montaña rusa de placeres y sacrificios. Hasta ahora, hemos navegado entre fruiciones como el acto de dormir, momento en que reajustamos nuestro sistema nervioso (y, algunos, babeamos la almohada). Al despertar, sin embargo, nos hemos visto obligados a sudar la gota gorda haciendo algo de ejercicio. Por suerte, también hemos descubierto actividades recreativas que mantienen la mente en forma mientras nos divertimos.

Pues bien, como la vida es un inevitable transitar entre «una de cal y otra de arena», toca equilibrar lo dulce con lo amargo, y así llegamos a un tema que puede sonar poco atractivo a primera vista: la restricción calórica y el ayuno intermitente. Sí, te voy a explicar esa parte de la historia donde el protagonista tiene que pasar un poco de hambre para alcanzar la gloria.

Permíteme contarte de nuevo una anécdota personal. Un relato de gula, redención, descubrimiento científico y cambio de rumbo vital. Bueno, quizá exagero un poco, pero procuraré que sea entretenida.

Corre el año 2014 y un servidor se encuentra en la Universidad Autónoma de Chile dando clases e investigando sobre la enfermedad pulmonar obstructiva crónica, llamada más brevemente EPOC.

La escena te la puedes imaginar: soltero de treinta y un años, con la habilidad culinaria de una piedra y, por aquella época, más partidario de la cantidad que de la calidad en cuestiones gastronómicas.

Aunque la gastronomía tradicional chilena es excelente, el país también es un sueño húmedo para los amantes de la «comida chatarra», como dicen ellos. Nada más aterrizar, me encuentro con una amplia oferta de sándwiches, hamburguesas y, lo que para mí debería ser considerado patrimonio de la UNESCO, los célebres «completos», una especie de perritos calientes versión 2.0 que me cautivan al instante.

Y es que, como siempre dice mi tatuador y amigo del alma Carlos Guindero, el sexo es como la comida: cuanto más guarro, mejor.

Sobre la extraordinaria carne que se puede comer en el país austral, qué te voy a contar. Cada fin de semana tenía la posibilidad de ponerme las botas en algún «asadito» que habría hecho llorar de emoción al gran tiburón blanco de la película de Spielberg. Además, el salmón pasó a ser uno de mis platos más recurrentes, y no a la plancha, precisamente.

El resultado era previsible: en poco tiempo, mi barriga empezó a eclipsar el límite oriental de la cordillera de los Andes. Como si fueran el canario de una mina de Atacama advirtiendo de un desastre inminente, mis pantalones chillaban cada vez que intentaba abotonarlos.

Eso sí, hacía algo de ejercicio. Pero incluso si hubiera decidido correr una maratón diaria, no habría bastado para quemar todas esas deliciosas calorías chilenas que me metía entre pecho y espalda.

Entonces, durante unas vacaciones en mi España natal, el destino me brindó una epifanía. En una reunión familiar en casa de mi abuela, me encontré con mi primo Marc, seis años mayor que yo, pero sorprendentemente delgado. Parecía que se hubiera tragado el palo de una escoba.

Movido por una mezcla de curiosidad y envidia sana, le pregunté cuál era su secreto. ¿Una dieta milagrosa? ¿Horas interminables en el gimnasio? Nada de eso. Sin querer, mi primo había empezado a practicar una especie de ayuno intermitente. «Llevo unos meses tan liado en el trabajo que no tengo tiempo ni de desayunar», me dijo.

Simplemente, estaba tan ocupado que su primera comida del día era el almuerzo. Como tampoco es una persona muy dada a los atracones, al saltarse el desayuno, ingería menos calorías diarias y empezó a adelgazar. Tan fácil como eso.

Yo ya sabía algo sobre los beneficios de la restricción calórica y el ayuno, más allá de ayudar a mantener la línea. Había leído sobre ratones de laboratorio que vivían más tiempo al alimentarse menos (aunque dudo que estuvieran muy contentos con el trato). Ver el cambio en mi primo fue el empujón que necesitaba para profundizar en el tema y probarlo yo mismo. Si conseguía adelgazar un poco a la vez que incrementaba mi esperanza de vida, ¿por qué no intentarlo?

Así que volví a Chile con la misión de convertir mi cuerpo en un templo, pero en uno menos parecido a la catedral barroca en que se había tornado. Empecé con un ayuno de dieciséis horas dos días a la semana, los martes y los jueves. Escogí precisamente esos dos días porque eran aquellos en los que tenía que impartir más horas de clases. El hecho de mantener la mente ocupada con el trabajo me ayudaba a olvidar la sensación de hambre.

No te voy a mentir, las primeras semanas fueron un infierno.

Tenía más dolor de cabeza que un *boomer* en un concierto de reguetón, y mi estómago rugía de hambre en mitad de las clases como si la ponencia la diera el león de la Metro.

Pero, como con cualquier nueva rutina, el cuerpo se ajusta y, poco a poco, esos dos días de restricción de la ingesta se volvieron más llevaderos.

Con el tiempo, no solo me acostumbré, sino que aumenté las horas de ayuno y me alimentaba una única vez al día, como los perros. Ahora, nueve años después, raramente tengo hambre fuera de horas y, lo mejor de todo, he olvidado lo que supone comprar pantalones una talla más grande cada mes.

Evidentemente, hay días en los que el olor de un cruasán recién hecho me hace plantearme seriamente mi decisión. Y no olvidemos las reuniones sociales. Intenta explicarle a tu abuela por qué no quieres probar su paella a la hora de comer. No hay manera de hacerlo sin ofenderla.

A pesar de estos pequeños inconvenientes, los beneficios han sido enormes. No solo para mi cintura, sino también para mi cerebro. Me siento más lúcido, más enfocado y, lo creas o no, con más energía.

En este capítulo, te explicaré los mecanismos que hacen que comer menos o dejar pasar más horas sin alimentarte contribuyan a mantenerte joven durante más tiempo. Como verás, a veces un poco de hambre puede ser una de las mejores estrategias para ayudar a tu cerebro a mantenerse en la flor de la vida.

La dieta más antigua y extendida del mundo: no comer demasiado

Actualmente, la mayoría nos hemos convertido en una especie de hámster urbano que ha sustituido la rueda por un maratón diario de metro-trabajo-metro-Netflix. Nos pasamos las horas encerrados en edificios donde no puede faltar la señal del wifi y nos hemos alejado tanto de la naturaleza que algunas personas están convencidas de que el césped artificial necesita riego.

Con este panorama, es comprensible que surja una nostalgia por lo «natural».

Desde la pandemia, parece que la solución a todos nuestros males modernos sea mudarnos a una cabaña en medio del bosque, como si fuéramos a protagonizar un *reality show* de supervivencia. *Hashtag* «vida natural», *hashtag* «vuelta a las raíces».

Pero ojo, que la memoria es traicionera y selectiva. Desde que el primer microorganismo «decidió» dividirse y complicarse la existencia (a él y a todos los que vendríamos detrás), sobrevivir ha sido un desafío constante. Sí, la naturaleza es nuestra madre, pero a veces es una madre con un sentido del humor bastante retorcido. Ahí fuera, lejos de nuestras comodidades urbanas, la vida no es precisamente un camino de rosas: el frío muerde, el calor asfixia, la lluvia empapa y los depredadores no distinguen entre una buena persona y su merienda.

Y hablando de merendar, ¿te imaginas vivir sin un supermercado cerca y sin nevera? Pues eso es lo que tienen que soportar la inmensa mayoría de los seres vivos del planeta.

Los seres humanos tuvimos que sobrevivir en estas circunstancias durante miles de años, muchísimos más de los que llevamos «disfrutando» del privilegio de cubrir todas nuestras necesidades a golpe de clic. Por desgracia, millones de personas se encuentran aún en una situación así.

La evolución ha obligado a los seres vivos en general, y a nosotros en particular, a ser unos campeones en el arte de apañárnoslas con poco. Pero, como sabes, los mecanismos evolutivos son muy lentos. Eso implica que, desde el punto de vista fisiológico, nuestro cuerpo todavía no se ha adaptado a la era del *all you can eat* que caracteriza, en mayor o menor grado, a los países industrializados.

En otras palabras: estamos mejor adaptados a la carestía alimentaria, que nos ha acompañado durante la mayor parte de nuestra historia como especie, que al exceso de calorías.

Para muestra, un botón: está más que demostrado que la obesidad aumenta el riesgo de desarrollar diabetes, enfermedades cardiovasculares y determinados tipos de cáncer, entre otros problemas de salud.

Si nos centramos exclusivamente en el sistema nervioso, la obesidad se asocia con la atrofia cerebral y con la reducción del volumen de la sustancia gris en los lóbulos frontal y temporal. Además, recientemente se ha demostrado que las dietas típicas de los países occidentales, ricas en grasas saturadas y azúcares refinados, provocan una reducción del volumen del hipocampo en niños. Tampoco sorprende que la obesidad incremente el riesgo de sufrir depresión y ansiedad, así como de desarrollar un declive cognitivo y la enfermedad de Alzheimer.

Más allá del hecho de que no estamos bien adaptados a una ingesta excesiva, la evolución nos ha regalado una curiosa paradoja: los animales estamos diseñados para reproducirnos, pero, a veces, vivir más tiempo significa poner la reproducción en pausa.

Si nos fijamos en el día a día de una ratona común, este pequeño roedor suele conformarse con unos 4 o 5 gramos de comida al día. Pero cuando llega el momento de ser mamá, su apetito se dispara hasta alcanzar entre 12 y 32 gramos diarios. Ahora bien, ¿qué ocurre cuando la despensa está medio vacía?

Si nuestra ratona solo tiene acceso al 60 u 80 % de su dieta habitual, criar a sus ratoncitos se convierte en misión imposible.

Cuando los tiempos son difíciles, los animales activan el «modo supervivencia», una especie de interruptor interno que les dice: «Olvídate de tener crías por ahora, concéntrate en mantenerte con vida hasta que vuelva la abundancia».

Este mecanismo, pulido por millones de años de evolución, les permite sobrevivir en épocas de escasez.

Entonces, si este modo de supervivencia es tan efectivo para prolongar la vida, ¿por qué los animales no lo mantienen siempre activo? En teoría, vivir más tiempo les daría más oportunidades de reproducirse a lo largo de su vida.

La respuesta radica en el hecho de que mantener el cuerpo en perfectas condiciones es trabajoso. Así que, cuando los recursos son abundantes, los animales priorizan la cantidad de descendientes sobre la longevidad individual.

En otras palabras, en tiempos de abundancia, los organismos invierten en reproducción, en vez de optar por una buena salud que permita vivir más tiempo.

Como los humanos somos animales conscientes —al menos en teoría—, nos hemos dado cuenta de que una alimentación excesiva tiene efectos perjudiciales sobre la salud. Y ahora sabemos que las épocas de vacas flacas activan un modo de supervivencia que se encarga de mantener nuestras funciones corporales en perfectas condiciones, lo que nos permite vivir más tiempo y estar preparados para dar la talla cuando toque reproducirse.

Pero no es un descubrimiento actual. La idea de que reducir la ingesta de alimentos mejora la salud y prolonga la vida viene de bastante lejos.

Uno de los primeros en documentar los beneficios de una dieta restringida fue Luigi Cornaro, un noble italiano nacido en 1464. Tras llevar una vida de excesos hasta los treinta y cinco años, Cornaro adoptó un estilo de vida frugal siguiendo el consejo de su médico. Siendo ya muy provecto, entre sus ochenta y tres y noventa y cinco años escribió nada menos que cuatro libros promoviendo este estilo de vida, conocidos como *La vita sorba*, cuya traducción literal sería «La vida sobria», aunque a menudo se los ha traducido como «El arte de vivir mucho».

Cornaro vivió hasta los ciento dos años, una edad impresionante para una época en la que la esperanza de vida en Europa era inferior a los treinta.

En los siglos que siguieron, varios pensadores influyentes respaldaron la idea de que comer menos prolongaba la vida. Por ejemplo, el filósofo, estadista y escritor inglés Francis Bacon —un nombre que hace pensar en comida grasienta— afirmó en el siglo XVI que comer poco favorece una vida larga, poniendo como ejemplo la longevidad de los monjes.

Un paisano suyo, sir William Temple, diplomático y escritor nacido en el siglo XVII, propuso que la buena salud y la longevidad eran más frecuentes en los pobres que en los ricos, ya que los primeros se daban menos atracones, por razones obvias. Pero incluso George Washington se atrevió a dar su punto de vista sobre el tema, con una frase que ha pasado a la historia: «Si quieres vivir mucho tiempo, intenta moderar tu apetito».

Las sospechas de estas personalidades no fueron científicamente confirmadas hasta principios del siglo XX, cuando se llevaron a cabo los primeros estudios experimentales sobre los efectos de la restricción calórica en animales.

Por ejemplo, en 1917, un equipo de investigadores de Connecticut, en Estados Unidos, demostraron que restringir la ingesta alimentaria en ratas no solo aumentaba su longevidad, sino que mejoraba su rendimiento reproductivo. Pocos años más tarde, en 1935, el bioquímico americano Clive McCay y sus colegas reforzarían esta idea, al demostrar que una reducción del 40 % en la ingesta alargaba notablemente la vida de las ratas.

A partir de este momento, surgieron muchos estudios que demostraron que la restricción calórica alargaba la vida en prácticamente todos los organismos en los que se probaba, desde seres unicelulares como las levaduras hasta primates no humanos como los macacos, pasando por peces, gusanos, arañas, moscas, ratones, vacas y perros.

Algunas especies de zapateros, esos bichitos tan simpáticos capaces de «caminar» sobre las aguas, al más puro estilo Jesucristo, constituyeron raras excepciones en que la restricción calórica acorta la vida.

Más de un siglo después de estos primeros estudios, los beneficios de la restricción calórica en la salud y la longevidad de organismos tan diferentes revelan la existencia de mecanismos moleculares comunes que se han conservado a lo largo de la evolución.

Antes de explicártelos, no obstante, es necesario puntualizar a qué nos referimos exactamente con restricción calórica.

RESTRICCIÓN CALÓRICA, AYUNO INTERMITENTE...
¿CÓMO SE COME ESO?

Los conceptos de restricción calórica y ayuno intermitente están muy en boga hoy en día, y a menudo se usan indistintamente. En realidad, se trata de estrategias relacionadas pero diferentes, que engloban dos aspectos clave en los que los estudiosos del *antiaging* centran su atención: de qué manera la cantidad de alimento que ingerimos y la frecuencia con la que lo hacemos nos ayudan a combatir las enfermedades relacionadas con el envejecimiento.

Existen cuatro grandes estrategias que modifican la ingesta energética o la duración de los períodos en que nos alimentamos con este objetivo: la restricción calórica, la alimentación restringida por tiempo, el ayuno intermitente y las dietas que imitan el ayuno.

1. *La restricción calórica* clásica consiste en reducir la ingesta diaria de calorías entre un 15 y un 40 % de lo que se come habitualmente. Sería algo así como poner a tu cuerpo en modo «ahorro de energía», pero sin dejarlo sin batería. Y aquí es superimportante puntualizar que restricción calórica no equivale a malnutrición: se trata de comer menos, pero asegurándote la ingesta de todos los nutrientes que el cuerpo necesita y en las proporciones adecuadas. ¡Se trata de mejorar nuestra salud, no todo lo contrario!

Como te explicaba en el apartado anterior, esta estrategia ha demostrado ser efectiva para aumentar la esperanza de vida en muchas especies. Como suele pasar, las evidencias en seres humanos son mucho más limitadas, dada la inexplicable y extendida reticencia de las personas a ser usadas como cobayas.

Aun así, algunos estudios demuestran que los humanos que comen menos experimentan muchos de los beneficios que se han observado en animales de laboratorio con dietas restringidas. Me refiero a que presentan características fisiológicas, metabólicas y moleculares más típicas de la juventud que de la vejez.

El ejemplo más conocido son los estudios observacionales de los centenarios de Okinawa, a los que hacen referencia mis queridos amigos Francesc Miralles y Héctor Kirai —hablé de ellos en un recuadro anterior— en su libro pionero *Ikigai: Los secretos de Japón para una vida larga y feliz*. Más allá de ser el lugar que vio nacer el célebre arte marcial del karate, esta isla tiene una de las mayores tasas del mundo de centenarios cada 100.000 habitantes.

Desde un punto de vista cultural, los okinawenses tienen grabado a fuego el mantra *hara hachi bu*. Literalmente significa «ocho partes del vientre», para indicar que comer el 80 % del hambre que tienes alarga la vida. Así, estos abuelos japoneses, que llevan toda la vida comiendo como pajaritos, nos han proporcionado un experimento natural sobre los efectos a largo plazo de la restricción calórica, si bien es cierto que otros factores como sus características genéticas y el tipo de dieta también contribuyen a esta sorprendente longevidad.

2. Otra estrategia consiste en *restringir el tiempo de alimentación*, pero no la cantidad de calorías que se ingiere, lo que en inglés se conoce como *time-restricted feeding* (TRF). Hablé de ello al principio de este capítulo. Aquí, la clave está en limitar el consumo de alimentos a una ventana que generalmente va de cuatro a doce horas al día. El resto del tiempo, tu sistema digestivo se toma un merecido descanso.

La modalidad de TRF más popular es la 16:8, donde puedes comer durante ocho horas (por ejemplo, desde las 8:00 h hasta las 16:00 h) y ayunas las otras dieciséis. En realidad, podríamos considerar esta estrategia como un tipo de ayuno intermitente, del que te hablaré en un momento. Y, si te fijas, va totalmente en contra de aquello que se ha dicho durante mucho tiempo (y se sigue diciendo) de que es mejor comer en pocas cantidades, pero muchas veces al día.

Aunque aún no tenemos datos concluyentes sobre cómo la TRF afecta a la longevidad humana, sí se ha descubierto que este enfoque alimentario podría ser un escudo contra los estragos metabólicos de la dieta occidental típica, rica en grasas saturadas y azúcares refinados.

En este sentido, tanto en modelos experimentales como en humanos sometidos a una TRF, se ha observado una reducción del peso corporal y mejoras en el control glucémico, así como una reducción de los niveles de lípidos y de biomarcadores de inflamación en sangre.

Sorprendentemente, los resultados atribuidos a las dietas TRF dependen en gran medida del momento del día en que se permite la ingesta. Los resultados beneficiosos solo se han observado en humanos que se alimentan exclusivamente a primera hora de la mañana o al mediodía, y no en aquellos que lo hacen avanzada la tarde o a la hora de cenar.

Este hecho sugiere que las ventajas de la TRF están fuertemente ligadas a nuestro ritmo circadiano, que no solo controla nuestros ciclos de sueño y vigilia, como ya sabes —lo vimos al hablar de la cronobiología—, sino que también regula el momento en que debe darse la expresión de los genes encargados de producir proteínas clave para nuestro correcto funcionamiento. Parece, por tanto, que limitar nuestras comidas a ciertas horas del día ayuda a sincronizar la actividad de moléculas implicadas en el metabolismo, de manera que actúan de forma más eficiente.

3. Toca ahora hablarte de la tercera estrategia: el *ayuno intermitente* o periódico. En este caso, se reduce la ingesta de alimentos (total o parcialmente) durante ciertos períodos, que pueden ser varias horas o días completos.

Existen diferentes tipos de ayuno intermitente. En primer lugar, tenemos el ayuno en días alternos (ADA), en el que un día comes normalmente y al siguiente ayunas completamente. Hay una versión menos radical: el ayuno en días alternos modificado (ADAM), en que en los días de «ayuno» no son de tanto ayuno: puedes consumir entre 0 y 600 calorías. También está el ayuno 5:2, apropiado para los que prefieren concentrar su esfuerzo. Consiste en ayunar (o comer muy poco, entre 0 y 600 calorías) durante dos días a la semana, no necesariamente seguidos. Los otros cinco días comes con normalidad. Finalmente, tenemos el «jefe» de los ayunos, que sería el periódico. Implica períodos más largos de ayuno, pero menos frecuentes. Uno de los más extendidos es el de ayunar totalmente (solo consumir agua) de dos a cinco días, y después alimentarte con normalidad.

Se han hecho bastantes ensayos clínicos de corta duración con participantes que han practicado alguna modalidad de ayuno y los resultados son similares a los de la restricción calórica, en términos de pérdida de peso y salud cardiometabólica. Muchos de estos estudios mostraron que las personas que ayunan no solo experimentan una reducción significativa de su peso, sino que mejoran sus niveles de lípidos en sangre, aumentan su sensibilidad a la insulina y disminuyen su presión arterial.

4. Finalmente, el enfoque más novedoso es el de las *dietas que imitan el ayuno* o FMD (por sus siglas en inglés, Fasting-Mimicking Diets). Se trata de dietas que «engañan» a tu cuerpo haciéndole creer que está ayunando, cuando en realidad estás comiendo. Como te puedes imaginar, esto supone una gran ventaja, ya que la restricción calórica o un ayuno intermitente durante mucho tiempo pone a prueba hasta la fuerza de voluntad más férrea. De hecho, un estudio publicado en 2017 en el que se sometía a los participantes a restricción calórica o ayuno periódico durante un año mostró tasas de «deserción» del 40 y el 30 % de las personas, respectivamente.

Las FMDs restringen las proteínas y los carbohidratos simples, pero mantienen un alto nivel de grasas. Probablemente esto te suena a otro tipo de dieta muy de moda: la cetogénica o «ceto», para los amigos. Y es que, efectivamente, las FMDs inducen la cetogénesis, un proceso en el que el cuerpo, privado de su fuente habitual de energía (los carbohidratos), empieza a quemar grasa y producir cuerpos cetónicos, moléculas de las que ya te hablé en el capítulo sobre el ejercicio. Uno de los cuerpos cetónicos más importantes es el ácido betahidroxibutírico, capaz de ejercer efectos beneficiosos en diversos órganos y tejidos.

En los roedores, los efectos *antiaging* de las dietas FMD incluyen un incremento en la cantidad de células madre, mejoras en el rendimiento metabólico, efectos antidiabéticos y una reducción en la incidencia de cáncer. Además de ver incrementada su longevidad, los ratones sometidos a una FMD viven más tiempo con buena salud y presentan una composición más saludable en su microbiota intestinal, así como una mejor cognición.

Ahora que hemos repasado las principales modalidades de restricción calórica y ayuno intermitente, te voy a explicar por qué estas estrategias son capaces de mitigar los efectos del envejecimiento cerebral.

Me toca volver a sacar mi lado más molecular, pero no te preocupes: no te voy a hablar de nada que no conozcas ya. Como verás, una de las ventajas de estas dietas es que son capaces de influir en varias vías moleculares clásicas relacionadas con el envejecimiento.

El potencial neuroprotector de la frugalidad: no te pases, mTOR

Los efectos de la restricción calórica y el ayuno intermitente son complejos y multifactoriales, incluso en los modelos de laboratorio más sencillos. Aun así, ambas estrategias parecen confluir en puntos clave de una red reguladora del metabolismo que no solo aumenta la vida útil de las neuronas, sino que también mejora su capacidad para afrontar los desafíos del paso del tiempo.

Entre los componentes de esta red molecular sobre la que actúan ambas estrategias, destaca especialmente una proteína denominada mTOR. La mayoría de los investigadores del campo del envejecimiento suspiran desde hace años por esta proteína que nos recuerda al dios nórdico. Estoy seguro de que la historia que se esconde detrás de ella te gustará tanto como a mí.

Prueba a imaginarte la melodía de la serie *El equipo A* mientras lees el siguiente párrafo, que quedará más épico.

Año 1970. Un grupo de científicos canadienses aterrizan en la misteriosa Isla de Pascua, enfervorecidos al imaginarse en una expedición al más puro estilo de Indiana Jones. Bueno, tal vez no fue exactamente así, ya que en esa época las películas del doctor Jones todavía no se habían rodado, pero ya me entiendes.

Tras hacerse algunas selfis (perdón, que en esa época tampoco había selfis) con los moáis, deciden recoger puñados de tierra con el objetivo de estudiar a los microorganismos que la poblaban. Allí se encuentran con una bacteria cuyo nombre podría estar sacado de un cómic de Astérix y Obélix: *Streptomyces hygroscopicus*.

A pesar de que ya había sido descrita por el eminente microbiólogo danés Hans Laurits Jensen en 1931, poco se sabía sobre esa pequeñina, que resultó ser toda una caja de sorpresas. Producía un compuesto con una potente actividad antifúngica que, entre otras cosas, era capaz de aniquilar al hongo *Candida albicans*, responsable de las molestas candidiasis que irritan la vagina y la vulva del 75 % de las mujeres en algún momento de su vida.

Emocionados como niños con un juguete nuevo, bautizaron a este compuesto bacteriano como rapamicina, en honor al lugar donde la habían hallado: Rapa Nui, el nombre aborigen de la Isla de Pascua.

Con el tiempo, los investigadores descubrieron que la rapamicina no solo era buena matando hongos, sino que podía controlar la respuesta inmune en los trasplantes de órganos y frenar el crecimiento tumoral en algunos cánceres. Casi nada.

Al estudiar más detenidamente su mecanismo de acción, se

descubrió que la rapamicina era capaz de inhibir la acción de un complejo proteico al que llamaron, simplemente, «diana de la rapamicina en mamíferos», cuyas siglas en inglés son mTOR (*mammalian Target Of Rapamycin*).

Así que, ya ves, a partir de un puñado de tierra de una isla remota, pasando por una bacteria con un nombre que se las trae, llegamos a una de las proteínas más importantes en la regulación del envejecimiento celular.

De hecho, mTOR es tan importante que, si logramos bloquear su actividad, podemos alargar la vida y frenar la aparición de enfermedades relacionadas con el envejecimiento en organismos tan dispares como los gusanos, las moscas de la fruta y los ratones.

De manera general, todo aquello que sea capaz de inhibir la vía molecular de mTOR puede ejercer un efecto *antiaging*. Y aquí debo decirte que estoy simplificando mucho la historia, porque hablamos de un complejo formado por proteínas diferentes con actividades diferentes. Igual que pasaba con los radicales libres o la inflamación, tampoco sería justo considerar a mTOR como el malo de la película y colgarle el sambenito de artífice del envejecimiento. En realidad, también tiene un papel vital regulando funciones esenciales de la célula.

De hecho, mTOR es un sensor de nutrientes que forma parte de aquella red de señalización metabólica de la que te hablaba en el capítulo 9. Cuando ingerimos alimentos, mTOR se activa y favorece procesos anabólicos en los que las células fabrican proteínas y lípidos, crecen y proliferan.

Esto es de una lógica empresarial tan aplastante que podría ser el lema del mismísimo Richard Branson: si tenemos recursos, hay que invertirlos para seguir creciendo.

Con todo y con eso, parece ser que el secreto de la restricción calórica o el ayuno intermitente es que, al igual que la rapamicina, son capaces de inhibir la actividad de mTOR. Pero ¿por qué bloquear a mTOR puede retrasar el envejecimiento?

El problema está cuando mTOR se activa más de la cuenta, algo que parece suceder con la edad. De hecho, diversos estudios han documentado un incremento en la actividad de mTOR en órganos y sistemas de ratones envejecidos, cosa que podría desencadenar efectos indeseados.

Por lo que respecta al tejido cerebral, la hiperactividad de mTOR se ha vinculado con el desarrollo de la enfermedad de Alzheimer.

En realidad, muchos estudios sugieren que una actividad inadecuada de mTOR favorece varios mecanismos moleculares estrechamente relacionados con el envejecimiento que ya conoces. Concretamente, se frena la autofagia y se acumulan proteínas mal plegadas, además de incrementar la senescencia celular y la inflamación.

Siendo así, los beneficios *antiaging* de mantener a mTOR a raya son evidentes.

Parece ser que el poder de la restricción calórica y el ayuno intermitente para inhibir a mTOR radica, al menos en parte, en que ambas estrategias conducen a la activación de AMPK, proteína de la que ya te hablé en el capítulo del ejercicio. Como recordarás, AMPK se activa en momentos de carestía nutricional, cuando no tenemos suficiente glucosa, para desencadenar procesos catabólicos que nos permitan obtener energía: justamente lo contrario de lo que hace mTOR.

Por tanto, AMPK y mTOR tienen papeles antagonistas en esta historia, y la activación del primero implica la inactivación del segundo. Pero más allá de «apagar» a mTOR, recuerda que AMPK activa a la proteína PGC-1α, que mejora la función mitocondrial y aumenta la producción de GLUT-4, molécula clave para que las neuronas del hipocampo no se queden sin la energía que necesitan para funcionar correctamente.

Dame rapamicina y dime tonto

Puede que pienses que, si se trata de bloquear a mTOR, ¿por qué no tomar rapamicina directamente y dejarnos de restricciones calóricas, ayunos y mandangas? No te culpo, yo también preferiría comer cuando y cuanto quisiera, y mantener mi cerebro joven con una pastillita al día.

Lo cierto es que tanto la rapamicina como sus derivados (denominados rapalogos) se usan desde hace tiempo en casos de reestenosis (estrechamiento de una arteria coronaria tras su cirugía), en ciertos tipos de cáncer o en enfermedades autoinmunes.

Ahora bien, como sucede con cualquier otro medicamento, los rapalogos tienen efectos adversos. En concreto, incrementan el riesgo de sufrir infecciones y problemas metabólicos como la hiperlipidemia, la hipercolesterolemia, la resistencia a la insulina y la intolerancia a la glucosa. También se los relaciona con una disminución de la fertilidad masculina.

Ya lo ves, una cosa es recurrir a medicamentos cuando uno enferma y los beneficios superan a los riesgos, pero tomarlos a la brava puede no ser buena idea.

Y es que, a pesar de que se están haciendo ensayos clínicos en personas sanas para determinar el potencial *antiaging* de la rapamicina o sus derivados, aún se desconoce cuál sería la dosis segura y efectiva para frenar el envejecimiento, si es que realmente estos compuestos pueden hacerlo.

Así que, por el momento, toca seguir esperando hasta que tengamos más información. A veces, la mejor manera de mantenerse joven es no hacer tonterías... como tomar medicamentos que no necesitas.

Por si fuera poco, varios estudios desarrollados en animales han mostrado que la restricción calórica y el ayuno intermitente son capaces de incrementar la producción del BDNF, el elixir neuronal del que también te hablé en el capítulo del ejercicio, capaz de promover la supervivencia neuronal y la plasticidad sináptica.

A la espera de que tales hallazgos se confirmen en humanos (por el momento hay resultados contradictorios), este hecho ayudaría a explicar el potencial neuroprotector que tienen estas dietas.

Y, aprovechando que me he desatado de nuevo hablándote de toda esta bacanal molecular *antiaging*, no puedo dejar de mencionar aquellas proteínas con nombre de vecinas de Puerto Hurraco: las sirtuinas.

Efectivamente, la restricción calórica y el ayuno intermitente también favorecen la acción de la Sirtuina-1, o SIRT1, capaz de mejorar el rendimiento metabólico de las células, tal y como te expliqué en el capítulo del ejercicio. Pero es que, además, la SIRT1 tiene la capacidad de frenar la fabricación de proteínas proinflamatorias, a la vez que activa a miembros de otra familia de moléculas fundamentales, las FOXO.

Las proteínas FOXO se encargan de facilitar la expresión de diferentes tipos de genes, incluyendo aquellos que posibilitan la autofagia y los que codifican proteínas encargadas de combatir el estrés oxidativo, entre otros. Así, no es extraño que se haya demostrado que las FOXO sean capaces de frenar la degeneración neuronal durante el envejecimiento en ratones.

¿Y qué pasa con los cuerpos cetónicos?

Pues que sus propiedades neuroprotectoras han sido descritas en multitud de estudios experimentales. Más allá de ser una fuente de energía para las neuronas en tiempos de escasez de glucosa, los cuerpos cetónicos, como el ácido hidroxibutírico, activan la AMPK, mejoran la función mitocondrial y favorecen las defensas antioxidantes en el cerebro. También son capaces de mitigar la neuroinflamación y activar la autofagia.

Por si fuera poco, regulan los sistemas de neurotransmisores neuronales y, de hecho, las dietas «ceto» son una opción terapéutica que se usa desde hace mucho tiempo en aquellas personas con epilepsia resistente a fármacos.

LA CARA B DEL PLATO VACÍO: CUANDO MENOS NO SIEMPRE ES MÁS

Al inicio de este libro te expresaba la antipatía que siento por los gurús de medio pelo que tratan de vender «recetas» milagrosas para la mayoría de los problemas de la vida. Nada más lejos de mi intención que convertirme en uno de ellos.

Te he confesado que soy un seguidor acérrimo del ayuno intermitente y te he dado un montón de argumentos científicos que, en mi caso, me convencieron para empezar a practicarlo. Bueno, eso y que mi primo mayor estuviera en mejores condiciones físicas que yo.

Lo cierto es que no tengo ningún interés personal en que la gente restrinja su ingesta, empiece a ayunar o siga una dieta FMD. Siempre defenderé que hay que consultar con profesionales competentes en la medicina y la nutrición, que tengan el detalle de mantenerse actualizados en sus campos, antes de jugar con algo tan importante como la alimentación.

Y es que los expertos en trastornos alimentarios han señalado el riesgo de que estas prácticas puedan contribuir al desarrollo de patrones alimentarios poco saludables. Esto es así especialmente en preadolescentes y adolescentes, que son quienes más sufren la presión de unas redes sociales que asocian la delgadez con la belleza y el éxito. Además, durante esta etapa crítica del crecimiento, limitar las calorías puede interferir con el desarrollo y provocar problemas de salud a corto y largo plazo.

Como ya hemos visto, muchos estudios experimentales muestran que la restricción calórica alarga la vida de diferentes organismos, aunque no de todos. Existen algunas cepas de ratones que bajo restricción calórica viven menos.

Por ejemplo, el equipo liderado por la bióloga María Blasco, directora del Centro Nacional de Investigaciones Oncológicas, realizó un estudio muy interesante con ratones aquejados de síndrome telomérico, que implica que sus telómeros son anormalmente cortos. Pues bien, mientras que bloquear la mTOR con rapamicina confería mayor longevidad a los ratones normales, causaba el efecto contrario en aquellos con los telómeros más cortos.

Esto sugiere que la restricción calórica puede ser perjudicial para las personas que sufren síndromes teloméricos.

Y es que no debemos olvidar que cada persona es diferente y que no es oro todo lo que reluce. Por ejemplo, un estudio publicado en 1991 en el que participaron más de cuatro mil setecientas mujeres, encontró una asociación entre períodos largos de ayuno diario con la formación de cálculos biliares.

En otro estudio mucho más reciente, un equipo de investigadores españoles reportó que saltarse el desayuno se relacionaba con un mayor riesgo de desarrollar aterosclerosis. Además, un macroestudio que incluyó a más de ochenta mil japoneses de entre cuarenta y setenta y nueve años mostró que saltarse el desayuno incrementaba el riesgo de muerte por diferentes causas, especialmente por enfermedades cardiovasculares.

En cuanto a los cuerpos cetónicos, si se acumulan en demasía, no solo no ejercen un efecto neuroprotector, sino que llegan a ser tóxicos para el cerebro.

El ejemplo clásico de esta situación es la cetoacidosis diabética, una complicación grave de la diabetes mellitus que se desarrolla cuando hay una deficiencia severa de insulina en el cuerpo y este entra en un estado de caos metabólico. Básicamente, lo que ocurre es que la falta de insulina provoca un aumento descontrolado de la glucosa en sangre, que no puede acceder a las células. El cuerpo, desesperado por obtener energía, comienza a descomponer proteínas y grasas de forma masiva. Ello produce una gran cantidad de cuerpos cetónicos, que se acumulan más rápido de lo que el cuerpo puede manejar. Tanto es así que los niveles en la sangre pueden llegar a ser hasta cinco veces más altos de lo normal, lo cual tiene consecuencias graves para el cerebro y otros órganos. En casos extremos, esta situación puede llevar al coma e incluso a la muerte.

Así pues, hay que tener en cuenta todos los factores para evitar aquello de que «el remedio sea peor que la enfermedad». O como cantaba el artista catalán Míster Rodríguez en su «Viaje al centro de la Tierra», en el que nos cuenta que Don Nicanor «murió estando bueno por querer estar mejor».

Para evitar desaguisados como el de Don Nicanor, es fundamental ponerse en manos de profesionales competentes antes de embarcarse en cualquier clase de dieta.

Oye, y de tanto hablar de restricciones calóricas y ayunos, me está empezando a entrar hambre. ¿Qué tal si te cuento qué es lo mejor que puedes comer si quieres mantener joven tu cerebro? Pues acompáñame al siguiente capítulo.

En esencia

- Todo parece indicar que la restricción calórica (los japoneses lo llaman la ley del 80%) contribuye a alargar la vida, aunque también intervienen otros factores.
- Otros patrones alimentarios, como el ayuno intermitente, tienen beneficios para la salud del cuerpo y el cerebro, pero deben llevarse a cabo con precaución y conocimiento.
- En especial si tenemos algún problema de salud, antes de limitar la ingesta hay que consultar a profesionales de la medicina y la nutrición.

No nos comamos la cabeza

Nutrientes clave para la salud cerebral

A medida que me acerco al final de este libro, me doy cuenta de que te he contado algunos episodios de mi vida que tal vez debería haberme ahorrado. Lo cierto es que, si te estás tomando la molestia de leerme, obviamente te interesa la ciencia y te gustaría prevenir los efectos indeseados del paso del tiempo.

Ya tenemos dos cosas en común y te has ganado mi simpatía, con lo que voy a contarte otra anécdota un poco embarazosa sobre mi vida.

Aunque recuerdo vagamente un período de mi infancia en el que quise ser bombero (y me ponía un colador como casco cuando jugaba a serlo), desde niño soñaba con ser médico. Como mis padres trabajaban todo el día, pasaba mucho tiempo con mi bisabuela y mi abuela paternas, y recuerdo perfectamente ver con ellas un programa televisivo llamado *Más vale prevenir*, presentado por el periodista especializado en ciencia y salud Ramón Sánchez Ocaña.

Incluso había en su casa un libro basado en el programa, titulado *La gran enciclopedia de la salud*, que hojeé cientos de veces antes de saber leer. Recuerdo perfectamente su portada verde, con la foto de una familia en un parque y la cara de Sánchez Ocaña a modo de sello de calidad. Ese libro y ese programa, junto con la serie de dibujos *Érase una vez... la vida*, me causaron un gran impacto e influyeron en lo que acabaría siendo de mayor.

A mi abuela Magda siempre le decía que, cuando fuera médico, podría curarla de cualquier enfermedad para que nunca se muriera. Sin embargo, ya en la adolescencia, me di cuenta de que me había convertido en una persona bastante sensible y aprensiva. Tratar con enfermos y tener que dar según qué noticias, tanto a los pacientes como a sus familiares, habría sido demasiado para mí. Esa es una de las razones por las que admiro tanto al personal sanitario, capaz de manejar situaciones tan complejas para poder ayudar a la gente.

Finalmente, acabé siendo doctor, sí, pero no médico. Y me siento privilegiado de contribuir, a través de mis clases en la universidad, a la formación de futuros profesionales de la salud, además de investigar acerca de las enfermedades relacionadas con el envejecimiento.

Pero no perdamos el hilo. En un capítulo del programa de Sánchez Ocaña se trató el tema de la nutrición saludable y creo recordar que se habló acerca de las maravillosas propiedades nutritivas de los frutos secos. Por esa época, también oí por primera vez la famosa frase de «lo que se come, se cría», que no acabé de comprender.

Mi mente infantil hizo una asociación literal entre ambos factores, y, acto seguido, empecé a comer nueces como un poseso. La razón tenía toda la lógica del mundo en la cabeza de un niño de cinco años: «Las nueces tienen forma de cerebro y, si lo que se come se cría, debo comer muchas para llegar a ser un genio».

Tras una semana mermando significativamente las reservas de este fruto seco, que nunca faltaba en la cocina de mis padres, lo único que conseguí fue una indigestión, probablemente a causa de su alto contenido en grasas y fibra.

Con estos antecedentes tan poco exitosos, o precisamente por ello, me dispongo a guiarte a través del alfa y el omega de los alimentos más beneficiosos para el sistema nervioso.

Bromas aparte, la nutrición desempeña un papel crucial en la salud de nuestro cerebro, y la ciencia tiene mucho que decir al respecto. Aunque la restricción calórica y el ayuno intermitente se consideran por muchos expertos la estrategia nutricional más potente para reducir los marcadores del envejecimiento cerebral, la realidad es que en algún momento tendremos que comer. Y cuando lo hagamos, ¿qué deberíamos poner en nuestro plato?

Existen centenares de artículos y libros sobre alimentación saludable y largas listas de nutrientes beneficiosos para Neurópolis. En este capítulo, voy a focalizarme en aquellos cuyo efecto *antiaging* cuenta con un mayor respaldo científico hasta la fecha.

MICRONUTRIENTES CON «MACROEFECTOS»

Como decía otro de mis pilares culturales de la niñez, David el Gnomo, «nadie es mejor por ser más grande». Así que voy a empezar hablándote sobre micronutrientes, aunque no te equivoques: su nombre no implica que estos nutrientes sean pequeños, sino que los necesitamos en pequeñas cantidades para mantener a nuestro organismo en correcto funcionamiento.

Los micronutrientes no son otra cosa que las vitaminas y los minerales de toda la vida. En cuanto a los minerales, no me gustaría extenderme demasiado, pero se sabe que los más importantes para la salud cerebral son el magnesio, el hierro, el selenio, el zinc y el cobre.

Déjame hablarte con más detalle de las vitaminas, compuestos orgánicos esenciales, ya que su relación con el sistema nervioso ha sido mucho más investigada. En general, nuestro cuerpo no puede sintetizar vitaminas por sí mismo, por lo que debemos obtenerlas a través de la dieta, aunque solo sea en pequeñas cantidades.

En concreto, los seres humanos necesitamos trece vitaminas diferentes en total, que se dividen en dos grupos principales, en función de qué sustancia es capaz de disolverlas mejor.

Así, tenemos cuatro vitaminas que se disuelven en grasas o aceites, pero no en agua, denominadas liposolubles. Son las vitaminas A, D, E y K.

Y después tenemos nueve hidrosolubles, que se disuelven perfectamente en agua, pero no en grasas o aceites. Entre las hidrosolubles se encuentra la vitamina C y las ocho vitaminas del grupo B: tiamina (B1), riboflavina (B2), niacina (B3), ácido pantoténico (B5), vitamina B6, folato (B9) y vitamina B12.

Las vitaminas del grupo B son las que más frecuentemente se han asociado con una mejor salud cerebral a lo largo y ancho de la literatura científica, así que voy a hablarte primero de ellas.

En cuanto a su origen, las vitaminas B generalmente las fabrican las plantas, donde cumplen las mismas funciones celulares que luego desempeñarán en los animales que las consumimos. La excepción a esta regla es la vitamina B12, fabricada por bacterias que viven en el sistema digestivo de algunos animales, especialmente los rumiantes.

Aunque las plantas son las principales productoras de vitaminas B, a menudo las obtenemos de forma indirecta a través de otras fuentes. Al consumir carne, huevos o productos lácteos, estamos aprovechando el trabajo de «recolección» que otros animales han hecho por nosotros. En algunos casos, además, estas vitaminas ya han sido parcialmente procesadas por ellos, cosa que nos facilita su absorción. Sí, somos bastante gorrones en este sentido, pero en esta vida, el que no corre, vuela.

Como biólogo, no puedo evitar explorar las razones evolutivas detrás de las características de los seres vivos. En el caso de las vitaminas, nos encontramos ante un fenómeno particularmente interesante.

A lo largo de la evolución, los animales hemos perdido la capacidad de sintetizar ciertas vitaminas, lo que a primera vista podría parecer una desventaja evolutiva.

¿Por qué un organismo se beneficiaría al dejar de producir algo esencial para su supervivencia?

La respuesta a esta paradoja podría residir en el hecho de que, durante millones de años, las vitaminas han estado presentes de manera ubicua y abundante en el entorno que nos rodea.

La síntesis interna de vitaminas es un proceso complejo que requiere una considerable inversión de energía y maquinaria celular, aumentando el estrés oxidativo debido al metabolismo involucrado. Por lo tanto, la posibilidad de obtener estos compuestos directamente del entorno, donde hay vitaminas a mansalva, nos ha otorgado una ventaja evolutiva significativa: al «externalizar» la producción de vitaminas, podemos redirigir nuestros recursos hacia otras funciones vitales.

Las vitaminas del grupo B actúan como asistentes indispensables de las enzimas, ayudándolas en una amplia gama de reacciones celulares, tanto catabólicas como anabólicas. Participan en procesos fundamentales como la producción de energía, lo que es especialmente importante en el cerebro, cuyo alto consumo energético ya conoces.

Además, intervienen en la síntesis y la reparación del ADN y ARN, procesos críticos para la salud de cualquier célula, incluyendo las neuronas. Y ya que hablamos de ADN, las vitaminas B participan en la metilación, lo cual les confiere un papel significativo en procesos epigenéticos, indispensables para la neuroplasticidad.

Finalmente, estas vitaminas son cruciales para la fabricación de neurotransmisores y otras moléculas de señalización. Esta función las sitúa en el centro de la comunicación neuronal, además de regular el estado de ánimo y la cognición.

De hecho, las deficiencias en cualquiera de las ocho vitaminas del grupo B están comúnmente asociadas con problemas neurológicos y psiquiátricos.

Por ejemplo, la falta de vitamina B6 puede llevar a trastornos como la depresión, el deterioro cognitivo y la demencia, entre otros. De manera similar, la deficiencia de vitamina B12 suele manifestarse a través de síntomas neurológicos. De hecho, se ha observado que más de un tercio de las personas ingresadas en psiquiatría sufren deficiencias de vitamina B9 o B12.

No hay duda, por lo tanto, de que contar con una salud cerebral de hierro pasa necesariamente por asegurarnos una ingesta adecuada de vitaminas del grupo B.

¿Tomar suplementos de estas vitaminas podría reducir, entonces, el riesgo de padecer demencia?

Los resultados de un metaanálisis desarrollado por investigadores pequineses y publicado en 2022, que incluyó noventa y cinco estudios con más de 46.000 participantes, sugieren que la suplementación con vitaminas del grupo B ayuda a ralentizar el deterioro cognitivo, sobre todo en aquellas personas que comienzan a recibir estas vitaminas de manera temprana y durante un período prolongado. Además, el estudio destacó que un mayor consumo de vitamina B9 en la dieta se relaciona con un menor riesgo de desarrollar demencia en personas mayores, aunque este efecto no se observa con otras vitaminas, como la B12 o la B6.

Entre las vitaminas liposolubles, la vitamina D ha ganado considerable interés en los últimos años, ya que se estima que entre el 30 y el 50 % de la población mundial presenta una deficiencia de este micronutriente. Conocida principalmente por su papel en la salud ósea y la regulación del calcio, hoy sabemos que desempeña funciones cruciales en el funcionamiento del cerebro. De hecho, la falta de esta vitamina se ha asociado con varios trastornos neuropsiquiátricos y del desarrollo neurológico.

La vitamina D regula los niveles de neurotransmisores como la acetilcolina y factores neurotróficos como el factor de crecimiento nervioso, imprescindible para el desarrollo, la supervivencia y la función neuronales.

Además de tener propiedades antiinflamatorias y antioxidantes, también se ha descubierto que ayuda a prevenir la acumulación de amiloide beta y a promover su eliminación, lo cual es clave en la lucha contra enfermedades neurodegenerativas como el alzhéimer.

Siendo así, no sorprende que existan muchas investigaciones que han reportado consistentemente niveles bajos de vitamina D en personas con alzhéimer y deterioro cognitivo, en comparación con adultos sanos. Uno de los más recientes lo llevó a cabo un equipo de científicos estadounidenses y se publicó en 2023. Midieron los niveles de vitamina D en cuatro regiones cerebrales de 290 personas, y aquellas con niveles más altos de este micronutriente presentaron un riesgo entre el 25 y el 33 % menor de desarrollar demencia.

Otros estudios, sin embargo, rebajan el potencial de estas vitaminas para evitar la neurodegeneración.

MACRONUTRIENTES PARA LA SALUD COGNITIVA

Los macronutrientes son los componentes principales de nuestra dieta y los responsables de proporcionarnos la energía que necesitamos para funcionar. Como los Mosqueteros, son tres: carbohidratos, proteínas y lípidos.

Te he hablado vagamente acerca de estos tipos de moléculas a lo largo del libro, pero permíteme hacerte un breve recordatorio para abordarlas con un enfoque más nutricional.

Los carbohidratos son el combustible preferido de nuestro cuerpo. Están formados principalmente por carbono, hidrógeno y oxígeno, y vienen en diferentes tamaños, desde los simples (como la glucosa, el alimento preferido de las neuronas) hasta los más complejos.

No solo nos dan energía, sino que también sirven como material de construcción de moléculas clave, como el ADN.

Las proteínas, como recordarás, hacen de todo, desde defender nuestro cuerpo contra infecciones hasta ayudar a las vecinas de Neurópolis a comunicarse entre sí mediante neurotransmisores. Compuestas por aminoácidos, su fabricación viene dictada por nuestros genes y, además de formar estructuras celulares, llevan a cabo todas las funciones vitales.

Por último, tenemos a los lípidos, a menudo denominados grasas (aunque, en realidad, las grasas son un tipo concreto de lípidos). Ya sabes que estas moléculas tienen mala fama, pero son igualmente esenciales para nuestra salud. Actúan como una reserva de energía (por si los carbohidratos escasean), forman parte de las membranas de nuestras células, sirven para fabricar varias hormonas y facilitan el transporte de las vitaminas liposolubles, entre otras funciones.

En cuanto a las recomendaciones acerca de la proporción de estos macronutrientes que debemos ingerir, la OMS lo tiene bastante claro: entre un 55 y 75 % de carbohidratos, un 10 y 15 % de proteínas y otro 15 o 30 % de lípidos.

Si nos centramos en los carbohidratos, los hay más y menos saludables. Por ejemplo, los alimentos integrales de origen vegetal son ricos en fibra y carbohidratos complejos, que constituyen un combustible de alta calidad que se libera lentamente.

Por el contrario, los alimentos procesados contienen muchos azúcares más simples, como la sacarosa o el azúcar, que proporcionan un chute de energía rápida, pero son poco saludables.

Tanto es así que la OMS recomienda no superar el 10 % del aporte de energía procedente de azúcares simples.

Curiosamente, no hace demasiadas décadas que se clamaba acerca de lo maravilloso que era para la salud del cerebro consumir altas dosis de azúcares simples. Tras estos desatinados consejos, años después se ha demostrado que existió un plan orquestado por la industria azucarera, que pagó pingües honorarios a científicos de la Universidad de Harvard para que ocultaran cualquier evidencia que fuera en sentido contrario.

Lamentablemente, en todos los ámbitos existen personas deleznables, y la ciencia no es una excepción.

Hoy en día todo el mundo sabe que los azúcares simples, tan abundantes en la comida basura, no son precisamente los mejores amigos de nuestro cerebro. Por ejemplo, se ha visto que consumir

60 gramos de azúcar al día puede tener un efecto perjudicial en nuestras funciones cognitivas (incluyendo la memoria) equivalente a envejecer diez años. Además, consumir demasiado azúcar se asocia con otros efectos perniciosos para el cerebro, como un aumento de la proteína amiloide y una reducción del grosor cortical en adultos mayores.

Por el contrario, las dietas ricas en fibra y azúcares complejos se asocian con un mejor metabolismo cerebral y un envejecimiento más saludable. En este sentido, se ha demostrado que las comidas con un índice glucémico bajo (es decir, que liberan azúcar en la sangre más lentamente) mejoran la capacidad de atención en los adultos mayores. Por otra parte, en un estudio que siguió a más de mil seiscientas personas durante diez años, se descubrió que aquellas que consumían más fibra (cerca de 30 gramos al día) tenían más probabilidades de envejecer manteniendo una buena salud física y mental.

En cuanto a las proteínas, pueden venir de dos fuentes principales: las plantas y los animales (incluyendo sus «subproductos», como los huevos o los lácteos). Las de origen animal contienen todos los aminoácidos esenciales que necesitamos para construir nuestras propias proteínas, mientras que las de origen vegetal no suelen ser tan completas, con honrosas excepciones, como la soja.

Cuando comemos proteínas, nuestro cuerpo las descompone en aminoácidos, que cumplen muchas funciones en nuestro organismo. Entre ellos, hay dos que son particularmente importantes para nuestro cerebro: el *triptófano* y la *tirosina*, que parecen estar involucrados en la memoria a largo plazo. De hecho, estos aminoácidos son necesarios para fabricar dos neurotransmisores clave: la dopamina y la serotonina.

Las evidencias científicas apuntan a que la cantidad de proteína adecuada para mantener al sistema nervioso en forma sigue el famoso precepto budista del camino del medio, sabiamente definido por aquel dicho tan nuestro de «ni tanto, ni tan calvo».

Un equipo de científicos japoneses demostró que una dieta baja en proteínas induce la pérdida de memoria en los ratones, además de promover la ansiedad. Por el contrario, un estudio en el que participaron 661 personas de menos de sesenta y cinco años mostró que una dieta que sobrepasaba el límite proteico establecido por la OMS (15 % de la energía total) aumentaba la incidencia de deterioro cognitivo leve.

En cuanto a la relación entre la ingesta de macronutrientes y las funciones cerebrales, los lípidos son sin duda el grupo más estudiado. También son, probablemente, los que más recelo generan, ya que suelen asociarse con la idea de «lo que engorda».

En realidad, los alimentos contienen cuatro tipos principales de ácidos grasos, cada uno con su propia «personalidad nutricional»: los saturados (o SFA), los trans, los monoinsaturados (o MUFA) y los poliinsaturados (o PUFA).

Para ir al grano y no convertir este capítulo en un tratado «grasiento», podríamos decir que, al igual que pasaba con los carbohidratos, en el mundo lipídico tenemos dos caras de la misma moneda: mientras que una alta ingesta de SFAs se relaciona con un incremento del riesgo de padecer varias enfermedades crónicas, sucede lo contrario con una dieta rica en PUFAs.

¿Es el omega 3 un aliado *antiaging*?

Dentro de los PUFAs, encontramos un tipo de ácidos grasos casi más famosos que Elvis Presley: los omega 3. Descubiertos en 1930, no fue hasta cuatro décadas después cuando los investigadores del campo de la biomedicina pusieron el foco en estos ácidos grasos esenciales. Y, como suele suceder, fue gracias a un descubrimiento sorprendente que no puedo dejar de contarte.

En 1970, Hans Olaf Bang y Jorn Dyerberg, dos estudiantes de Medicina daneses, deciden recorrer 500 km en trineo hasta llegar al norte del Círculo Polar Ártico, movidos por la curiosidad que les generaba una extendida creencia popular.

Desde hacía tiempo se decía que la población inuit de Groenlandia presentaba unas tasas anormalmente bajas de enfermedades cardiovasculares, por lo que decidieron encontrar la causa científica subyacente. Por cierto, los inuit son los mal denominados esquimales, un término peyorativo probablemente acuñado por tribus rivales que significa «los que comen carne cruda».

Tras analizar muestras de sangre de 130 inuits, observaron que tenían niveles de lípidos más bajos (colesterol incluido) que el resto de los daneses. Ello podría explicar la envidiable salud cardiometabólica de este pueblo nativo, pero no dejaba de ser sorprendente, dada la enorme cantidad de grasas que consumen en su dieta (fundamentalmente procedentes del pescado, focas y ballenas).

En posteriores expediciones, analizaron a conciencia la dieta de los inuits y encontraron una alta concentración de nuestro querido omega 3. A partir de ahí, postularon que este PUFA podría actuar como un protector frente a enfermedades cardiovasculares.

Me encantaría decir aquello de «y vivieron felices y comieron perdices (o focas)», pero lo cierto es que su hipótesis ha sido altamente cuestionada a causa de ciertas falencias en su diseño experimental.

De hecho, en 2014 un equipo de científicos canadienses publicó una revisión donde mostraban que los inuits tienen la misma tasa de enfermedades cardiovasculares que el resto de las poblaciones. De hecho, tienen una esperanza de vida diez años menor que la de los daneses con los que se les comparó.

Para añadir más leña al fuego, al año siguiente, un equipo liderado por el genetista italiano Matteo Fumagalli descubrió que los inuit presentan unas mutaciones genéticas que les permiten un mejor manejo metabólico de los lípidos y, en particular, del omega 3. Mutaciones que, curiosamente, solo se encuentran en el 2 % de los europeos... Podría ser, entonces, que a diferencia de la mayor parte de los mortales, los inuit dispongan de un seguro genético que les permite ser más resistentes a dietas muy altas en lípidos.

Lo que sí sabemos a ciencia cierta (al menos, de momento), en todo caso, son los beneficios que este nutriente podría ejercer en Neurópolis. De hecho, los PUFA participan en la regulación de la función y estructura de las neuronas y de las células de la glía. Además, se ha descrito que algunos ácidos presentes en el omega 3 tienen la capacidad de reducir la neuroinflamación, mejorar la circulación sanguínea cerebral, regular la neurotransmisión y promover la supervivencia neuronal.

Un metaanálisis publicado en 2015 mostró que una mayor ingesta de ácidos grasos omega 3 se relacionaba con una mejor función cognitiva en adultos mayores que empezaban a tener algunos problemas de memoria. De manera similar, una mayor ingesta de omega 3 se ha relacionado con una mejor capacidad de aprendizaje, memoria espacial y memoria a corto plazo en adultos mayores de sesenta años. Incluso en personas más jóvenes (cuarenta y tres años), una dieta rica en omega 3 se relaciona con tasas más bajas de declive cognitivo medidas a partir de varios test neuropsicológicos.

Por cierto, por dieta rica en omega 3 se entiende aquella que incluye más de dos raciones de pescado azul (250 g), especialmente rico en este nutriente, a la semana.

Aunque los ensayos clínicos no han mostrado resultados concluyentes de que el omega 3 prevenga o incluso revierta el deterioro cognitivo o la enfermedad de Alzheimer, hay motivos para sentirnos esperanzados en este sentido.

Algunos ensayos clínicos desarrollados con adultos mayores con declive cognitivo leve han mostrado un cierto efecto beneficioso atribuible a la suplementación con ácidos grasos omega 3, aunque en pacientes con alzhéimer esto no ha sido así. En este sentido, se cree que tales nutrientes podrían contribuir a la prevención de la demencia o al mantenimiento de las capacidades cognitivas cuando la enfermedad está en unas fases muy iniciales, pero no cuando ya se ha desarrollado totalmente.

Como ves, hay razones de peso para seguir investigando acerca del potencial *antiaging* que los ácidos grasos omega 3 pueden ejercer en el cerebro. Si a esto le añadimos el hecho de que los alimentos ricos en este nutriente, como el pescado azul, las nueces, las semillas de chía o las legumbres están deliciosas... yo lo tengo claro: el omega 3, siempre en mi equipo (o en mi mesa).

COMPUESTOS BIOACTIVOS QUE DESAFÍAN EL ENVEJECIMIENTO CEREBRAL

Tras repasar los micro y macronutrientes preferidos por los habitantes de la ciudad cerebral, en este apartado te voy a hablar brevemente de algunos ingredientes y sus compuestos bioactivos que tampoco deberían faltar en la despensa de los amantes de la «neurogastronomía».

Los compuestos bioactivos son sustancias que se encuentran en los alimentos y, aunque no son necesarios para nuestra supervivencia, pueden influir en las funciones celulares y fisiológicas del organismo, ofreciendo beneficios para la salud cuando se consumen. Son particularmente abundantes en alimentos de origen vegetal y cabe destacar dos tipos que parecen ser especialmente importantes para Neurópolis: los *polifenoles* y los *carotenoides*.

Los polifenoles son un grupo diverso de sustancias naturales producidas por las plantas, y que incluyen compuestos como los flavonoides y los taninos, entre otros. Se encuentran en abundancia en frutas de colores vivos, como las bayas, las uvas y los tomates, pero también en verduras, en el cacao, en el té y el café, en diferentes especias y en el aceite de oliva, por nombrar solo algunos alimentos que los contienen.

Multitud de estudios desarrollados con células en cultivo y en animales de experimentación demuestran que los polifenoles tienen propiedades antiinflamatorias y antioxidantes. Asimismo, incrementan los niveles de BDNF, mejoran la circulación sanguínea cerebral y la captación neuronal de la glucosa, activan la Sirtuina-1 y reducen la acumulación de basura molecular como el amiloide beta.

A pesar de esta impresionante batería de propiedades, la mayoría de los ensayos clínicos en humanos con suplementos o alimentos ricos en polifenoles han demostrado efectos muy modestos o nulos a la hora de prevenir o revertir el deterioro cognitivo.

Y es que, al parecer, los polifenoles tienen una biodisponibilidad muy limitada.

Perdona por enchufarte este tecnicismo, así, sin avisar, pero verás que es muy fácil de entender. La biodisponibilidad nos da una idea de la cantidad de una sustancia que llega a la circulación sanguínea y que puede ser utilizada por nuestras células.

Podríamos decir que nuestro cuerpo es desconfiado por naturaleza y actúa como una especie de filtro muy selectivo, dejando pasar solo ciertas cosas y en distintas cantidades... No todo lo que comemos acaba llegando completamente a nuestros órganos y tejidos: algunos compuestos se absorben mejor que otros. La baja biodisponibilidad de los polifenoles, por tanto, implica que tienen muy poca capacidad de penetrar en Neurópolis y mantener allí unas concentraciones suficientemente altas para ejercer sus efectos beneficiosos.

En cuanto a los carotenoides, constituyen pigmentos naturales que dan ese color amarillo anaranjado a muchas frutas y verduras. Los encontramos sobre todo en alimentos como las espinacas, las zanahorias, el maíz, los pimientos, los tomates, el brócoli, los albaricoques, la sandía, el melón y el pomelo, entre muchos otros. Son unos nutrientes interesantes por muchas razones y, entre los más conocidos, se encuentra el betacaroteno, precursor de la vitamina A.

Numerosos estudios demuestran que los carotenoides son beneficiosos para la salud cognitiva y cerebral, fundamentalmente a través de sus propiedades antioxidantes y antiinflamatorias. De hecho, ayudan a mantener adecuadamente la estructura cerebral, el funcionamiento de las redes neuronales y la memoria.

Además, ciertos carotenoides pueden mejorar la comunicación entre neuronas vecinas a través de unos pequeños canales que las conectan, denominados uniones *gap*.

¿Quiere eso decir que si te hinchas de carotenoides llegarás a vivir cien años con una mente más lúcida que la de Hipatia de Alejandría?

Lamentablemente, me toca volver a rebajar las expectativas. Aunque se sabe que concentraciones bajas de carotenoides en la dieta podrían preceder al deterioro cognitivo, hasta ahora los estudios sobre si los suplementos de carotenoides pueden retrasarlo o mejorar el rendimiento mental no han llegado a conclusiones definitivas.

Con todo, hay algunos brotes verdes (o, más bien, amarillo-anaranjados). Por ejemplo, en un metaanálisis publicado en 2021 se combinaron los resultados de nueve ensayos clínicos, evaluando los efectos de los carotenoides en la función cognitiva de 4.402 personas sin demencia de cuarenta y cinco a setenta y ocho años. Los autores concluyeron que los suplementos de carotenoides ayudan a mejorar el rendimiento cognitivo. Sin embargo, se necesitan más estudios para confirmar estos hallazgos y entender mejor cómo los carotenoides afectan a nuestra salud cerebral a largo plazo.

LA IMPORTANCIA DE SER UN BUEN ANFITRIÓN PARA LA MICROBIOTA INTESTINAL

Como te explicaba en el capítulo 9, nadie duda ya de la enorme influencia que tiene la microbiota intestinal en el funcionamiento adecuado de Neurópolis.

El cerebro y los microorganismos que residen en nuestro intestino pueden comunicarse a través de diferentes mecanismos, siendo capaces de influir el uno sobre el otro. También sabes que determinadas alteraciones en «la cantidad y la calidad» de los microrganismos residentes en el tubo digestivo (las llamadas disbiosis) pueden potenciar los efectos más indeseados del envejecimiento.

Pues bien, se ha demostrado en incontables estudios que la composición de la dieta es uno de los factores más importantes que podemos modificar para influir en la microbiota intestinal, en cualquier momento de nuestra vida, tanto en la salud como en la enfermedad. Hala, ya puedes besar a la novia.

Pero es que la microbiota no solo se beneficia de lo que comemos, sino que también puede producir vitaminas y activar compuestos beneficiosos de los alimentos que ingerimos, como los polifenoles, sin ir más lejos.

Conviene, por lo tanto, tener muy claro cuáles son los alimentos y nutrientes que cuidan a nuestros microbios para que ellos sigan cuidando de nuestro cerebro. Hoy en día, una parte sustancial de la comunidad científica está enfocada precisamente en eso, en determinar la mejor manera de mantener a nuestros inquilinos felices y solícitos.

Hay tres elementos clave capaces de modular el microbioma y que están muy de moda actualmente:

- Los *probióticos* son microorganismos vivos que se encuentran comúnmente en alimentos fermentados como el yogur o el kéfir, así como en suplementos dietéticos. Las cepas más estudiadas pertenecen a los géneros bacterianos *Lactobacillus* y *Bifidobacterium*, aunque existe una gran diversidad de especies con potenciales efectos beneficiosos.
- Los *prebióticos*, por otro lado, son compuestos sobre todo presentes en alimentos de origen vegetal y que nosotros no podemos digerir, como la fibra alimentaria. La gracia de los prebió-

ticos es que estimulan selectivamente el crecimiento y/o la actividad de bacterias beneficiosas en el colon. Es decir, su uso se enfoca en alimentar a las bacterias «buenas» que ya tenemos en el intestino, en lugar de introducir esas bacterias, como se hace con los probióticos.

- Finalmente, los *simbióticos* son una combinación de probióticos y prebióticos diseñada para potenciar sinérgicamente los efectos beneficiosos de ambos componentes sobre la salud. Suelen comercializarse en forma de cápsulas, comprimidos o polvos.

Sobre su efectividad para el tema que nos interesa, aunque aún necesitamos disponer de más estudios a gran escala, debo decirte de nuevo que hay evidencia suficiente para estar esperanzados.

Por ejemplo, un equipo de investigadores del Departamento de Biología de la Universidad de la Columbia Británica, en Vancouver, publicó en 2022 un artículo de revisión destacando los beneficios neurológicos del consumo de alimentos *microbiota friendly*, como las uvas, las granadas, el kéfir y determinadas algas. Los autores concluyeron que estos alimentos, así como productos fermentados o ricos en polifenoles y carbohidratos complejos, podían contribuir a la prevención del alzhéimer y el párkinson a través de su influencia en la comunicación bidireccional entre el cerebro y la microbiota intestinal.

En otro estudio publicado en junio de 2024 y que revisó doce investigaciones anteriores, las cuales incluyeron a un total de 852 pacientes con deterioro cognitivo leve o enfermedad de Alzheimer, se encontró que los probióticos mejoraban la función cognitiva general, incluyendo la memoria inmediata y a largo plazo, la atención, y la habilidad para entender y manejar información espacial.

Es innegable que aún existe una brecha considerable entre nuestro conocimiento sobre los efectos de la dieta y los alimentos específicos capaces de cambiar la composición o actividad de la microbiota intestinal para prevenir el envejecimiento cerebral. De todos modos, no sé tú, pero mientras la ciencia avanza, pienso seguir comiendo el delicioso kéfir de cabra por si acaso. Sobre las algas, yo prefiero encontrármelas en el mar.

EN LA VARIEDAD ESTÁ EL GUSTO

Llevamos un rato desgranando cuáles son los nutrientes esenciales para mantener un cerebro joven, pero debo recordarte ahora aquel axioma que has oído tantísimas veces: lo importante es mantener una dieta variada y equilibrada.

Y así es. No se trata de centrarse en un solo superalimento milagroso. Entre otras cosas, porque no existe.

Sí que existen, sin embargo, varios estudios que sugieren que nuestra Neurópolis es como un sibarita que aprecia un menú variado.

Uno de los más recientes se llevó a cabo en Japón, donde reclutaron a un grupo diverso de 1.683 personas, con edades entre cuarenta y ochenta y nueve años, y las siguieron durante dos años.

Los investigadores pidieron a los participantes que llevaran un registro diario de todo lo que comían. Eso les permitió calcular un «índice de diversidad dietética». Además, utilizaron resonancias magnéticas para obtener imágenes detalladas del cerebro de los participantes al inicio del estudio y dos años después. Con un *software* especializado, pudieron medir los cambios en el volumen del hipocampo y de la materia gris total del cerebro.

Los resultados mostraron que las personas con dietas más variadas tenían una menor reducción del volumen cerebral que acompaña a la edad, especialmente en el hipocampo. De hecho, las personas con una dieta menos variada mostraron una reducción del hipocampo del 1,31 %, mientras que el grupo con la dieta más variada solo presentó una reducción del 0,85 %.

En otro estudio publicado en abril de 2024 en la revista *Nature Mental Health*, los investigadores se armaron con montañas de datos sobre los gustos alimentarios de nada menos que 181.990 parti-

cipantes, lo que les permitió identificar cuatro «subtipos» dietéticos principales:

- El subtipo 1 lo componían aquellas personas con una dieta sin
  almidón o baja en almidón (es decir, las que evitaban los carbohidratos).
- El subtipo 2 llevaba una dieta vegetariana.
- El subtipo 3 prefería una dieta alta en proteínas y pobre en fibra (carnívoros de manual).
- Finalmente, el subtipo 4 llevaba una dieta equilibrada, con un
  poco de todo y mucho de nada.

Al someter a los participantes a estudios de neuroimagen, los
investigadores descubrieron que el grupo de alta proteína y baja fibra tenía menores volúmenes de materia gris en ciertas regiones
cerebrales, como el giro poscentral. Por el contrario, los vegetaria-
nos mostraron mayores volúmenes en áreas como el tálamo.

Además, los participantes de los cuatro subtipos también hicieron diversos test de salud mental y funciones cognitivas.

En este caso, fue el subtipo 4, el de la dieta equilibrada, el que
mostró mejores resultados en comparación con los otros grupos.

Por lo tanto, más allá de asegurarte una ingesta adecuada de los
nutrientes de los que te he hablado, debes saber que es crucial
combinarlos de forma variada. Y esto me da pie a hablarte sobre las
mejores combinaciones de nutrientes en el próximo apartado.

PARA UN CEREBRO IMPECABLE: MENÚS ESTRELLA Y COMIDAS DE
PESADILLA

Como te comentaba al inicio de este capítulo, nuestros antepasados
cazadores-recolectores no tenían supermercados, pero sí acceso a
una fuente natural y variada de alimentos nutritivos. Su menú diario

incluía diferentes vegetales, frutas y frutos secos, complementados con pescado y carne cuando la suerte en la caza los acompañaba.

Esta dieta ancestral ha quedado relegada al olvido en la sociedad actual.

Hoy, nuestros carritos de la compra están llenos de alimentos muy diferentes, y algunos científicos sugieren que la divergencia entre nuestra dieta evolutiva y la moderna podría estar detrás de las deficiencias vitamínicas que observamos en las sociedades desarrolladas. Y, lo que es peor: esta nueva forma de comer favorece el aumento de las llamadas «enfermedades del estilo de vida», como las cardiovasculares, la obesidad e incluso la demencia.

Y es que en muchas regiones del planeta se ha impuesto lo que se denomina la «dieta occidental», que hace un flaco favor a nuestro organismo (aunque no nos vuelva flacos, precisamente). Es alta en calorías, fácil de digerir, pero muy pobre en micronutrientes esenciales. Incluye una alta ingesta de alimentos ultraprocesados, además de carne roja, mantequilla, productos lácteos altos en grasa, huevos, así como cereales y azúcares refinados.

En cambio, las frutas y verduras muchas veces ni están, ni se las espera.

Es como si hubiéramos cambiado la comida nutritiva de casa de tus padres por un bufé de comida rápida disponible las veinticuatro horas. Y aunque pueda ser relativamente agradable al paladar (evidentemente, cada cual tiene sus gustos), esta dieta favorece el envejecimiento cerebral a través de varios mecanismos interconectados.

En primer lugar, provoca alteraciones metabólicas que afectan la forma en que nuestro cuerpo procesa la glucosa y los ácidos grasos, lo que desencadena fallos en la red de comunicación metabólica y un patrón de inflamación crónica en todo el organismo, afectando al delicado equilibrio de Neurópolis.

Además, la dieta occidental puede amplificar la neuroinflamación, ya que hiperactiva los astrocitos y la microglía. Este fenómeno va acompañado de una mayor producción de amiloide beta, con las consecuencias que ya conoces. Para más inri, se ha demostrado que los aditivos característicos de esta dieta alteran la microbiota intestinal, disminuyendo los preciados SCFAs de los que te hablé en el capítulo 9, y echando más leña al fuego al maldito *inflammaging*.

Por lo tanto, queda clarísimo el tipo de dieta que no debes adoptar si deseas mantener a tu cerebro en forma a medida que vayas soplando más velas.

Entonces, ¿qué dieta es la más adecuada?

Pues también se ha investigado mucho al respecto, joven Padawan, y los expertos tanto del campo de las neurociencias como del de la nutrición lo tienen bastante claro.

Lo ideal es una dieta que incluya una gran variedad de frutas, verduras, cereales integrales y aceite de oliva. Es importante incluir también el consumo diario de lácteos fermentados, frutos secos, semillas, así como de hierbas y especias, además de priorizar las fuentes de proteínas vegetales como las legumbres, así como el pescado sobre la carne roja. Si además se toman todos los días infusiones como el té, ya tenemos el cuadro completo.

El antioxidante verde

Existen cientos de libros publicados sobre las bondades del té verde, al que se atribuye una poderosa acción antioxidante. Esto contribuiría a que Japón sea, hoy en día, el país más longevo del mundo, ya que son grandes consumidores de la *Camellia sinensis*, como se llama la planta con la que se prepara esta infusión.

¿Qué dice la ciencia sobre ello?

Un estudio de 2020 publicado por *The European Journal of Preventive Cardiology*, a partir de 100.902 adultos en China, arrojó que las personas que beben té tres veces por semana tienen una esperanza de vida 1,26 años superior. El director del estudio promovido por el departamento de epidemiología de la Academia de Ciencias Médicas, Dongfeng Gu, añadió incluso que: «los riesgos de enfermedades cardiovasculares se reducen en un 39 % si se mantiene el hábito durante al menos ocho años».

Todavía se necesitan muchos más estudios para comprobar que sea una realidad en todos los casos, pero es algo que tener en cuenta.

Nota importante: en países como China y Japón se consume té de alta calidad a partir de las hojas frescas, no infusión de bolsitas. Si queremos gozar de estos beneficios, mejor comprar té fresco a granel.

Después de tomarte un buen té, te invito a que repases la lista de alimentos de la que hemos hablado antes del recuadro. ¿No te sugiere nada?

Efectivamente, estamos hablando de la única e inigualable dieta mediterránea, que no deja de ser una especie de colección de Grandes Éxitos de nutrientes saludables. Incluye alimentos ricos en fibra, vitaminas, polifenoles, carotenoides, ácidos grasos omega 3... Prácticamente es un compendio de todo lo que te he hablado a lo largo de este capítulo.

Gracias a los numerosos estudios realizados sobre nuestra dieta, sabemos que tiene propiedades antioxidantes, antiinflamatorias y neuroprotectoras indiscutibles, además de mimar a la microbiota intestinal.

Sin ánimo de ser un aguafiestas, lo cierto es que la mayoría de los ensayos clínicos publicados hasta la fecha no han encontrado evidencias claras de que la dieta mediterránea pueda mejorar sustancialmente las capacidades cognitivas o las características fisiológicas y morfológicas del cerebro. No obstante, hay varios estudios recientes en humanos que convencerían hasta al más escéptico de la conveniencia de adoptar esta dieta.

Por ejemplo, un metaanálisis desarrollado por investigadores de la Universidad de Málaga, que incluyó once estudios con un total de 12.458 participantes, encontró que el riesgo relativo de desarrollar deterioro cognitivo leve se reducía en un 9 % y el de alzhéimer en un 11 % en personas que seguían una dieta mediterránea.

Otro metaanálisis aún más amplio, publicado en 2022, incluyó veintiséis estudios de cohortes (aquellos que siguen a dos grupos de personas de características parecidas, pero uno expuesto al factor de interés —en este caso, la dieta mediterránea— y el otro, no) y dos ensayos clínicos aleatorizados. En los estudios de cohortes, hallaron que una mayor adherencia a la dieta mediterránea se asociaba con un 25 % menos de riesgo de deterioro cognitivo leve y un 29 % menos de riesgo de alzhéimer.

Además, en los ensayos clínicos aleatorizados, una alta adherencia a la dieta mediterránea se asoció con una mejor memoria episódica y de trabajo. Con toda esta evidencia, no es de extrañar que la OMS recomiende esta dieta para reducir el riesgo de demencia.

Las dietas DASH y MIND

Existen, sin embargo, otros tipos de dieta que también pueden contribuir a cuidar Neurópolis, pero que en realidad son muy parecidas a la mediterránea. Entre ellas, cabe destacar la dieta DASH y la dieta MIND.

La dieta DASH es un plan alimentario diseñado específicamente para combatir la hipertensión y mejorar la salud cardiovascular general. Su nombre procede de las siglas en inglés de «Enfoques Dietéticos para Detener la Hipertensión».

Además de reducir de forma significativa el riesgo de enfermedades cardíacas y accidentes cerebrovasculares, la dieta DASH mejora los niveles de colesterol en la sangre, ayuda al control del peso corporal y es una herramienta valiosa en la prevención y el tratamiento de la diabetes tipo 2.

Al reducir la presencia de factores de riesgo para la neurodegeneración, la dieta DASH podría beneficiar indirectamente al cerebro.

¿Y en qué consiste?

Pues, al igual que la mediterránea, la dieta DASH se basa en un alto consumo de frutas, verduras, cereales integrales, lácteos bajos en grasa y proteínas magras. Estos alimentos son ricos en nutrientes clave como el potasio, el calcio, el magnesio y la fibra, que desempeñan un papel crucial en la regulación de la presión arterial.

Por otro lado, también reduce la ingesta de ciertos alimentos. El sodio, principal componente de la sal de mesa, debe limitarse a 2.300 mg diarios, o incluso a 1.500 mg para obtener beneficios más pronunciados en la reducción de la presión arterial. Además, aconseja disminuir el consumo de carnes rojas, dulces, bebidas azucaradas y alimentos con un alto contenido de grasas saturadas.

En cuanto a la dieta MIND, vendría a ser una combinación 2.0 de las dos anteriores. Está específicamente diseñada para proteger y promover la salud cerebral. De hecho, su nombre procede de las siglas en inglés de «Intervención Mediterránea-DASH para el Retraso Neurodegenerativo».

La MIND prioriza consumir verduras (en especial, de hoja verde), frutos secos, bayas, legumbres, cereales integrales, pescado, aves de corral y aceite de oliva, junto con una reducción en el consumo de carnes rojas, mantequilla y margarina, quesos, pasteles, dulces y alimentos fritos o procesados.

Al igual que sucede con la dieta mediterránea, los estudios realizados sobre la dieta MIND han arrojado resultados prometedores que sugieren que puede ralentizar significativamente el deterioro cognitivo asociado con la edad y proporcionar protección contra la demencia.

Para terminar este capítulo tan delicioso, en la síntesis final te propongo una dieta ideal para mantener y mejorar la salud cerebral, basada en todo lo que hemos visto. En realidad, se asemeja bastante a la dieta mediterránea, pero incluye algunas especificaciones.

¡Buen provecho!

En esencia

- Come abundancia de frutas y verduras. El objetivo es consumir al menos 400 gramos diarios. Los tubérculos como las patatas o boniatos no se incluyen en esta categoría.
- Cereales integrales y legumbres. Se recomienda el consumo regular de alimentos como lentejas, garbanzos, judías, mijo, avena, trigo y arroz integrales.
- Frutos secos. Son una excelente fuente de grasas saludables y otros nutrientes beneficiosos para el cerebro. En concreto, las nueces son muy ricas en omega 3.
- Ojito con el azúcar: limita los azúcares libres a menos del 10 % de la ingesta calórica total. Para obtener beneficios adicionales para la salud, puedes reducir aún más este porcentaje, idealmente a menos del 5 % de la ingesta calórica total.
- Grasas saludables. La ingesta total de grasas debe ser inferior al 30 % de las calorías diarias. Hay que dar preferencia a las grasas insaturadas presentes en pescados, aguacate, frutos secos y aceites como el de oliva. Es crucial reducir el consumo de grasas saturadas a menos del

10 % de la ingesta calórica total y las grasas trans a menos del 1%. Estas últimas se encuentran principalmente en productos alimentarios industrializados.

- Tampoco te pases con la sal. Se recomienda no superar los 5 gramos de sal yodada al día, lo que equivale aproximadamente a una cucharadita.

CAPÍTULO
16

De Queen a las sinapsis

Cómo las relaciones sociales rejuvenecen tu cerebro

Si alguna vez has escuchado la canción «Friends Will Be Friends» de Queen, quizá hayas tarareado su melodía sin detenerte demasiado en la letra. Probablemente no sea una obra maestra de la poesía lírica, pero léela con atención y verás que Freddie Mercury y compañía sabían muy bien lo que decían.

Los amigos serán amigos. / Cuando necesitas amor, ellos te dan cuidado y atención, cantaba Freddie con su inigualable voz y, como te mostraré en este capítulo, la neurociencia no puede estar más de acuerdo.

Ya sean amigos, pareja o familia, vincularse a otras personas no solo es bueno para el alma (si es que existe), sino también para el cerebro.

Pero antes de adentrarme en estudios científicos y datos rigurosos, déjame contarte otra pequeña píldora de mi historia personal a modo de ejemplo para el tema de este último capítulo.

Mi hermana Mónica es seis años mayor que yo y, en lo que a personalidad se refiere, no dirías que somos hermanos. Nuestras divergencias ya eran evidentes desde muy pequeños, pero se acentuaron en la adolescencia. Por mucho que yo vistiera de riguroso negro, estuviera lleno de piercings, llevara una melena hasta la cintura y escuchara música demoníaca a todo volumen, Mónica era la rebelde de los dos.

Fiestera hasta la médula, tenía una agenda social más voluminosa que la *Enciclopedia Larousse*. Y no es que yo fuera un ermitaño, pero mientras me pasaba muchos fines de semana encerrado en mi habitación tocando la guitarra o preparando un examen, mi hermana no aparecía por casa ni para saludar. Eso le granjeaba no pocas discusiones con mis padres, y a los dieciocho años, ya había abandonado el nido familiar para irse a vivir con un par de amigas.

Aunque mis padres la criticaban por poner siempre a sus amistades en primer lugar, eludiendo a menudo sus obligaciones, siempre envidié su capacidad para socializar.

Desde su más tierna juventud, priorizó cultivar una tribu de amistades que siempre han estado ahí cuando lo ha necesitado (así como ella ha estado para los demás) y con quienes ha compartido momentos inolvidables.

Con los años, Mónica no ha cambiado ni un ápice en esa faceta, lo cual me alegra muchísimo. Y no solo eso, fue ella quien me empujó a salir del cascarón para convertirme en la persona extrovertida y amistosa que acabé siendo, mucho antes de que la ciencia me enseñara los beneficios de las relaciones sociales para el buen funcionamiento de Neurópolis.

En este último capítulo, te hablaré de algunos de ellos.

Sin conexión: cómo el aislamiento social afecta a la salud

Estamos en una época donde es frecuente encontrar a personas que se jactan de menospreciar el contacto social, lo cual me sorprende. Parece que está de moda clamar que no te gusta la gente y que encerrarte solo en casa un fin de semana es el mejor plan del mundo.

Estoy harto de ver *posts* y comentarios en este sentido por las redes.

No me malinterpretes, por supuesto que disfrutar de momentos de introspección es maravilloso. Claro que las aglomeraciones son molestas y a nadie nos gusta tener que tratar con gente maleducada, que siempre la hay.

Sin embargo, los seres humanos, al igual que nuestros parientes primates, somos criaturas inherentemente sociales. Nuestra naturaleza gregaria es tan fundamental que la falta de interacción social puede tener consecuencias graves en nuestra salud física y mental. El aislamiento social, ya sea impuesto o autoinfligido, genera un sentimiento de soledad que repercute de muchas maneras en nuestra salud mental.

De hecho, el panorama que nos dejó la reciente pandemia es un magno ejemplo de cuán perjudicial puede ser el aislamiento para la mayoría de la gente. Si bien es cierto que, como cualquier otra crisis, el COVID supuso cambios positivos para algunas personas, como un mejor equilibrio entre el trabajo y la vida personal, estos aspectos no evitaron un incremento notable en los trastornos mentales, así como en las tasas de autolesiones y suicidios.

El fenómeno del aislamiento social se ha vuelto particularmente relevante en el contexto urbano moderno. De hecho, se calcula que en las grandes ciudades de todo el mundo, más de la mitad de la población vive en hogares unipersonales.

Más allá de cómo y con quién vivas, se estima que entre el 10 y el 20 % de los adultos en los países occidentales se sienten solos. Esta cifra es aún más alarmante entre los adultos mayores, pues entre un 30 y un 40 % reportan sentirse aislados socialmente.

Esta preocupante tendencia ha motivado la creación de iniciativas gubernamentales sin precedentes en algunos países. Por ejemplo, tanto Japón como el Reino Unido han establecido Ministerios de la Soledad con el objetivo de prevenir y mitigar los problemas relacionados con el aislamiento social.

El caso del Reino Unido es particularmente intrigante: si el aislamiento les preocupa tanto, ¿por qué optarían por votar a favor del Brexit? Disculpad la broma, pero era un pase de gol.

Esta sensación de soledad, además de ser un inconveniente

emocional, pone directamente en riesgo nuestra salud. Tanto es así que, en 2019, la OMS la declaró un problema de salud pública a escala global. Y no es ninguna tontería: se ha demostrado que la soledad puede poner en jaque nuestra longevidad.

Ya en 2010, un equipo de investigadores realizó un análisis extenso de 148 estudios epidemiológicos, abarcando aproximadamente trescientas mil personas. Su objetivo era identificar los factores comunes que influyen en la mortalidad, con un enfoque particular en las enfermedades cardiovasculares.

Contrariamente a lo que se podía esperar, los tres factores que mostraron un mayor impacto en la mortalidad por enfermedades cardiovasculares fueron de naturaleza social, a saber: la frecuencia del apoyo social recibido, el grado de integración de la persona en su red social y el abandono del hábito de fumar (que, aunque es una decisión personal, a menudo tiene un fuerte componente social).

Estos factores superaron en importancia a muchos de los aspectos que tradicionalmente preocupan a los médicos, como la obesidad, el tipo de dieta, el consumo de alcohol o el sedentarismo.

Los mismos investigadores publicaron un análisis de seguimiento cinco años después, esta vez centrándose en setenta estudios sobre la longevidad en personas mayores. El nuevo análisis, que siguió a aproximadamente 3,5 millones de personas durante un promedio de siete años, mostró que vivir solo y sentirse solo aumentaban las probabilidades de morir en aproximadamente un 30 %.

Es un dato impresionante que nos lleva a reflexionar.

Otros estudios demuestran que sentirse aislado puede traducirse en cambios fisiológicos significativos.

Uno de mis preferidos se desarrolló con estudiantes universitarios de primer año. En él, los investigadores descubrieron que aquellos que se sentían solos mostraban una peor respuesta inmune cuando se les administraba la vacuna contra la gripe, en comparación con los estudiantes que se sentían socialmente integrados. ¿No es impactante? Lo más curioso de todo es que, más allá del sentimiento de soledad, el número de amigos cercanos también parecía influir. De hecho, los estudiantes que contaban «solo» con entre cuatro y doce amigos cercanos tenían respuestas inmunes significativamente más pobres que aquellos que afirmaban tener entre trece y veinte amigos.

Espero que alguien les dijera a estos chavales que los contactos de Instagram no cuentan como amigos...

En otro estudio que incluyó a 5.124 participantes, se encontró que aquellos con menos vínculos sociales, tanto de familiares como de amigos, presentaban niveles más elevados de fibrinógeno en la sangre. El fibrinógeno es una proteína esencial en los procesos de coagulación sanguínea. Los niveles altos de esta proteína incrementan de manera significativa el riesgo de desarrollar enfermedades cardiovasculares y de sufrir un ictus.

Como era de esperar, las personas con amplios contactos sociales mostraron niveles más bajos de fibrinógeno.

Además, también se ha observado que las personas más integradas socialmente tienen valores más bajos de presión arterial y un menor índice de masa corporal, así como una menor concentración de proteína C-reactiva en la sangre, uno de los biomarcadores clásicos del *inflammaging*.

Si nos centramos ahora en los efectos que el aislamiento social puede tener en Neurópolis, varios estudios en ratas han demostrado que el aislamiento altera de manera irreversible la función de la corteza prefrontal. Además, afecta a las vainas de mielina de sus neuronas. Como recordarás del tercer capítulo de este libro, las vainas de mielina actúan como «fundas» en algunos axones neuronales, facilitando la transmisión de señales.

Pero la soledad no solo afecta a las ratas.

En un estudio con datos de alrededor de diez mil participantes, se observó que ciertos rasgos sociales, como las interacciones diarias con familiares, amigos y colegas de trabajo, están relacionados con la morfología cerebral. Las personas con menos estimulación social mostraban cambios en el volumen de ciertas regiones de la Neurópolis, como la corteza prefrontal y la amígdala. Además, en una revisión sistemática de cuarenta y un estudios diferentes, los investigadores concluyeron que la soledad se asocia también con cambios en la estructura y función del hipocampo y sus redes neuronales, así como con los niveles del amiloide beta.

Siendo así, no es de extrañar que diversos estudios hayan observado que la soledad persistente aumenta el riesgo de sufrir depresión, deterioro cognitivo y alzhéimer.

Los amigos como fuerza vital

En el magnífico documental *Stutz*, protagonizado por el psiquiatra de las estrellas de Hollywood, este terapeuta irreverente y sin pelos en la lengua muestra su modelo para salir del pozo, cuando sientas que estás en la miseria.

Phil Stutz lo llama LIFE FORCE —fuerza vital— y lo presenta como una pirámide de tres niveles:

En el primero está el CUERPO. Si lo mueves con ejercicio, te nutres bien y duermes las horas necesarias, algo que hemos aprendido en este libro, la mayor parte del malestar quedará resuelto.

El segundo es la GENTE. Aunque las personas deprimidas tienden a evitar el contacto social, Stutz recomienda quedar para tomar café, aunque sea con un amigo aburrido, porque, en sus propias palabras, «ese amigo aburrido representa para ti a la humanidad entera».

El tercer nivel es UNO MISMO, y el psiquiatra afincado en Los Ángeles recomienda promover el autoconocimiento a través de actividades como la escritura.

Tipos de interacción social y sus efectos neuroprotectores

Como sabes, existen muchas formas de relacionarnos con los demás. Más allá de la lúcida clasificación que hacía el célebre escritor ampurdanés Josep Pla, que hablaba de «amigos, conocidos y saludados», el enfoque de un equipo multidisciplinario de sociólogos y biólogos de la Universidad de Indiana me ha parecido muy interesante.

Proponen dos tipos fundamentales de relaciones sociales que tienen un impacto significativo en la salud cognitiva, especialmente en personas adultas. Estas dos conexiones influyen en la salud cerebral a través de diferentes mecanismos, pero ambas son cruciales para mantener una función cognitiva óptima a medida que envejecemos.

Veamos cuáles son.

Los *puentes sociales* (o lo que ellos denominan *social bridging*) se refieren a las relaciones más casuales y diversas que mantenemos. Es el tipo de interacción que tenemos al participar en actividades variadas con un grupo heterogéneo de personas, por ejemplo, en organizaciones comunitarias, clubes o grupos de interés. Tales conexiones, aunque poco profundas, proporcionan una exposición regular a nuevos estímulos sociales, ideas y experiencias.

Este tipo de interacción social beneficia a nuestro cerebro de dos formas diferentes. De manera directa, podría desencadenar la expresión de genes específicos que facilitan el crecimiento y la conectividad neuronales, e incluso ayuda en procesos de reparación cerebral. En otras palabras, podría estimular la neuroplasticidad.

Y es que estar en contacto frecuente con un grupo diverso de amigos y conocidos implica exponerse a diferentes tipos de información, de señales verbales y no verbales, de rostros y patrones de habla, etc. En definitiva, es una forma más de ejercitar la mente, cuyos efectos neuroprotectores ya he abordado en un capítulo completo.

De hecho, varios estudios han encontrado que los adultos mayores que mantienen una gran variedad de conexiones sociales «débiles» presentan un volumen cerebral saludable, mejor conectividad y un mejor funcionamiento cognitivo. Además de promover la neuroplasticidad, el *social bridging* también favorece la reserva cognitiva. En personas que ya presentan signos de deterioro cognitivo leve o en etapas tempranas de demencia, se ha observado que tener una vida social activa, con más amigos y una paleta de relaciones más diversa, se asocia a una progresión más lenta de los síntomas cognitivos, en comparación con aquellos más aislados socialmente.

Los *vínculos sociales fuertes* (*social bonding*) se refieren a las relaciones cercanas y profundas que una persona cultiva a lo largo de su vida: lazos familiares fuertes, amistades íntimas y relaciones de pareja duraderas. A diferencia del *social bridging*, los vínculos sociales fuertes no necesariamente proporcionan una nueva estimulación cognitiva, pero tienen un profundo impacto en la salud cerebral a través de otros mecanismos. Por ejemplo, proporcionan un sentido de pertenencia y de propósito, factores que se han asociado con una mejor salud cognitiva a largo plazo.

Además, todo apunta a que los efectos beneficiosos del *social bonding* sobre Neurópolis también son de tipo neuroendocrino. Y es que, tanto en determinados animales como en personas, las relaciones cercanas y de apoyo ayudan a reducir los niveles de hormonas del estrés como el cortisol, a partir de la regulación del eje hipotálamo-pituitario-adrenal del que te hablé en el capítulo 10. Como sabes, unos niveles inadecuadamente altos de cortisol en la sangre afectan al buen funcionamiento del sistema inmune, además de contribuir a la aparición de alteraciones metabólicas y cardiovasculares que, de por sí, incrementan el riesgo de desarrollar demencia.

Uno de mis estudios preferidos en este sentido se llevó a cabo con ovejas, animales que siempre me han despertado mucha simpatía.

Los investigadores observaron que cuando las ovejas se exponían a un entorno nuevo y potencialmente estresante, sus niveles de cortisol aumentaban.

Hasta ahí todo bien. Sabemos que las ovejas son un blanco relativamente fácil para muchos depredadores, así que es normal que se estresen y se asusten con facilidad cuando se las saca de su zona de confort. Lo curioso del estudio es que, al incluir una foto de otra oveja en el nuevo entorno, los niveles de cortisol no subieron tanto. O sea, que bastaba una simple representación visual de un congénere para calmar a estos animales.

¿No te parece fascinante?

Los estudios realizados con ratas, que generalmente no son tan queridas (a menos que seas punk), han mostrado resultados similares. Por ejemplo, en experimentos de laboratorio diseñados para inducir miedo en estos animales, se observó que al introducir el olor de otra rata, especialmente si era conocida, parecía reducirse su estrés.

Seguro que lo has experimentado alguna vez en tu vida. La presencia de alguien cercano es capaz de reducir el estrés ante situaciones más o menos complejas.

Un ejemplo literario de ello es cómo mejora el estado de ánimo de Robinson Crusoe cuando traba amistad con el aborigen al que llama Viernes.

En situaciones mucho más cotidianas, se ha demostrado que las personas que deben desarrollar actividades estresantes, como hablar en público o resolver cálculos aritméticos, presentan niveles más bajos de cortisol en sangre y una reducción de las pulsaciones si las realizan acompañadas en comparación con quienes afrontan esas tareas en soledad.

Además de mantener a raya los niveles de cortisol, el *social bonding* que hemos visto antes también regula los niveles de otra hormona de la que es probable que hayas oído hablar: la oxitocina. Es también conocida como «la hormona del amor», ya que parece estar involucrada en la formación de vínculos sociales profundos, como los que existen entre padres e hijos.

La oxitocina también ayuda a regular el estrés ante situaciones complejas o traumáticas, además de tener efectos antioxidantes y antiinflamatorios.

Sobre la influencia de las relaciones estrechas, el estrés y la oxitocina, no puedo dejar de comentarte un estudio publicado en 2003 por un equipo de investigadores suizos. En este caso, reunieron a treinta y siete hombres y los sometieron a una prueba de laboratorio diseñada para causarles estrés. A algunos les dieron oxitocina en forma de spray nasal, mientras que a otros les dieron un placebo. Además, algunos recibieron apoyo de su mejor amigo durante la prueba, mientras que otros no.

Los resultados mostraron que la oxitocina disminuía la ansiedad (como era de esperar) y que el apoyo social por sí solo era capaz de reducir los niveles de cortisol.

Todos estos estudios demuestran que mantener una vida social activa, que incluya tanto relaciones diversas y estimulantes como vínculos cercanos y de apoyo, es fundamental para la salud cerebral a lo largo de la vida.

Conviene tenerlo en cuenta y no olvidar aquello de que las relaciones son como un jardín que hay que regar a menudo.

MEDITACIÓN Y SALUD CEREBRAL

Si a pesar de todo lo que te he contado sigues teniendo reticencias a sumergirte en el bullicio social, está bien, no te preocupes. Cada persona es un mundo, y forzarnos a participar en actividades que nos resultan incómodas puede ser contraproducente.

Además, tu Neurópolis no está condenada a languidecer en absoluta soledad; la ciencia también ofrece apoyo a las personas introvertidas y ha validado formas alternativas de obtener algunos de los beneficios de la interacción social sin la necesidad de convertirte en el alma de la fiesta.

En primer lugar, los seres humanos podemos generar sentimientos de compasión, conexión social y afecto hacia los demás mediante ciertas prácticas meditativas derivadas de las tradiciones budistas, como la meditación del amor bondadoso (también conocida como Metta o LKM, por sus siglas en inglés: *Loving-Kindness Meditation*). Nada más lejos de mi intención que ponerme en plan *hippy flowers*, pero esta práctica merece una mención especial.

La meditación LKM no solo nos enseña a dirigir sentimientos positivos de amor y compasión hacia los demás, sino que también nos convierte en receptores de nuestro propio afecto, como si aprendiéramos a ser nuestro mejor amigo y nuestro mayor soporte.

Relacionada con esta, la Meditación de Compasión aumenta la sensación de conexión social incluso con personas desconocidas. Además, lo que encuentro absolutamente impresionante es que se ha asociado con telómeros más largos en las mujeres que la practican, lo que sugiere un posible efecto protector contra el envejecimiento celular.

Por si fuera poco, hay estudios científicos que asocian la Meditación de la Compasión con la disminución de marcadores moleculares del *inflammaging*. Por ejemplo, un estudio desarrollado en España y publicado en la revista *Scientific Reports* en 2019 demostró que ocho sesiones semanales de dos horas de esta práctica reducían los niveles en sangre de sustancias proinflamatorias, como la proteína C-reactiva.

En otro estudio, se midieron los «niveles de autocompasión» de los participantes mediante una prueba psicológica estandarizada, tras la cual se los expuso a una situación estresante. Los investigadores observaron que los participantes con mayor autocompasión tenían niveles más bajos de interleucina-6, otra proteína implicada en el *inflammaging*, en comparación con los participantes menos autocompasivos.

De hecho, incorporar prácticas de meditación en nuestra vida, aunque simplemente consistan en unos minutos de respiración consciente, es beneficioso no solo para el cerebro, sino también para la salud en general, como demuestran muchos estudios. En mi caso, aunque he intentado en múltiples ocasiones adoptar una rutina diaria de meditación, debo confesar que no he tenido demasiado éxito. Me cuesta concentrarme y lo acabo dejando después de unos días... Tengo claro que, como todo, requiere de tiempo, práctica y paciencia.

Amigos peludos: socializar sin tener que aguantar a nadie

Existe una manera alternativa de aportar a Neurópolis su ración de «pseudosocialización» sin que haya personas cerca: tener animales de compañía. Más allá del vínculo emocional que establecemos con nuestras mascotas, algunos estudios revelan beneficios tangibles en la salud cognitiva de sus dueños.

La interacción con animales domésticos parece tener efectos positivos que van desde la reducción del estrés hasta la promoción de la actividad física, factores que, como sabes, influyen directamente en el bienestar cerebral.

Es innegable que las mascotas fomentan la interacción social y, en este sentido, numerosos estudios sugieren que el contacto con animales contribuye significativamente a mantener las capacidades cognitivas.

Esto es especialmente importante para las personas mayores que viven solas, cuyas mascotas podrían ser un valioso sustituto de la interacción humana. Sin ir más lejos, en un estudio publicado en 2023 y que incluyó a 7.945 participantes con una media de edad de sesenta y seis años, la tenencia de mascotas se asoció con tasas más lentas de declive cognitivo, incluyendo las funciones verbales, la memoria y la fluidez mental. Este efecto se mostró particularmente pronunciado en las personas que vivían solas.

De manera similar, otro estudio desarrollado en Baltimore y que examinó a noventa y cinco participantes con edades comprendidas entre los veinte y setenta y cuatro años, reveló que los propietarios de mascotas mostraban una mayor velocidad de procesamiento mental, capacidad de atención y memoria episódica. Además, presentaban un mayor volumen en determinadas áreas cerebrales.

Curiosamente, estos efectos eran más acentuados en las personas que convivían con más de una mascota, en comparación con las que tenían solo una o ninguna.

Pero quizá el hallazgo más sorprendente, según un estudio científico, fue que tener una mascota podría reducir la «edad cerebral» hasta en quince años.

Llegados a este punto, la pregunta es: ¿cualquier animal sirve?

La respuesta parece obvia: no. Por mucho que te gusten los peces, un acuario no deja de ser una especie de salvapantallas que necesita que le eches comida. La clave está en tener animales de compañía, literalmente. Y dentro de esta categoría, muy a mi pesar, los perros son los que se llevan la palma.

Digo muy a mi pesar porque, aunque me encantan los perros, siempre he preferido a los gatos. Desde que tenía seis años, en mi casa jamás ha faltado la presencia de uno o más felinos.

Ciertamente, la inmensa mayoría de los estudios que reportan efectos beneficiosos sobre la cognición derivados de tener mascotas especifican que dichas mascotas son perros. Y varios añaden que los beneficios son más evidentes cuando se pasea a los perros con mayor regularidad, lo que podría implicar que la combinación de compañía animal y actividad física regular tiene un efecto sinérgico en la salud cognitiva.

Si le sumamos que, según parece, pasear perros es una excelente manera de ligar —con los dueños o dueñas de otros perros—, todo son ventajas.

No obstante, y en virtud de mi pasión gatuna, no puedo concluir este capítulo sin mencionar los resultados de un equipo de investigadores italianos liderados por la doctora Nicola Veronese.

Su estudio incluyó a 8.291 participantes con una edad promedio de sesenta y seis años, y categorizó la tenencia de mascotas en
cuatro grupos: sin mascota, con perro, con gato o con otra mascota.

Al evaluar la función cognitiva, los dueños de gatos mostraron
un declive menor en la fluidez verbal. Menos da una piedra.

En esencia

- Si no le ponemos remedio, la soledad no buscada reduce la longevidad y merma la salud mental.
- Tanto los amigos íntimos como los conocidos con los que interactuamos tienen un importante papel neuro-protector.
- Meditar en la autocompasión es una manera de conectar con uno mismo y reducir el estrés y la ansiedad, junto con sus peligrosos derivados para la salud del cerebro.
- Las mascotas, entre sus muchas ventajas, contribuyen a nuestro bienestar afectivo y mental.

EPÍLOGO

¿Seremos algún día jóvenes para siempre?

Escribo estas últimas líneas mientras de fondo suena «Forever Young», el icónico himno a la juventud que dio nombre al álbum debut de Alphaville, la banda alemana de New Wave, en 1984. Pocas canciones han capturado tan bien ese anhelo de prolongar indefinidamente lo que se considera una de las mejores etapas de la vida.

Cuántas veces habremos oído aquello de «¡Ay, si tuviera veinte años menos, con lo que sé ahora!», ¿verdad?

Como científico que trabaja en el campo de las enfermedades asociadas al envejecimiento, no puedo evitar pronunciarme sobre la posibilidad de alcanzar ese sueño de ser eternamente jóvenes.

Ante esta encerrona que me he ido labrando a medida que escribía este libro, déjame hacerte algunas consideraciones previas.

Mis dotes de profeta son nulas y te lo voy a demostrar mediante tres *epic fails* grabados a fuego en mi currículum.

El primero tuvo lugar a comienzos de 2008, cuando mi querido F. C. Barcelona barajaba varias opciones para sustituir al entrenador Frank Rijkaard, tras una temporada en blanco y otra que no pintaba nada bien. Uno de los candidatos era Pep Guardiola, a quien recordaba con mucho cariño y admiración de su etapa como jugador, pero que consideré una mala opción como entrenador debido a su escasa experiencia en ese papel. Por poco que te guste el fútbol, sabrás que mi error fue garrafal y que jamás me he alegrado tanto de haberme equivocado.

Mi segunda profecía frustrada fue en 2016, cuando creía imposible que un personaje tan histriónico como el republicano Donald Trump ganara las 58.as elecciones presidenciales de los Estados Unidos. Aproximadamente a las 17:00 (hora local) del 9 de noviembre de ese año, me encontraba remojándome en un *onsen* de Nagano, en Japón, con mis amigos Francesc Miralles, J. R. Casafont, Héctor García y Rafael Santandreu. La noticia de la victoria de Trump cayó sobre mí como un balde de agua fría, a pesar de que la del baño prácticamente quemaba.

Para terminar con este festival fallido de artes adivinatorias, cuando a principios de 2020 empezaron a sonar los ecos de una terrible pandemia capaz de poner el planeta del revés, yo estaba convencido de que se estaba exagerando. «No puede ser para tanto», pensaba. Y es que la situación era tan cinematográfica que no fui capaz de darle crédito hasta que tuve que encerrarme en casa, tirándome de los pelos con las cifras diarias de contagios y muertes con las que nos bombardeaban.

Al margen de mis escasas habilidades como futurólogo, conviene reflexionar sobre la posibilidad real de mantener un cerebro eternamente joven poniendo sobre la mesa lo que te he contado en este libro.

Seguramente has oído hablar de los *superagers*, personas de más de ochenta años cuyas capacidades cognitivas, especialmente la memoria, son comparables a las de adultos sanos hasta treinta años más jóvenes. Estas personas también muestran una menor atrofia cerebral y un mayor volumen del hipocampo de lo que sería típico para su edad.

Pues bien, la comunidad científica sigue devanándose los sesos para descubrir qué hace que los *superagers* tengan una Neurópolis resistente al envejecimiento. De entre los muchos factores que se barajan, se ha encontrado evidencia de que estos superabuelos presentan ciertas variantes genéticas poco comunes en la población normal.

Por lo tanto, una de las primeras condiciones para ser «Forever Young» podría ser contar con una combinación genética privilegiada; es decir, haber heredado un conjunto de genes con propiedades *antiaging*.

Pero como ahora sabes, la epigenética nos ha enseñado que, si no te ha tocado la lotería de la herencia, siempre puedes modular lo que está escrito en tu ADN cambiando tus hábitos de vida.

En este sentido, la Comisión Lancet sobre Demencia, un equipo multidisciplinario de expertos reclutado por una de las revistas médicas más prestigiosas del mundo, publicó en julio de 2024 un informe con toda la evidencia científica disponible hasta la fecha acerca de los factores de riesgo para desarrollar demencia y cómo prevenirlos.

Según las estimaciones de la comisión, hasta el 40 % de los casos de demencia podrían evitarse o retrasarse abordando un puñado de factores de riesgo, la mayoría de los cuales son consecuencia de unos hábitos de vida poco saludables.

Los hemos ido viendo a lo largo del libro: la obesidad, el sedentarismo, la hipertensión arterial, la diabetes, el colesterol elevado o la acumulación excesiva de grasa aumentan claramente el riesgo de demencia y pueden combatirse mediante ejercicio físico y una dieta saludable.

La comisión también señala factores que pueden ser consecuencia del aislamiento social. Por ejemplo, sentirse solo puede derivar en una depresión, y la pérdida auditiva facilita la desconexión con los demás. Tratar eficazmente estos problemas y mantener una vida socialmente activa es fundamental para la salud cognitiva, como también lo es ejercitar la mente a cualquier edad.

Más allá de estas estrategias, sobre las que he tratado largo y tendido en estas páginas, el tabaquismo y el consumo de alcohol también se han destapado como factores de riesgo que podemos evitar para prevenir la demencia.

Pongámonos en el caso de que, además de no tener una genética para tirar cohetes, tampoco te apeteciera adoptar un estilo de vida saludable. Siempre podrías soñar con que la todopoderosa ciencia te entregara una pastillita capaz de mantener tu Neurópolis fresca como una lechuga durante décadas.

Claro, para algo nos pagan a los que nos dedicamos a esto, ¿no? Tendrías todo tu derecho a reclamarlo.

Sobre este tema, te aseguro que se han descrito varios fármacos y compuestos de origen natural con propiedades *antiaging* muy prometedoras. Me refiero a moléculas capaces de incidir sobre todas las características del envejecimiento de las que te he hablado: la inflamación, la autofagia, la senescencia, el acortamiento de los telómeros, las disbiosis, el metabolismo, etc.

Yo mismo lo he visto en experimentos desarrollados por el equipo de investigación en el que trabajo. Sí, existen compuestos capaces de reducir la inflamación o la acumulación de amiloide beta en neuronas en cultivo, o que pueden mejorar las capacidades cognitivas de ratones con alzhéimer.

El problema está, precisamente, en que tales compuestos son eficaces en estudios preclínicos, con cultivos celulares o animales de experimentación. En el momento en que se trasladan a la práctica clínica, con ensayos bien diseñados sobre seres humanos, nos encontramos que su eficacia es muy baja, por no decir nula, o que directamente los efectos adversos superan a los beneficios.

Y es que los cultivos celulares y los modelos animales son aproximaciones muy burdas a la complejidad humana.

Por suerte, no está todo perdido. La ciencia avanza cada día y ha sido capaz de curar enfermedades que hace pocos años eran una sentencia de muerte. Sería razonable confiar en que en algún momento dará con la clave de la eterna juventud.

Sí, ya sé que estás esperando que me moje... Entonces, ¿seremos algún día jóvenes para siempre?

No, no lo creo. Además, he leído suficientes novelas y visto suficientes películas sobre vampiros como para pensar que tampoco sería un escenario demasiado agradable. El mismo Freddie Mercury cantaba aquello de «Who Wants to Live Forever», ¿no?

Si tenemos en cuenta que ya estamos desgastando el planeta por encima de sus posibilidades, es justo aceptar la fugacidad de las cosas y dejar espacio a las nuevas generaciones. Debemos envejecer y morir, claro que sí.

Dicho esto, no me cabe duda de que nuestros conocimientos sobre la longevidad y el envejecimiento seguirán creciendo. Llegará un punto en el que nos brindarán las claves y herramientas para vivir muchos más años con una salud mucho mejor que ahora.

Algunas están ya a nuestro alcance, como te he explicado a lo largo de este libro, y depende de ti incorporarlas a tu modus vivendi.

Creo que podremos, por lo tanto, llegar a ser centenarios sin dejar de cumplir aquello de «morir jóvenes y dejar un bonito cadáver», como decía Humphrey Bogart en la película *Llamad a cualquier puerta*.

Espero que lo que te he contado a lo largo de estas páginas te ayude a conseguirlo.

¡Te deseo una vida llena de energía y juventud a cualquier edad!

JORDI OLLOQUEQUI

AGRADECIMIENTOS

Se dice que es de bien nacido ser agradecido y, como yo lo soy, me disculparás si esta lista de agradecimientos resulta demasiado larga.

En primer lugar, quiero agradecer a mi madre, Juana, y a mi hermana, Mónica, por llevar más de cuatro décadas soportándome con tan buena disposición. También les agradezco que sean óptimas candidatas para donarme algún órgano en caso de que, Dios no lo quiera, necesite un trasplante. A mis tías, tíos, primas y primos, les doy las gracias por la misma razón.

A mi mejor amigo, guía espiritual, compañero de batallas y hermano, Francesc Miralles, por ser artífice de incontables momentos inolvidables en mi vida, incluida la publicación de este libro.

A Elisabet Navarro y Lola Almar, de Paidós, por su confianza, apoyo y paciencia.

A mi amiga Sonia Fernández-Vidal, por haber visto en mí el potencial como divulgador científico; al enorme David Bueno, por haberme contagiado la llama de la curiosidad científica cuando fui su alumno y por su amable prólogo.

A mi querida amiga y lectora beta Maria Emilia Juan, que ha contribuido de forma muy valiosa a mejorar el borrador del libro y desbloquear mi Neurópolis cuando ha sido necesario.

A José García Valero y Juan Montes, por enseñarme a ser investigador científico. A Ester Verdaguer, Carme Auladell y Antoni Camins, por introducirme en el mundo de las neurociencias y abrirme las puertas de su equipo de investigación.

A J. R. Casafont, Tony Verdi, Irene Claver, Isadora Puiggené, Pepe Müller, Anna Sólyom y Rafael Santandreu, por ser la tribu que nunca falla en los momentos clave. También a Alberto Ugalde, Gastón López, Carolina Cervera, Ignasi Milà, Guillermo Rey, Albert Ferrer,Diego Palomo, Laura Lara, Gerard Hernández, Raúl F. Julià, María Ramírez (x2), Pepe Grande, Antoni García, Vicente Gómez, Celso y Juan Carlos (The Towers Brothers), Irene Sahun, Ana Heredia, Anna Coromina, Enrique Tapias, Anna Ri Bily, Carlos Guindero, Yumi Hoops, Eugeni Rabal, Xavi Sierra, Oscar Olivares, Emma Planas, Renata Grandi y Pau Guiu. Envejecer no es tan grave si los tengo cerca.

A mis compañeros de batallas musicales, los «heavy metal hamsters» Ángel Domínguez, Rubén Sánchez, Daniel Soto, Pep Tàpies, Rodrigo Belinchón, Mark Pairés, David Ferrer, Miki Marset y Jon Romero, así como a Eva Flores, Miquel Aranda y Nue. Cómo no, también a Mónica Rosell, Guille Oriol y el resto de los amigos y amigas del coro de la facultad de Farmacia, por acompañarme en momentos inolvidables y ayudarme a poner en práctica el potencial neuroprotector de hacer música.

A Montserrat Mitjans, Raquel Martin, Joana M. Planas, Lluïsa Miró, Jaume del Valle y demás miembros del departamento de Bioquímica y Fisiología de la Facultad de Farmacia y Ciencias de la Alimentación de la Universidad de Barcelona, con quien es un privilegio hacer ciencia y aprender de nuestros estudiantes.

A ti, querido lector. Espero que este libro no te haya supuesto una pérdida de tiempo. Me hará ilusión saber que ha sido todo lo contrario.

A todos y todas, ¡gracias!

BIBLIOGRAFÍA

1. Breve historia de la neurociencia

Amr, S. S. y Tbakhi, A. (2007). «Abu Bakr Muhammad Ibn Zakariya Al Razi (Rhazes): Philosopher, Physician and Alchemist». *Annals of Saudi Medicine*, 27(4), 305-307.

Aufderheide, A. C. (2003). *The Scientific Study of Mummies*. Cambridge University Press.

Bay, N. S., & Bay, B. H. (2010). «Greek Anatomist Herophilus: The Father of Anatomy». *Anatomy & Cell Biology*, 43(4), 280-283.

Bir, S. C., Ambekar, S., Kukreja, S. y Nanda, A. (2015). «Julius Caesar Arantius (Giulio Cesare Aranzi, 1530-1589) and the Hippocampus of the Human Brain: History Behind the Discovery». *Journal of Neurosurgery*, 122(4), 971-975.

Breitenfeld, T., Jurasic, M. J. y Breitenfeld, D. (2014). «Hippocrates: The Forefather of Neurology». *Neurological Sciences*, 35(9), 1349-1352.

Dronkers, N. F., Plaisant, O., Iba-Zizen, M. T. y Cabanis, E. A. (2007). «Paul Broca's Historic Cases: High Resolution MR Imaging of the Brains of Leborgne and Lelong». *Brain*, 130(5), 1432-1441.

Finger, S. (1994). *Origins of Neuroscience: A History of Explorations into Brain Function*. Oxford University Press.

Giménez-Roldán, S. (2020). «Andrés Vesalio y el cerebro: limitaciones en *De humani corporis fabrica libri septem* y algunas digresiones al respecto». *Neurosciences and History*, 8(3), 76-86.

Jones, E. G. (1994). «Santiago Ramón y Cajal and the Croonian Lecture, March 1894». *Trends in Neurosciences*, 17(4), 190-192.

Keele, K. D. (1964). «Leonardo da Vinci's Influence on Renaissance Anatomy». *Medical History*, 8(4), 360-370.

López-Muñoz, F., Boya, J. y Alamo, C. (2006). «Neuron Theory, the Cornerstone of Neuroscience, on the Centenary of the Nobel Prize Award to Santiago Ramón y Cajal». *Brain Research Bulletin*, 70(4-6), 391-405.

Newman, R. (2017). *Neuropolis: A Brain Science Survival Guide*. HarperCollins.

Nutton, V. (2023). *Ancient Medicine*. Routledge.

Pavlov, P. I. (2010). «Conditioned Reflexes: An Investigation of the Physiological Activity of the Cerebral Cortex». *Annals of Neurosciences*, 17(3), 136-141.

Prkachin, Y. (2021). «The Sleeping Beauty of the Brain: Memory, MIT, Montreal, and the Origins of Neuroscience». *The University of Chicago Press Journals*, 112(1).

Raju, T. N. (1999). «The Nobel Chronicles. 1936: Henry Hallett Dale (1875-1968) and Otto Loewi (1873-1961)». *The Lancet*, 353(9150), 416.

Rocca, J. (2003). «Galen on the Brain: Anatomical Knowledge and Physiological Speculation in the Second Century AD». *Studies in Ancient Medicine*, 26, 1-313.

Rutten, G. J. (2022). «Broca-Wernicke Theories: A Historical Perspective». *Handbook of Clinical Neurology*, 185, 25-34.

Santacroce, L., Charitos, I. A., Topi, S. y Bottalico, L. (2019). «The Alcmaeon's School of Croton: Philosophy and Science». *Open Access Macedonian Journal of Medical Sciences*, 7(3), 500-503.

Schleim, S. (2022). «Neuroscience Education Begins with Good Science: Communication About Phineas Gage (1823-1860), One of Neurology's Most-Famous Patients, in Scientific Articles». *Frontiers in Human Neuroscience*, 16, 734174.

Tansey, E. M. (2006). «Henry Dale and the Discovery of Acetylcholine». *Comptes Rendus Biologies*, 329(5-6), 419-425.

Toga, A. W. y Mazziotta, J. C. (1996). *Brain Mapping: The Methods*. Academic Press.

University of Washington (s. f.). «Milestones in Neuroscience Research». En: <http://faculty.washington.edu/chudler/hist.html>.

Vargas, A., López, M., Lillo, C. y Vargas, M. J. (2012). «El papiro de Edwin Smith y su trascendencia médica y odontológica». *Revista Médica de Chile*, 140(10), 1357-1362.

Willis, T. (1664). *Cerebri Anatome: Cui accessit nervorum descriptio et usus*. Mart. & Allestry.

Wills, A. (1999). «Herophilus, Erasistratus, and the Birth of Neuroscience». *The Lancet*, 354(9191), 1719-1720.

Zimmer, H. G. (2006). «Otto Loewi and the Chemical Transmission of Vagus Stimulation in the Heart». *Clinical Cardiology*, 29(3), 135-136.

2. Neurópolis

Affifi, A. K. y Bergman, R. A. (2005). *Functional Neuroanatomy: Text and Atlas*. McGraw-Hill Medical.

Anders, M., Fjell, K. B. y Walhovd. (2010). «Structural Brain Changes in Aging: Courses, Causes and Cognitive Consequences». *Reviews in the Neurosciences*, 21(3), 187-221.

Arendt, J. (1998). «Melatonin and the Pineal Gland: Influence on Mammalian Seasonal and Circadian Physiology». *Reviews of Reproduction*, 3(1), 13-22.

Bear, M. F., Connors, B. W. y Paradiso, M. A. (2020). *Neuroscience: Exploring the Brain*. Wolters Kluwer.

Calso, C., Besnard, J. y Allain, P. (2019). «Frontal Lobe Functions in Normal Aging: Metacognition, Autonomy, and Quality of Life». *Experimental Aging Research*, 45(1), 10-27.

Carter, R. (2014). *The Human Brain Book: An Illustrated Guide to its Structure, Function, and Disorders*. DK Human Body Guides.

Chelsea, M., Stillman, Shannon, D. y Donofry, K. I. E. (2019). «Exercise, Fitness and the Aging Brain: A Review of Functional Connectivity in Aging». *Archives of Psychology*, 3(4).

Kandel, E. R., Schwartz, J. H., Jessell, T. M., Siegelbaum, S. A. y Hudspeth, A. J. (2012). *Principles of Neural Science*. McGraw Hill.

Kochunov, P., Thompson, P. M., Coyle, T. R., Lancaster, J. L., *et al.* (2008). «Relationship Among Neuroimaging Indices of Cerebral Health During Normal Aging». *Human Brain Mapping*, 29(1), 36-45.

LeDoux, J. (1998). *The Emotional Brain: The Mysterious Underpinnings of Emotional Life*. Weidenfeld & Nicolson.

—. (2003). «The Emotional Frain, Fear, and the Amygdala». *Cellular and Molecular Neurobiology*, 23(4-5), 727-738.

Moore, R. Y. (1996). «Neural Control of the Pineal Gland». *Behavioural Brain Research*, 73(1-2), 125-130.

Moscovitch, M., Cabeza, R., Winocur, G. y Nadel, L. (2016). «Episodic Memory and Beyond: The Hippocampus and Neocortex in Transformation». *Annual Review of Psychology*, 67, 105-134.

Moser, E. I., Kropff, E. y Moser, M. B. (2008). «Place Cells, Grid Cells, and the Brain's Spatial Representation System». *Annual Review of Neuroscience*, 31, 69-89.

Pandi-Perumal, S. R., BaHammam, A. S., Brown, G. M., Spence, D. W., *et al.* (2013). «Melatonin Antioxidative Defense: Therapeutical Implications for Aging and Neurodegenerative Processes». *Neurotoxicity Research*, 23(3), 267-300.

Patrikelis, P., Giovagnoli, A. R., Messinis, L., Fasilis, T., *et al.* (2022). «Understanding Frontal Lobe Function in Epilepsy: Juvenile Myoclonic Epilepsy vs. Frontal Lobe Epilepsy». *Epilepsy & Behavior*, 134, 108850.

Phelps, E. A. y LeDoux, J. E. (2005). «Contributions of the Amygdala to Emotion Processing: From Animal Models to Human Behavior». *Neuron*, 48(2), 175-187.

Pierce, J. E., Thomasson, M., Voruz, P., Mariani, E. C., *et al.* (2023). «Explicit and Implicit Emotion Processing in the Cerebellum: A Meta-analysis and Systematic Review». *Cerebellum*, 22(5), 852-864.

Rauch, S. L., Shin, L. M. y Phelps, E. A. (2006). «Neurocircuitry models of posttraumatic Stress Disorder and Extinction: Human Neuroimaging Research — Past, Present, and Future». *Biological Psychiatry*, 60(4), 376-382.

Saper, C. B. y Lowell, B. B. (2014). «The Hypothalamus». *Current Biology*, 24(23), R1111-R1116.

Schwartz, M. W. y Porte, D. Jr. (2005). «Diabetes, Obesity, and the Brain». *Science*, 307(5708), 375-379.

Squire, L. R. y Alvarez, P. (1995). «Retrograde Amnesia and Memory Consolidation: A Neurobiological Perspective». *Current Opinion in Neurobiology*, 5(2), 169-177.

Squire, L., Berg, D., Bloom, F. E., du Lac, S., *et al.* (2012). *Fundamental Neuroscience*. Academic Press.

Standring, S. y Gray, H. (2008). *Gray's Anatomy: The Anatomical Basis of Clinical Practice*. Elsevier Health Sciences.

3. Neuronas, circuitos y sinapsis

Azevedo, F. A. C., Carvalho, L. R. B., Grinberg, L. T., Farfel, J. M., *et al.* (2009). «Equal Numbers of Neuronal and Nonneuronal Cells Make the Human Brain an Isometrically Scaled-up Primate brain». *Journal of Comparative Neurology*, 513(5), 532-541.

Bear, M. F., Connors, B. W. y Paradiso, M. A. (2020). *Neuroscience: Exploring the Brain*. Wolters Kluwer.

Blumenstock, S. y Dudanova, I. (2022). «Balancing Neuronal Circuits». *Science*, 377(6613), 1383-1384.

Carlsson, A. (2001). «A Half-Century of Neurotransmitter Research: Impact on Neurology and Psychiatry». Conferencia Nobel.

Chidambaram, S. B., Rathipriya, A. G., Bolla, S. R., Bhat, A., *et al.* (2019). «Dendritic Spines: Revisiting the Physiological Role». *Progress in Neuro-Psychopharmacology and Biological Psychiatry*, 92, 161-193.

Cornejo, V. H., Ofer, N. y Yuste, R. (2022). «Voltage Compartmentalization in Dendritic Spines *In Vivo*». *Science*, 375(6576), 82-86.

Felleman, D. J. y Van Essen, D. C. (1991). «Distributed Hierarchical Processing in the Primate Cerebral Cortex». *Cerebral Cortex*, 1(1), 1-47.

Fiona, C. (2015). «Neural Circuits: Pruning the Projections». *Nature Reviews Neuroscience*, 16(7), 375.

Hodgkin, A. L. y Huxley, A. F. (1952). «A Quantitative Description of Membrane Current and its Application to Conduction and Excitation in Nerve». *The Journal of Physiology*, 117(4), 500-544.

Kozachkov, L., Kastanenka, K. V. y Krotov, D. (2023). «Building Transformers from Neurons and Astrocytes». *Proceedings of the National Academy of Sciences*, 120(34), e2219150120.

Luo, L. (2021). «Architectures of Neuronal Circuits». *Science*, 373(6559), eabg7285.

Malenka, R. C. y Bear, M. F. (2004). «LTP and LTD: An Embarrassment of Riches». *Neuron*, 44(1), 5-21.

Mountcastle, V. B. (1997). «The Columnar Organization of the Neocortex». *Brain*, 120(4), 701-722.

Purves, D., Augustine, G. J., Fitzpatrick, D., Hall, W. C., *et al.* (2018). *Neuroscience*. Sinauer Associates.

Rolls, E. T. (2016). *Cerebral Cortex: Principles of Operation*. Oxford University Press.

Saak, V., Ovsepian, Valerie, B., O'Leary y Nikolai, P., Vesselkin. (2020). «Evolutionary Origins of Chemical Synapses». *Vitamins and Hormones Series*, 114, 1-21.

Segal, M. (2017). «Dendritic Spines: Morphological Building Blocks of Memory». *Neurobiology of Learning and Memory*, 138, 3-9.

Sharpee, T. O. (2014). «Toward Functional Classification of Neuronal Types». *Neuron*, 83(6), 1329-1334.

Shepherd, G. M. (1998). *The Synaptic Organization of the Brain*. Oxford University Press.

Sporns, O. (2011). *Networks of the Brain*. MIT press.

4. ¿Por qué envejecemos?

Arking, R. (2006). *Biology of Aging: Observations and Principles*. Oxford University Press.

Asimov, I. (1991). *The Human Body and How It Works*. Signet.

Barman, B., Kushwaha, A. y Thakur, M. K. (2021). «Vitamin B12-Folic Acid Supplementation Regulates Neuronal Immediate Early Gene Expression and Improves Hippocampal Dendritic Arborization and Memory in Old Male Mice». *Neurochemistry International*, 150, 105181.

Beckman, K. B. y Ames, B. N. (1998). «The Free Radical Theory of Aging Matures». *Physiological Reviews*, 78(2), 547-581.

Castelli, V., Benedetti, E., Antonosante, A., Catanesi, M., *et al.* (2019). «Neuronal Cells Rearrangement During Aging and Neurodegenerative Disease: Metabolism, Oxidative Stress and Organelles Dynamic». *Frontiers in Molecular Neuroscience*, 12, 132.

Comfort, A. (1964). *Ageing. The Biology of Senescence*. Routledge & Kegan Paul.

Da Costa, J. P., Vitorino, R., Silva, G. M., Vogel, C., *et al.* (2016). «A Synopsis on Aging-Theories, Mechanisms and Future Prospects». *Ageing Research Reviews*, 29, 90-112.

Dröge, W. (2002). «Free Radicals in the Physiological Control of Cell Function». *Physiological Reviews*, 82(1), 47-95.

Floyd, R. A. (1999). «Antioxidants, Oxidative Stress, and Degenerative Neurological Disorders». *Proceedings of the Society for Experimental Biology and Medicine*, 222(3), 236-245.

Floyd, R. A. y Hensley, K. (2002). «Oxidative Stress in Brain Aging.Implications for Therapeutics of Neurodegenerative Diseases». *Neurobiology of Aging*, 23(5), 795-807.

Fukui, K., Omoi, N. O., Hayasaka, T., Shinnkai, T., *et al.* (2002). «Cognitive Impairment of Rats Caused by Oxidative Stress and Aging, and its Prevention by Vitamin E». *Annals of the New York Academy of Sciences*, 959, 275-284.

Haddadi, M., Jahromi, S. R., Sagar, B. K., Patil, R. K., *et al.* (2014). «Brain Aging, Memory Impairment and Oxidative Stress: A Study in Drosophila Melanogaster». *Behavioural Brain Research*, 259, 60-69.

Harman, D. (1993). «Free Radical Involvement in Aging». *Drugs & Aging*, 3(1), 60-80.

—. (1981). «The Aging Process». *Proceedings of the National Academy of Sciences*, 78(11), 7124-7128.

Hayflick, L. (2007). «Entropy Explains Aging, Genetic Determinism Explains Longevity, and Undefined Terminology Explains Misunderstanding Both». *PLOS Genetics*, 3(12), e220.

Head, E. (2009). «Oxidative Damage and Cognitive Dysfunction: Antioxidant Treatments to Promote Healthy Brain Aging». *Neurochemical Research*, 34(4), 670-678.

Hu, D., Serrano, F., Oury, T. D. y Klann, E. (2006). «Aging-Dependent Alterations in Synaptic Plasticity and Memory in Mice that Overexpress Extracellular Superoxide Dismutase». *Journal of Neuroscience*, 26(15), 3933-3941.

Kamat, P. K., Kalani, A., Rai, S., Swarnkar, S., *et al.* (2016). «Mechanism of Oxidative Stress and Synapse Dysfunction in the Pathogenesis of Alzheimer's Disease: Understanding the Therapeutics Strategies». *Molecular Neurobiology*, 53(1), 648-661.

Kandlur, A., Satyamoorthy, K. y Gangadharan, G. (2020). «Oxidative Stress in Cognitive and Epigenetic Aging: A Retrospective Glance». *Frontiers in Molecular Neuroscience*, 13, 41.

Kirkwood, T. B. (2011). «Systems Biology of Ageing and Longevity». *Philosophical Transactions of the Royal Society B: Biological Sciences*, 366(1561), 64-70.

— (2005). «Understanding the Odd science of Aging». *Cell*, 120(4), 437-447.

Liguori, I., Russo, G., Curcio, F., Bulli, G., *et al.* (2018). «Oxidative Stress, Aging, and Diseases». *Clinical Interventions in Aging*, 13, 757-772.

Longo, V. D., Mitteldorf, J. y Skulachev, V. P. (2005). «Programmed and Altruistic Ageing». *Nature Reviews Genetics*, 6(11), 866-872.

Mecocci, P., Boccardi, V., Cecchetti, R., Bastiani, P., *et al.* (2018). «A Long Journey into Aging, Brain Aging, and Alzheimer's Disease Following the Oxidative Stress Tracks. *Journal of Alzheimer's Disease*, 62(3), 1319-1335.

Medvedev, Z. A. (1990). «An Attempt at a Rational Classification of Theories of Ageing». *Biological Reviews*, 65(3), 375-398.

Nagai, T., Yamada, K., Kim, H. C., Kim, Y. S., *et al.* (2003). «Cognition Impairment in the Genetic Model of Aging Klotho Gene Mutant Mice: A Role of Oxidative Stress». *The FASEB Journal*, 17(1), 50-52.

Phaniendra, A., Jestadi, D. B. y Periyasamy, L. (2015). «Free Radicals: Properties, Sources, Targets, and their implication in Various Diseases». *Indian Journal of Clinical Biochemistry*, 30(1), 11-26.

Rodrigues Siqueira, I., Fochesatto, C., da Silva Torres, I. L., Dalmaz, C. y Alexandre Netto, C. (2005). «Aging Affects Oxidative State in Hippocampus, Hypothalamus and Adrenal Glands of Wistar Rats». *Life Sciences*, 78(3), 271-278.

Shen X, Wang C, Zhou X, Zhou W, *et al.* (2024). «Nonlinear Dynamics of Multi-Omics Profiles During Human Aging». *Nature Aging*, 4, 1619-1634.

Singh, P., Barman, B. y Thakur, M. K. (2022). «Oxidative Stress-Mediated Memory Impairment During Aging and its Therapeutic Intervention by Natural Bioactive Compounds». *Frontiers in Aging Neuroscience*, 14, 944697.

Vetrano, D. L., Bianchini, E., Onder, G., Cricelli, I., *et al.* (2017). «Poor Adherence to Chronic Obstructive Pulmonary Disease Medications in Primary Care: Role of Age, Disease Burden and Polypharmacy». *Geriatrics & Gerontology International*, 17(12), 2500-2506.

Zheng, H., Yang, Y. y Land, K. C. (2011). «Heterogeneity in the Strehler-

Mildvan General Theory of Mortality and Aging». *Demography*, 48(1), 267-290.

5. Genética y epigenética del envejecimiento

Anitha, A., Thanseem, I., Vasu, M. M., Viswambharan, V. y Poovathinal, S. A. (2019). «Telomeres in Neurological Disorders». *Advances in Clinical Chemistry*, 90, 81-132.

Bejaoui, Y., Razzaq, A., Yousri, N. A., Oshima, J., *et al.* (2022). «DNA Methylation Signatures in Blood DNA of Hutchinson-Gilford Progeria Syndrome». *Aging Cell*, 21(2), e13555.

Bersani, F. S., Lindqvist, D., Mellon, S. H., Penninx, B. W., *et al.* (2015). «Telomerase Activation as a Possible Mechanism of Action for Psychopharmacological Interventions». *Drug Discovery Today*, 20(11), 1305-1309.

Blackburn, E. H. (1991). «Structure and Function of Telomeres». *Nature*, 350(6319), 569-573.

Blackburn, E. H. y Gall, J. G. (1978). «A Tandemly Repeated Sequence at the Termini of the Extrachromosomal Ribosomal RNA Genes in Tetrahymena». *Journal of Molecular Biology*, 120(1), 33-53.

Blasco, M. A. (2007). «The Epigenetic Regulation of Mammalian Telomeres». *Nature Reviews Genetics*, 8, 299-309.

Blokzijl, F., de Ligt, J., Jager, M., Sasselli, V., *et al.* (2016). «Tissue-Specific Mutation Accumulation in Human Adult Stem Cells During Life». *Nature*, 538, 260-264.

Cagan, A., Baez-Ortega, A., Brzozowska, N., Abascal, F., *et al.* (2022). «Somatic Mutation Rates Scale with Lifespan Across Mammals». *Nature*, 604, 517-524.

Coutelier, H., Xu, Z., Morisse, M. C., Lhuillier-Akakpo, M., *et al.* (2018). «Adaptation to DNA Damage Checkpoint in Senescent Telomerase-Negative Cells Promotes Genome Instability». *Genes & Development*, 32(23-24), 1499-1513.

Duan, R., Fu, Q., Sun, Y. y Li, Q. (2022). «Epigenetic Clock: A Promising Biomarker and Practical Tool in Aging». *Ageing Research Reviews*, 81, 101743.

Dunham, M. A., Neumann, A. A., Fasching, C. L. y Reddel, R. R. (2000).

«Telomere Maintenance by Recombination in Human Cells». *Nature Genetics*, 26(4), 447-450.

Gonzalez-Giraldo, Y., Forero, D. A., Echeverria, V., Gonzalez, J., *et al.* (2016). «Neuroprotective Effects of the Catalytic Subunit of Telomerase: A Potential Therapeutic Target in the Central Nervous System». *Ageing Research Reviews*, 28, 37-45.

Harley, C. B., Futcher, A. B. y Greider, C. W. (1990). «Telomeres Shorten During Ageing of Human Fibroblasts». *Nature*, 345, 458-460.

Hennekam, R. C. M. (2020). «Pathophysiology of Premature Aging Characteristics in Mendelian Progeroid Disorders». *European Journal of Medical Genetics*, 63(11), 104028.

López-Otín, C., Blasco, M. A., Partridge, L., Serrano, M. y Kroemer, G. (2023). «Hallmarks of Aging: An Expanding Universe». *Cell*, 186(2), 243-278.

Lu, Y.-X., Regan, J. C., Eßer, J., Drews, L. F., *et al.* (2021). «A TORC1-Histone Axis Regulates Chromatin Organisation and Non-Canonical Induction of Autophagy to Ameliorate Ageing». *eLife*, 10, e62233.

Martincorena, I., Fowler, J. C., Wabik, A., Lawson, A. R. J., *et al.* (2018). «Somatic Mutant Clones Colonize the Human Esophagus With Age». *Science*, 362(6417), 911-917.

McClintock, B. (1939). «The Behavior in Successive Nuclear Divisions of a Chromosome Broken at Meiosis». *Proceedings of the National Academy of Sciences of the United States of America*, 25(8), 405-416.

Miller, M. B., Huang, A. Y., Kim, J., Zhou, Z., *et al.* (2022). «Somatic Genomic Changes in Single Alzheimer's Disease Neurons». *Nature*, 604, 714-722.

North, B. J., Rosenberg, M. A., Jeganathan, K. B., Hafner, A. V., *et al.* (2014). «SIRT2 Induces the Checkpoint Kinase BubR1 to Increase Lifespan». *EMBO Journal*, 33(13), 1438-1453.

Oh, E. S. y Petronis, A. (2021). «Origins of Human Disease: The Chronoepigenetic Perspective». *Nature Reviews Genetics*, 22(8), 533-546.

Qu, Y., Duan, Z., Zhao, F., Wei, D., *et al.* (2011). «Telomerase Reverse Transcriptase Upregulation Attenuates Astrocyte Proliferation and Promotes Neuronal Survival in the Hypoxic-Ischemic Rat Brain». *Stroke*, 42(12), 3542-3550.

Quesada, V., Freitas-Rodríguez, S., Miller, J., Pérez-Silva, J.G., *et al.* (2019). «Giant Tortoise Genomes Provide Insights into Longevity and Age-Related Disease». *Nature Ecology & Evolution*, 3(1), 87-95.

Roake, C. M. y Artandi, S. E. (2016). «DNA Repair: Telomere-Lengthening Mechanism Revealed». *Nature*, 539(7627), 35-36.

Seale, K., Horvath, S., Teschendorff, A., Eynon, N. y Voisin, S. (2022). «Making Sense of the Ageing Methylome». *Nature Reviews Genetics*, 23(10), 585-605.

Shay, J. W. y Wright, W. E. (2019). «Telomeres and Telomerase: Three Decades of Progress». *Nature Reviews Genetics*, 20(5), 299-309.

Siddiqui, T., Dong, X., Peter, Y., *et al.* (2022). «Single-Cell Analysis of Somatic Mutations in Human Bronchial Epithelial Cells in Relation to Aging and Smoking». *Nature Genetics*, 54(4), 492-498.

Smogorzewska, A. y De Lange, T. (2004). «Regulation of Telomerase by Telomeric Proteins». *Annual Review of Biochemistry*, 73, 177-208.

Whittemore, K., Derevyanko, A. y Martinez, P. (2019). «Telomerase Gene Therapy Ameliorates the Effects of Neurodegeneration Associated to Short Telomeres in Mice». *Aging*, 11(10), 2916-2948.

Wu, R. A., Upton, H. E., Vogan, J. M. y Collins, K. (2017). «Telomerase Mechanism of Telomere Synthesis». *Annual Review of Biochemistry*, 86(1), 439-460.

6. Células viejas con síndrome de Diógenes

Alsaleh, G., Panse, I., Swadling, L., Zhang, H., *et al.* (2020). «Autophagy in T Cells from Aged Donors Is Maintained by Spermidine and Correlates with Function and Vaccine responses». *eLife*, 9, e57950.

Aman, Y., Schmauck-Medina, T., Hansen, M., Morimoto, R. I., *et al.* (2021). «Autophagy in Healthy Aging and Disease». *Nature Aging*, 1(8), 634-650.

Bobkova, N. V., Evgen'ev, M., Garbuz, D. G., Kulikov, A. M., *et al.* (2015). «Exogenous Hsp70 Delays Senescence and Improves Cognitive Function in Aging Mice». *Proceedings of the National Academy of Sciences*, 112(52), 16006-16011.

Bourdenx, M., Martín-Segura, A., Scrivo, A., Rodriguez-Navarro, J. A., *et al.* (2021). «Chaperone-Mediated Autophagy Prevents Collapse of the Neuronal Metastable Proteome». *Cell*, 184(10), 2696-2714.

Cuervo, A. M. y Dice, J. F. (1998). «How Do Intracellular Proteolytic Systems Change With Age?». *Frontiers in Bioscience*, 3, D25-D43.

Danics, L., Abbas, A. A., Kis, B. y Pircs, K. (2023). «Fountain of Youth-Targeting Autophagy in Aging». *Frontiers in Aging Neuroscience*, 15, 1125739.

Dong, S., Wang, Q., Kao, Y. R., Diaz, A., *et al.* (2021). «Chaperone-Mediated Autophagy Sustains Haematopoietic Stem-Cell Function». *Nature*, 591(7848), 117-123.

Fernando, R., Drescher, C., Devaraj, S. Y Kovacs, E. J. (2020). «Age-Related Maintenance of the Autophagy-Lysosomal System Is Dependent on Skeletal Muscle Type». *Oxidative Medicine and Cellular Longevity*, 2020, 4908162.

Guarente, L., Sinclair, D. A. y Kroemer, G. (2024). «Human Trials Exploring Anti-Aging Medicines». *Cell Metabolism*, 36(2), 354-376.

Hafycz, J. M., Strus, E. y Naidoo, N. (2022). «Reducing ER Stress with Chaperone Therapy Reverses Sleep Fragmentation and Cognitive Decline in Aged Mice». *Aging Cell*, 21(6), e13598.

Hansen, M., Rubinsztein, D. C. y Walker, D. W. (2018). «Autophagy as a Promoter of Longevity: Insights from Model Organisms». *Nature Reviews Molecular Cell Biology*, 19(9), 579-593.

Hipp, M. S., Kasturi, P. y Hartl, F. U. (2019). «The Proteostasis Network and its Decline in Ageing». *Nature Reviews Molecular Cell Biology*, 20(7), 421-435.

Hughes, A. L. y Gottschling, D. E. (2012). «An Early Age Increase in Vacuolar pH Limits Mitochondrial Function and Lifespan in Yeast». *Nature*, 492(7428), 261-265.

Imai, J., Yashiroda, H., Maruya, M., Yahara, I. y Tanaka, K. (2003). «Proteasomes and Molecular Chaperones: Cellular Machinery Responsible for Folding and Destruction of Unfolded Proteins». *Cell Cycle*, 2(6), 585-590.

Kamihara, T. y Murohara, T. (2021). «Bioinformatics Analysis of Autophagy-Lysosomal Degradation in Cardiac Aging». *Geriatrics & Gerontology International*, 21(2), 108-115.

Kaushik, S. y Cuervo, A. M. (2015). «Proteostasis and Aging». *Nature Medicine*, 21(12), 1406-1415.

Kaushik, S., Rodriguez-Navarro, J. A., Arias, E., Kiffin, R., *et al.* (2012). «Loss of Autophagy in Hypothalamic POMC Neurons Impairs Lipolysis». *EMBO Reports*, 13(3), 258-265.

Klaips, C. L., Jayaraj, G. G. y Hartl, F. U. (2017). «Pathways of Cellular

Proteostasis in Aging and Disease». *Journal of Cell Biology*, 217(1), 51-63.

Kuma, A., Komatsu, M. y Mizushima, N. (2017). «Autophagy-Monitoring and Autophagy-Deficient Mice». *Autophagy*, 13(10), 1619-1628.

Labbadia, J. y Morimoto, R. I. (2015). «The Biology of Proteostasis in Aging and Disease». *Annual Review of Biochemistry*, 84, 435-464.

Lackie, R. E., Razzaq, A. R., Farhan, S. M., Qiu, L. R., *et al.* (2020). «Modulation of Hippocampal Neuronal Resilience During Aging by the Hsp70/Hsp90 Co-Chaperone STI1». *Journal of Neurochemistry*, 153(6), 727-758.

Li, P., Ma, Y., Yu, C., Wu, S., *et al.* (2021). «Autophagy and Aging: Roles in Skeletal Muscle, Eye, Brain and Hepatic Tissue». *Frontiers in Cell and Developmental Biology*, 9, 752962.

Liang, W., Moyzis, A. G., Lampert, M. A., Diao, R. Y., *et al.* (2020). «Aging Is Associated with a Decline in Atg9b-Mediated Autophagosome Formation and Appearance of Enlarged Mitochondria in the Heart». *Aging Cell*, 19(8), e13187.

Loeffler, D. A. (2019). «Influence of Normal Aging on Brain Autophagy: A Complex Scenario». *Frontiers in Aging Neuroscience*, 11, 49.

López-Otín, C., Blasco, M. A., Partridge, L., Serrano, M. y Kroemer, G. (2023). «Hallmarks of Aging: An Expanding Universe». *Cell*, 186(2), 243-278.

Matecic, M., Smith, D. L., Pan, X., Maqani, N., *et al.* (2010). «A Microarray-Based Genetic Screen for Yeast Chronological Aging Factors». *PLoS Genetics*, 6(4), e1000921.

Monaco, A. y Fraldi, A. (2020). «Protein Aggregation and Dysfunction of Autophagy-Lysosomal Pathway: A Vicious Cycle in Lysosomal Storage Diseases». *Frontiers in Molecular Neuroscience*, 13, 37.

Moreno, D. F., Jenkins, K., Morlot, S., Charvin, G., *et al.* (2019). «Proteostasis Collapse, a Hallmark of Aging, Hinders the Chaperone-Start Network and Arrests Cells in G1». *eLife*, 8, e48240.

Munkácsy, E., Chocron, E. S., Quintanilla, L., Gendron, C. M., *et al.* (2019). «Neuronal-Specific Proteasome Augmentation Via Prosb5 Overexpression Extends Lifespan and Reduces Age-Related Cognitive Decline». *Aging Cell*, 18(5), e13005.

Nettesheim, A., Lopes, F. M., Rocha, A. C., Senko,'L. M., *et al.* (2020). «Autophagy in the Aging and Experimental Ocular Hypertensive

Mouse Model». *Investigative Ophthalmology & Visual Science*, 61(6), 31.

Pareja-Cajiao, M., Bernal, A., Calixto-Galeano, S. L., Buitrago-Ariza, L., *et al.* (2021). «Age-Related Impairment of Autophagy in Cervical Motor Neurons». *Experimental Gerontology*, 144, 111193.

Porter, K. R. y Novikoff, A. B. (1974). «The 1974 Nobel Prize for Physiology or Medicine». *Science*, 186(4163), 516-520.

Pyo, J. O., Yoo, S. M., Ahn, H. H., Nah, J., *et al.* (2013). «Overexpression of Atg5 in Mice Activates Autophagy and Extends Lifespan». *Nature Communications*, 4(1), 2300.

Ross, C. A. y Poirier, M. A. (2004). «Protein Aggregation and Neurodegenerative Disease». *Nature Medicine*, 10(7), S10-S17.

Sarkis, G. J., Ashcom, J. D., Hawdon, J. M. y Jacobson, L. A. (1988). «Decline in Protease Activities with Age in the Nematode Caenorhabditis Elegans». *Mechanisms of Ageing and Development*, 45(3), 191-201.

Schubert, U., Antón, L. C., Gibbs, J., Norbury, C. C., *et al.* (2000). «Rapid Degradation of a Large Fraction of Newly Synthesized Proteins by Proteasomes». *Nature*, 404(6779), 770-774.

Shelton, L. B., Koren, J. y Blair, L. J. (2017). «Imbalances in the Hsp90 Chaperone Machinery: Implications for Tauopathies». *Frontiers in Neuroscience*, 11, 724.

Simonsen, A., Cumming, R. C., Brech, A., Isakson, P., *et al.* (2008). «Promoting Basal Levels of Autophagy in the Nervous System Enhances Longevity and Oxidant Resistance in Adult Drosophila». *Autophagy*, 4(2), 176-184.

Soto, C. y Pritzkow, S. (2018). «Protein Misfolding, Aggregation, and Conformational Strains in Neurodegenerative Diseases». *Nature Neuroscience*, 21(10), 1332-1340.

Sun, Y., Yolitz, J., Wang, C., Spangler, E., *et al.* (2020). «Lysosome Activity is Modulated by Multiple Longevity Pathways and is Important for Lifespan Extension in C. Elegans». *eLife*, 9, e55745.

Tabibzadeh, S. (2023). «Role of Autophagy in Aging: The Good, the Bad, and the Ugly». *Aging Cell*, 22(1), e13753.

Tan, L., Register, T. C. y Yammani, R. R. (2020). «Age-Related Decline in Expression of Molecular Chaperones Induces Endoplasmic Reticulum Stress and Chondrocyte Apoptosis in Articular Cartilage». *Aging and Disease*, 11(5), 1091-1102.

Taylor, R. C. y Dillin, A. (2011). «Aging as an Event of Proteostasis Collapse». *Cold Spring Harbor Perspectives in Biology*, 3(5), a004440.

Toth, M. L., Sigmond, T., Borsos, E., Barna, J., *et al.* (2008). «Longevity Pathways Converge on Autophagy Genes to Regulate Lifespan in Caenorhabditis Elegans». *Autophagy*, 4(3), 330-338.

Tsakiri, E. N., Iliaki, K. K., Höhn, A., Grimm, S., *et al.* (2013). «Diet-Derived Advanced Glycation End Products or Lipofuscin Disrupts Proteostasis and Reduces Lifespan in Drosophila Melanogaster». *Free Radical Biology and Medicine*, 65, 1155-1163.

Ulgherait, M., Rana, A., Rera, M., Graniel, J. y Walker, D. W. (2014). «AMPK Modulates Tissue and Organismal Aging in a Non-Cell-Autonomous Manner». *Cell Reports*, 8(6), 1767-1780.

Vaz, M., Silva, V., Monteiro, C. y Silvestre, S. (2022). «Role of Aducanumab in the Treatment of Alzheimer's Disease: Challenges and Opportunities». *Clinical Interventions in Aging*, 17, 797-810.

Yamamuro, T., Kawabata, T., Fukuhara, A., Saita, S., *et al.* (2020). «Age-Dependent Loss of Adipose Rubicon Promotes Metabolic Disorders Via Excess Autophagy». *Nature Communications*, 11(1), 4150.

7. Fuego amigo y células zombis

Altman, J. (1962). «Are New Neurons Formed in the Brains of Adult Mammals?». *Science*, 135(3509), 1127-1128.

— (2011). «The Discovery of Adult Mammalian Neurogenesis». En T. Seki, K. Sawamoto, J. M. Parent y A. Alvarez-Buylla (Eds.), *Neurogenesis in the Adult Brain I* (pp. 3-46). Springer Japan.

Altman, J. y Das, G. D. (1965). «Autoradiographic and Histological Evidence of Postnatal Hippocampal Neurogenesis in Rats». *Journal of Comparative Neurology*, 124(3), 319-335.

Birch, J. y Gil, J. (2020). «Senescence and the SASP: Many Therapeutic Avenues». *Genes & Development*, 34(23-24), 1565-1576.

Culig, L., Chu, X. y Bohr, V. A. (2022). «Neurogenesis in Aging and Age-Related Neurodegenerative Diseases». *Ageing Research Reviews*, 78, 101636.

Fulop, T., Larbi, A., Pawelec, G., Khalil, A., *et al.* (2023). «Immunology of Aging: The Birth of Inflammaging». *Clinical Reviews in Allergy & Immunology*, 64(2), 109-122.

Gorgoulis, V., Adams, P. D., Alimonti, A., Bennett, D. C., *et al.* (2019). «Cellular Senescence: Defining a Path Forward». *Cell*, 179(4), 813-827.

Harley, C. B., Vaziri, H., Counter, C. M. y Allsopp, R. C. (1992). «The Telomere Hypothesis of Cellular Aging». *Experimental Gerontology*, 27(4), 375-382.

Hayflick, L. y Moorhead, P. S. (1961). «The Serial Cultivation of Human Diploid Cell Strains». *Experimental Cell Research*, 25(3), 585-621.

Jin, W.-N., Shi, K., He, W., Sun, J.-H., *et al.* (2021). «Neuroblast Senescence in the Aged Brain Augments Natural Killer Cell Cytotoxicity Leading to Impaired Neurogenesis and Cognition». *Nature Neuroscience*, 24(1), 61-73.

Knopp, R. C., Erickson, M. A., Rhea, E. M., Reed, M. J. y Banks, W. A. (2023). «Cellular Senescence and the Blood-Brain Barrier: Implications for Aging and Age-Related Diseases». *Experimental Biology and Medicine*, 248(5), 399-411.

López-Otín, C., Blasco, M. A., Partridge, L., Serrano, M. y Kroemer, G. (2023). «Hallmarks of Aging: An Expanding Universe». *Cell*, 186(2), 243-278.

Melo dos Santos, L. S., Trombetta-Lima, M., Eggen, B. J. L. y Demaria, M. (2024). «Cellular Senescence in Brain Aging and Neurodegeneration». *Ageing Research Reviews*, 93, 102141.

Ransohoff, R. M. (2016). «How Neuroinflammation Contributes to Neurodegeneration». *Science*, 353(6301), 777-783.

Scudellari, M. (2017). «To Stay Young, Kill Zombie Cells». *Nature*, 550(7677), 448-450.

Shafqat, A., Khan, S., Omer, M. H., Niaz, M., *et al.* (2023). «Cellular Senescence in Brain Aging and Cognitive Decline». *Frontiers in Aging Neuroscience*, 15, 1281581.

Sikora, E., Bielak-Zmijewska, A., Dudkowska, M., Krzystyniak, A., *et al.* (2021). «Cellular Senescence in Brain Aging». *Frontiers in Aging Neuroscience*, 13, 646924.

Walker, K. A., Gottesman, R. F., Wu, A., Knopman, D. S., *et al.* (2019). «Systemic Inflammation During Midlife and Cognitive Change Over 20 Years: The ARIC Study». *Neurology*, 92(11), e1256-e1267.

Walker, K. A., Gross, A. L., Moghekar, A. R., Soldan, A., *et al.* (2017). «Midlife Systemic Inflammatory Markers Are Associated with Late-

Life Brain Volume: The ARIC Study». *Neurology*, 89(22), 2262-2270.

Xie, J., Van Hoecke, L. Y Vandenbroucke, R. E. (2021). «The Impact of Systemic Inflammation on Alzheimer's Disease Pathology». *Frontiers in Immunology*, 12, 796867.

Xu, M., Pirtskhalava, T., Farr, J. N., Weigand, B. M., *et al.* (2018). «Senolytics Improve Physical Function and Increase Lifespan in Old Age». *Nature Medicine*, 24(8), 1246-1256.

Zhang, W., Xiao, D., Mao, Q. y Xia, H. (2023). «Role of Neuroinflammation in Neurodegeneration Development». *Signal Transduction and Targeted Therapy*, 8(1), 267.

8. Equilibrio intestinal, equilibrio mental

Alsegiani, A. S. y Shah, Z. A. (2022). «The Influence of Gut Microbiota Alteration on Age-Related Neuroinflammation and Cognitive Decline». *Neural Regeneration Research*, 17(11), 2407-2412.

Cryan, J. F., O'Riordan, K. J., Cowan, C. S. M., Sandhu, K. V., *et al.* (2019). «The Microbiota-Gut-Brain Axis». *Physiological Reviews*, 99(4), 1877-2013.

Ghosh, T. S., Shanahan, F., & O'Toole, P. W. (2022). «The Gut Microbiome as a Modulator of Healthy Ageing». *Nature Reviews Gastroenterology & Hepatology*, 19(9), 565-584.

Jeffery, I. B., Lynch, D. B. y O'Toole, P. W. (2016). «Composition and Temporal Stability of the Gut Microbiota in Older Persons». *The ISME Journal*, 10(1), 170-182.

Korf, J. M., Ganesh, B. P. y McCullough, L. D. (2022). «Gut Dysbiosis and Age-Related Neurological Diseases in Females». *Neurobiology of Disease*, 168, 105695.

López-Otín, C., Blasco, M. A., Partridge, L., Serrano, M. y Kroemer, G. (2023). «Hallmarks of Aging: An Expanding Universe». *Cell*, 186(2), 243-278.

Mayer, E. A. (2011). «Gut Feelings: The Emerging Biology of Gut-Brain Communication». *Nature Reviews Neuroscience*, 12(8), 453-466.

Mayer, E. A., Nance, K. y Chen, S. (2022). «The Gut-Brain Axis». *Annual Review of Medicine*, 73, 439-453.

Molinero, N., Antón-Fernández, A., Hernández, F., Ávila, J., *et al.* (2023). «Gut Microbiota, an Additional Hallmark of Human Aging and Neurodegeneration». *Neuroscience*, 518, 141-161.

Mueller, S., Saunier, K., Hanisch, C., Norin, E., *et al.* (2006). «Differences in Fecal Microbiota in Different European Study Populations in Relation to Age, Gender, and Country: A Cross-Sectional Study». *Applied and Environmental Microbiology*, 72(2), 1027-1033.

Pluta, R., Jabłoński, M., Januszewski, S. y Czuczwar, S. J. (2022). «Crosstalk Between the Aging Intestinal Microflora and the Brain in Ischemic Stroke». *Frontiers in Aging Neuroscience*, 14, 998049.

Popowycz, N., Uyttebroek, L., Hubens, G. y Van Nassauw, L. (2022). «Differentiation and Subtype Specification of Enteric Neurons: Current Knowledge of Transcription Factors, Signaling Molecules and Signaling Pathways Involved». *Journal of Cell Signaling*, 3(1), 14-27.

Wang, J. W., Kuo, C. H., Kuo, F. C., Wang, Y. K., *et al.* (2019). «Fecal Microbiota Transplantation: Review and Update». *Journal of the Formosan Medical Association*, 118, S23-S31.

Wilmanski, T., Diener, C., Rappaport, N., Patwardhan, S., *et al.* (2021). «Gut Microbiome Pattern Reflects Healthy Ageing and Predicts Survival in Humans». *Nature Metabolism*, 3(2), 274-286.

Woodmansey, E. J., McMurdo, M. E., Macfarlane, G. T. Y Macfarlane, S. (2004). «Comparison of Compositions and Metabolic Activities of Fecal Microbiotas in Young Adults and in Antibiotic-Treated and Non-Antibiotic-Treated Elderly Subjects». *Applied and Environmental Microbiology*, 70(10), 6113-6122.

Xu, C., Zhu, H. y Qiu, P. (2019). «Aging Progression of Human Gut Microbiota». *BMC Microbiology*, 19(1), 236.

9. Crisis energética

Barzilai, N., Huffman, D. M., Muzumdar, R. H. y Bartke, A. (2012). «The Critical Role of Metabolic Pathways in Aging». *Diabetes*, 61(6), 1315-1322.

Bustamante-Barrientos, F. A., Luque-Campos, N., Araya, M. J., Lara-Barba, E., *et al.* (2023). «Mitochondrial Dysfunction in Neurodegenerative Disorders: Potential Therapeutic Application of Mitochondrial

Transfer to Central Nervous System-Residing Cells». *Journal of Translational Medicine*, 21(1), 613.

Camandola, S. y Mattson, M. P. (2017). «Brain Metabolism in Health, Aging, and Neurodegeneration». *The EMBO Journal*, 36(11), 1474-1492.

Capucho, A. M., Chegão, A., Martins, F. O., Vicente Miranda, H. y Conde, S. V. (2022). «Dysmetabolism and Neurodegeneration: Trick or Treat?». *Nutrients*, 14(7), 1425.

Efeyan, A., Comb, W. C. y Sabatini, D. M. (2015). «Nutrient-Sensing Mechanisms and Pathways». *Nature*, 517(7534), 302-310.

Folch, J., Olloquequi, J., Ettcheto, M., Busquets, O., *et al.* (2019). «The Involvement of Peripheral and Brain Insulin Resistance in Late Onset Alzheimer's Dementia». *Frontiers in Aging Neuroscience*, 11, 236.

Guo, Y., Guan, T., Shafiq, K., Yu, Q., *et al.* (2023). «Mitochondrial Dysfunction in Aging». *Ageing Research Reviews*, 88, 101955.

López-Armada, M. J., Riveiro-Naveira, R. R., Vaamonde-García, C. y Valcárcel-Ares, M. N. (2013). «Mitochondrial Dysfunction and the Inflammatory Response». *Mitochondrion*, 13(2), 106-118.

López-Otín, C., Blasco, M. A., Partridge, L., Serrano, M. y Kroemer, G. (2023). «Hallmarks of Aging: An Expanding Universe». *Cell*, 186(2), 243-278.

Milman, S., Huffman, D. M. y Barzilai, N. (2016). «The Somatotropic Axis in Human Aging: Framework for the Current State of Knowledge and Future Research». *Cell Metabolism*, 23(6), 980-989.

Palmer, A. K. y Jensen, M. D. (2022). «Metabolic Changes in Aging Humans: Current Evidence and Therapeutic Strategies». *Journal of Clinical Investigation*, 132(16), e158451.

Rey, F., Ottolenghi, S., Zuccotti, G. V., Samaja, M. y Carelli, S. (2022). «Mitochondrial Dysfunctions in Neurodegenerative Diseases: Role in Disease Pathogenesis, Strategies for Analysis and Therapeutic Prospects». *Neural Regeneration Research*, 17(4), 754-758.

Trifunovic, A., Hansson, A., Wredenberg, A., Rovio, A. T., *et al.* (2005). «Somatic mtDNA Mutations Cause Aging Phenotypes Without Affecting Reactive Oxygen Species Production». *Proceedings of the National Academy of Sciences*, 102(50), 17993-17998.

10. ¿Puede el estrés dañar el cerebro?

Bloss, E. B., Morrison, J. H. y McEwen, B. S. (2011). «Stress and Aging — A Question of Resilience with Implications for Disease». En: C. D. Conrad (comp.), *The Handbook of Stress — Neuropsychological Effects on the Brain*. John Wiley & Sons Ltd.

Chapman, K. E. y Seckl, J. R. (2008). «11β-HSD1, Inflammation, Metabolic Disease and Age-Related Cognitive (Dys)Function». *Neurochemical Research*, 33(4), 624-636.

Eisenmann, E. D., Rorabaugh, B. R. y Zoladz, P. R. (2016). «Acute Stress Decreases but Chronic Stress Increases Myocardial Sensitivity to Ischemic Injury in Rodents». *Frontiers in Psychiatry*, 7, 71.

Fink, G. (2017). «Stress: Concepts, Definition and History». En: *Reference Module in Neuroscience and Biobehavioral Psychology*. Elsevier.

Gaffey, A. E., Bergeman, C. S., Clark, L. A. y Wirth, M. M. (2016). «Aging and the HPA Axis: Stress and Resilience in Older Adults». *Neuroscience & Biobehavioral Reviews*, 68, 928-945.

Harman, M. F. y Martín, M. G. (2019). «Epigenetic Mechanisms Related to Cognitive Decline During Aging». *Journal of Neuroscience Research*, 98(2), 234-246.

Hoeijmakers, L., Ruigrok, S. R., Amelianchik, A., Ivan, D., *et al.* (2017). «Early-Life Stress Lastingly Alters the Neuroinflammatory Response to Amyloid Pathology in an Alzheimer's Disease Mouse Model». *Brain, Behavior, and Immunity*, 63, 160-175.

Johar, H., Emeny, R. T., Bidlingmaier, M., Reincke, M., *et al.* (2014). «Blunted Diurnal Cortisol Pattern Is Associated with Frailty: A Cross-Sectional Study of 745 Participants Aged 65 to 90 years». *The Journal of Clinical Endocrinology & Metabolism*, 99(3), E464-E468.

Kline, S. A. y Mega, M. S. (2020). «Stress-Induced Neurodegeneration: The Potential for Coping as Neuroprotective Therapy». *American Journal of Alzheimer's Disease & Other Dementias*, 35, 1533317520960873.

Korte, S. M. (2001). «Corticosteroids in Relation to Fear, Anxiety and Psychopathology». *Neuroscience & Biobehavioral Reviews*, 25(2), 117-142.

Madore, C., Yin, Z., Leibowitz, J. y Butovsky, O. (2020). «Microglia, Lifestyle Stress, and Neurodegeneration». *Immunity*, 52(2), 222-240.

Noordam, R., Jansen, S. W., Akintola, A. A., Oei, N. Y., *et al.* (2012). «Familial Longevity is Marked by Lower Diurnal Salivary Cortisol Levels: The Leiden Longevity Study». *PLoS One*, 7(2), e31166.

Peña-Bautista, C., Casas-Fernández, E., Vento, M., Baquero, M. y Cháfer-Pericás, C. (2020). «Stress and Neurodegeneration». *Clinica Chimica Acta*, 503, 163-168.

Rohleder, N. (2016). «Chronic Stress and Disease». *Insights to Neuroimmune Biology*, 201-214.

Ross, J. A., Gliebus, G. y Van Bockstaele, E. J. (2018). «Stress Induced Neural Reorganization: A Conceptual Framework Linking Depression and Alzheimer's Disease». *Progress in Neuro-Psychopharmacology and Biological Psychiatry*, 85, 136-151.

Salleh, M. R. (2008). «Life Event, Stress and Illness». *The Malaysian Journal of Medical Sciences*, 15(4), 9-18.

Sato, A. Y., Peacock, M. y Bellido, T. (2018). «Glucocorticoid Excess in Bone and Muscle». *Clinical Reviews in Bone and Mineral Metabolism*, 16(1), 33-47.

Smith, S. M. y Vale, W. W. (2006). «The Role of the Hypothalamic-Pituitary-Adrenal Axis in Neuroendocrine Responses to Stress». *Dialogues in Clinical Neuroscience*, 8(4), 383-395.

Song, H., Sieurin, J., Wirdefeldt, K., Pedersen, N. L., *et al.* (2020). «Association of Stress-Related Disorders with Subsequent Neurodegenerative Diseases». *JAMA Neurology*, 77(6), 700-709.

World Health Organization (2010). *A Conceptual Framework for Action on the Social Determinants of Health.*

You, D. S., Ziadni, M. S., Gilam, G., Darnall, B. y Mackey, S. C. (2020). «Evaluation of Candidate Items for Severe PTSD Screening for Patients with Chronic Pain: Pilot Data Analysis with the IRT Approach». *Pain Practice*, 20(3), 262-268.

11. En los brazos de Morfeo

Atrooz, F., Liu, H., Kochi, C. y Salim, S.J. (2019). «Early Life Sleep Deprivation: Role of Oxido-inflammatory Processes». *Neuroscience*, 406, 22-37.

Atrooz, F. y Salim, S. (2020). «Sleep Deprivation, Oxidative stress and Inflammation». *Advances in Protein Chemistry and Structural Biology*, 119, 309-336.

Bah, T. M., Goodman, J. e Iliff, J. J. (2019). «Sleep as a Therapeutic Target in the Aging Brain». *Neurotherapeutics*, 16(3), 554-568.

Bellesi, M., Bushey, D., Chini, M., Tononi, G. y Cirelli, C. (2016). «Contribution of Sleep to the Repair of Neuronal DNA Double-Strand Breaks: Evidence from Flies and Mice». *Scientific Reports*, 6, 36804.

Casagrande, M., Forte, G., Favieri, F. y Corbo, I. (2022). «Sleep Quality and Aging: A Systematic Review on Healthy Older People, Mild Cognitive Impairment and Alzheimer's Disease». *International Journal of Environmental Research and Public Health*, 19(14), 8457.

Castner, S. A., Gupta, S., Wang, D., Schaefer, D. C., *et al.* (2023). «Longevity Factor Klotho Enhances Cognition in Aged Nonhuman Primates». *Nature Aging*, 3(8), 931-937.

Eugene, A. R. y Masiak, J. (2015). «The Neuroprotective Aspects of Sleep». *MEDtube Science*, 3(1), 35-40.

Gao, X., Huang, N., Guo, X. y Huang, T. (2022). «Role of Sleep Quality in the Acceleration of Biological Aging and its Potential for Preventive Interaction on Air Pollution Insults: Findings from the UK Biobank Cohort». *Aging Cell*, 21(5), e13610.

Gkotzamanis, V., Panagiotakos, D. B., Yannakoulia, M., Kosmidis, M., *et al.* (2023). «Sleep Quality and Duration as Determinants of Healthy Aging Trajectories: The HELIAD Study». *The Journal of Frailty & Aging*, 12(1), 16-23.

Irwin, M. R., Wang, M., Ribeiro, D., Cho, H. J., *et al.* (2008). «Sleep Loss Activates Cellular Inflammatory Signaling». *Biological Psychiatry*, 64(6), 538-540.

Jessen, N. A., Munk, A. S., Lundgaard, I. y Nedergaard, M. (2015). «The Glymphatic System: A Beginner's Guide». *Neurochemical Research*, 40(12), 2583-2599.

Li, J., Cao, D., Huang, Y., Chen, Z., *et al.* (2022). «Sleep Duration and Health Outcomes: An Umbrella Review». *Sleep and Breathing*, 26(3), 1479-1501.

Li, J., Vitiello, M. V. y Gooneratne, N. S. (2018). «Sleep in Normal Aging». *Sleep Medicine Clinics*, 13(1), 1-11.

Malkki, H. (2013). «Sleep Alleviates AD-Related Neuropathological Processes». *Nature Reviews Neurology*, 9(12), 657.

Mander, B. A., Winer, J. R. y Walker, M. P. (2017). «A Restless Night Makes for a Rising Tide of Amyloid». *Brain*, 140(8), 2066-2069.

—(2017). «Sleep and Human Aging». *Neuron*, 94(1), 19-36.

Mehramiz, M., Porter, T., Laws, S. M. y Rainey-Smith, S. R. (2022). «Sleep, Sirtuin 1 and Alzheimer's Disease: A Review». *Aging Brain*, 2, 100050.

Meier-Ewert, H. K., Ridker, P. M., Rifai, N., Regan, M. M., *et al.* (2004). «Effect of Sleep Loss on C-Reactive Protein, an Inflammatory Marker of Cardiovascular Risk». *Journal of the American College of Cardiology*, 43(4), 678-683.

Mendelsohn, A. R. y Larrick, J. W. (2013). «Sleep Facilitates Clearance of Metabolites from the Brain: Glymphatic Function in Aging and Neurodegenerative Diseases». *Rejuvenation Research*, 16(6), 518-523.

Mochón-Benguigui, S., Carneiro-Barrera, A., Castillo, M. J. y Amaro-Gahete, F. J. (2020). «Is Sleep Associated With the S-Klotho Anti-Aging Protein in Sedentary Middle-Aged Adults? The FIT-AGEING Study». *Antioxidants*, 9(8), 738.

Neculicioiu, V. S., Colosi, I. A., Costache, C., Toc, D. A., *et al.* (2023). «Sleep Deprivation-Induced Oxidative Stress in Rat Models: A Scoping Systematic Review». *Antioxidants*, 12(8), 1600.

Pyykkönen, A. J., Isomaa, B., Pesonen, A. K., Eriksson, J. G., *et al.* (2014). «Sleep Duration and Insulin Resistance in Individuals Without Type 2 Diabetes: The PPP-Botnia Study». *Annals of Medicine*, 46(5), 324-329.

Rechtschaffen, A. (1971). «The Control of Sleep». En: W. A. Hunt (comp.), *Human Behavior and its Control*. Schenkman, 75-92.

Schneider, L. (2020). «Neurobiology and Neuroprotective Benefits of Sleep». *Continuum: Lifelong Learning in Neurology*, 26(4), 848-870.

Shokri-Kojori, E., Wang, G. J., Wiers, C. E., Demiral, S. B., *et al.* (2018). «β-Amyloid Accumulation in the Human Brain After One Night of Sleep Deprivation». *Proceedings of the National Academy of Sciences*, 115(17), 4483-4488.

Simor, P., van der Wijk, G., Nobili, L. y Peigneux, P. (2020). «The Microstructure of REM Sleep: Why Phasic and Tonic?». *Sleep Medicine Reviews*, 52, 101305.

Suberbielle, E., Sanchez, P. E., Kravitz, A. V., Wang, X., *et al.* (2013). «Physiologic Brain Activity Causes DNA Double-Strand Breaks in Neurons, With Exacerbation by Amyloid-β». *Nature Neuroscience*, 16(5), 613-621.

Topal, M. y Erkus, E. (2023). «Improving Sleep Quality is Essential for Enhancing Soluble Klotho Levels in Hemodialysis Patients». *International Urology and Nephrology*, 55(12), 3275-3280.

Van Leeuwen, W. M., Lehto, M., Karisola, P., Lindholm, H., *et al.* (2009). «Sleep Restriction Increases the Risk of Developing Cardiovascular Diseases by Augmenting Proinflammatory Responses Through IL-17 and CRP». *PLoS One*, 4(2), e4589.

Xie, L., Kang, H., Xu, Q., Chen, M. J., *et al.* (2013). «Sleep Drives Metabolite Clearance from the Adult Brain». *Science*, 342(6156), 373-377.

Zada, D., Bronshtein, I., Lerer-Goldshtein, T., Garini, Y. y Appelbaum, L. (2019). «Sleep Increases Chromosome Dynamics to Enable Reduction of Accumulating DNA Damage in Single Neurons». *Nature Communications*, 10(1), 895.

12. Entre pesas y paseos

Almeida, O. P., Khan, K. M., Hankey, G. J., Yeap, B. B., *et al.* (2014). «150 Minutes of Vigorous Physical Activity Per Week Predicts Survival and Successful Ageing: A Population-Based 11-year Longitudinal Study of 12 201 Older Australian Men». *British Journal of Sports Medicine*, 48(3), 220-225.

Azevedo, C. V., Hashiguchi, D., Campos, H. C., Figueiredo, E. V., *et al.* (2023). «The Effects of Resistance Exercise on Cognitive Function, Amyloidogenesis, and Neuroinflammation in Alzheimer's Disease». *Frontiers in Neuroscience*, 17, 1131214.

Azoulay, D. y Horowitz, N. A. (2020). «Brain-Derived Neurotrophic Factor as a Potential Biomarker of Chemotherapy-Induced Peripheral Neuropathy and Prognosis in Haematological Walignancies; What We Have Learned, the Challenges and a Need for Global Standardization». *British Journal of Haematology*, 191(1), 17-18.

Barrès, R., Yan, J., Egan, B., Treebak, J. T., *et al.* (2012). «Acute Exercise Remodels Promoter Methylation in Human Skeletal Muscle». *Cell Metabolism*, 15(3), 405-411.

Bayod, S., Mennella, I., Sanchez-Roige, S., Lalanza, J. F., *et al.* (2014). «Wnt Pathway Regulation by Long-Term Moderate Exercise in Rat Hippocampus». *Brain Research*, 1543, 38-48.

Berchtold, N. C., Prieto, G. A., Phelan, M., Gillen, D. L., *et al.* (2019). «Hippocampal Gene Expression Patterns Linked to Late-Life Physical Activity Oppose Age and AD-Related Transcriptional Decline». *Neurobiology of Aging*, 78, 142-154.

Bray, N. W., Pieruccini-Faria, F., Bartha, R., Doherty, T. J., *et al.* (2021). «The Effect of Physical Exercise on Functional Brain Network Connectivity in Older Adults with and Without Cognitive Impairment. A Systematic Review». *Mechanisms of Ageing and Development*, 196, 111493.

Burns, J. M. y Swerdlow, R. H. (2014). «Effect of High-Intensity Exercise on Aged Mouse Brain Mitochondria, Neurogenesis, and Inflammation». *Neurobiology of Aging*, 35(11), 2574-2583.

Carapeto, P. V. y Aguayo-Mazzucato, C. (2021). «Effects of Exercise on Cellular and Tissue Aging». *Aging*, 13(10), 14522-14543.

Chen, C., Zhou, M., Ge, Y. y Wang, X. (2020). «SIRT1 and Aging Related Signaling Pathways». *Mechanisms of Ageing and Development*, 187, 111215.

Chilton, W. L., Marques, F. Z., West, J., Kannourakis, G., *et al.* (2014). «Acute Exercise Leads to Regulation of Telomere-Associated Genes and MicroRNA Expression in Immune Cells». *PLoS One*, 9(4), e92088.

Colcombe, S. J., Erickson, K. I., Scalf, P. E., Kim, J. S., *et al.* (2006). «Aerobic Exercise Training Increases Brain Volume in Aging Humans». *The Journals of Gerontology Series A: Biological Sciences and Medical Sciences*, 61(11), 1166-1170.

Conroy, G. (2024). «Why is Exercise Good for You? Scientists Are Finding Answers in Our Cells». *Nature*, 629(8010), 26-28.

Cui, L., Hofer, T., Rani, A., Leeuwenburgh, C. y Foster, T. C. (2009). «Comparison of Lifelong and Late Life Exercise on Oxidative Stress in the Cerebellum». *Neurobiology of Aging*, 30(6), 903-909.

Dadkhah, M., Saadat, M., Ghorbanpour, A. M. y Moradikor, N. (2023). «Experimental and Clinical Evidence of Physical Exercise on BDNF and Cognitive Function: A Comprehensive Review from Molecular Basis to Therapy». *Brain Behavior and Immunity Integrative*, 3, 100017.

Eckstrom, E., Neukam, S., Kalin, L. y Wright, J. (2020). «Physical Activity and Healthy Aging». *Clinics in Geriatric Medicine*, 36(4), 671-683.

El Hayek, L., Khalifeh, M., Zibara, V., Abi Assaad, R., *et al.* (2019). «Lactate Mediates the Effects of Exercise on Learning and Memory through

SIRT1-Dependent Activation of Hippocampal Brain-Derived Neurotrophic Factor (BDNF)». *Journal of Neuroscience*, 39(13), 2369-2382.

Endeshaw, Y. y Goldstein, F. (2021). «Association Between Physical Exercise and Cognitive Function Among Community-Dwelling Older Adults». *Journal of Applied Gerontology*, 40(3), 300-309.

Erickson, K. I., Hillman, C., Stillman, C. M., Ballard, R. M., *et al.* (2019). «Physical Activity, Cognition, and Brain Outcomes: A Review of the 2018 Physical Activity Guidelines». *Medicine and Science in Sports and Exercise*, 51(6), 1242-1251.

Erickson, K. I., Voss, M. W., Prakash, R. S., Basak, C., *et al.* (2011). «Exercise Training Increases Size of Hippocampus and Improves Memory». *Proceedings of the National Academy of Sciences*, 108(7), 3017-3022.

Fan, X., Wheatley, E. G. y Villeda, S. A. (2017). «Mechanisms of Hippocampal Aging and the Potential for Rejuvenation». *Annual Review of Neuroscience*, 40, 251-272.

Gaertner, B., Buttery, A. K., Finger, J. D., Wolfsgruber, S., *et al.* (2018). «Physical Exercise and Cognitive Function Across the Lifespan: Results of a Nationwide Population-Based Study». *Journal of Science and Medicine in Sport*, 21(5), 489-494.

Garatachea, N., Pareja-Galeano, H., Sanchis-Gomar, F., Santos-Lozano, A., *et al.* (2015). «Exercise Attenuates the Major Hallmarks of Aging». *Rejuvenation Research*, 18(1), 57-89.

Garatachea, N., Santos-Lozano, A., Sanchis-Gomar, F., Fiuza-Luces, C., *et al.* (2014). «Elite Athletes Live Longer than the General Population: A Meta-Analysis». *Mayo Clinic Proceedings*, 89(9), 1195-1200.

García-Mesa, Y., Colie, S., Corpas, R., Cristòfol, R., *et al.* (2016). «Oxidative Stress Is a Central Target for Physical Exercise Neuroprotection Against Pathological Brain Aging». *The Journals of Gerontology Series A: Biological Sciences and Medical Sciences*, 71(1), 40-49.

Gomes-Osman, J., Cabral, D. F., Morris, T. P., McInerney, K., *et al.* (2018). «Exercise for Cognitive Brain Health in Aging: A Systematic Review for an Evaluation of Dose». *Neurology: Clinical Practice*, 8(3), 257-265.

Huang, J., Wang, X., Zhu, Y., Li, Z., *et al.* (2019). «Exercise Activates Lysosomal Function in the Brain Through AMPK-SIRT1-TFEB Pathway». *CNS Neuroscience & Therapeutics*, 25(6), 796-807.

Jackson, M. J., Vasilaki, A. y McArdle, A. (2016). «Cellular Mechanisms

Underlying Oxidative Stress in Human Exercise». *Free Radical Biology and Medicine*, 98, 13-17.

James, S. N., Chiou, Y. J., Fatih, N., Needham, L. P., *et al.* (2023). «Timing of Physical Activity Across Adulthood on Later-Life Cognition: 30 Years Follow-Up in the 1946 British Birth Cohort». *Journal of Neurology, Neurosurgery & Psychiatry*, 94(5), 349-356.

Kekäläinen, T., Luchetti, M., Terracciano, A., Gamaldo, A. A., *et al.* (2023). «Physical Activity and Cognitive Function: Moment-to-Moment and Day-to-Day Associations». *International Journal of Behavioral Nutrition and Physical Activity*, 20(1), 137.

Kim, D. H., Ko, I. G., Kim, B. K., Kim, T. W., *et al.* (2010). «Treadmill Exercise Inhibits Traumatic Brain Injury-Induced Hippocampal Apoptosis». *Physiology & Behavior*, 101(5), 660-665.

Koo, J. H., Kwon, I. S., Kang, E. B., Lee, C. K., *et al.* (2013). «Neuroprotective Effects of Treadmill Exercise on BDNF and PI3-K/Akt Signaling Pathway in the Cortex of Transgenic Mice Model of Alzheimer's Disease». *Journal of Exercise Nutrition & Biochemistry*, 17(4), 151-160.

Kou, X., Li, J., Liu, X., Chang, J., *et al.* (2017). «Swimming Attenuates D-Galactose-Induced Brain Aging Via Suppressing miR-34a-Mediated Autophagy Impairment and Abnormal Mitochondrial Dynamics». *Journal of Applied Physiology*, 122(6), 1462-1469.

Kramer, A. F., Hahn, S., Cohen, N. J., Banich, M. T., *et al.* (1999). «Ageing, Fitness and Neurocognitive Function». *Nature*, 400(6743), 418-419.

Lin, Y. H., Chen, Y. C., Tseng, Y. C., Tsai, S. T. y Tseng, Y. H. (2020). «Physical Activity and Successful Aging Among Middle-Aged and Older Adults: A Systematic Review and Meta-Analysis of Cohort Studies». *Aging*, 12(9), 7704-7716.

Lu, Y., Dong, Y., Tucker, D., Wang, R., *et al.* (2017). «Treadmill Exercise Exerts Neuroprotection and Regulates Microglial Polarization and Oxidative Stress in a Streptozotocin-Induced Rat Model of Sporadic Alzheimer's Disease». *Journal of Alzheimer's Disease*, 56(4), 1469-1484.

Luo, L., Dai, J. R., Guo, S. S., Lu, A. M., *et al.* (2017). «Lysosomal Proteolysis Is Associated with Exercise-Induced Improvement of Mitochondrial Quality Control in Aged Hippocampus». *The Journals of Gerontology: Series A*, 72(10), 1342-1351.

Mackay, C. P., Kuys, S. S. y Brauer, S. G. (2017). «The Effect of Aerobic Exercise on Brain-Derived Neurotrophic Factor in People with Neurological Disorders: A Systematic Review and Meta-Analysis». *Neural Plasticity*, 2017, 4716197.

Marques-Aleixo, I., Santos-Alves, E., Balca, M. M., Rizo-Roca, D., *et al.* (2015). «Physical Exercise Improves Brain Cortex and Cerebellum Mitochondrial Bioenergetics and Alters Apoptotic, Dynamic and Auto(mito)phagy Markers». *Neuroscience*, 301, 480-495.

Marton, O., Koltai, E., Nyakas, C., Bakonyi, T., *et al.* (2010). «Aging and Exercise Affect the Level of Protein Acetylation and SIRT1 Activity in Cerebellum of Male Rats». *Biogerontology*, 11(6), 679-686.

Mattson, M. P. y Arumugam, T. V. (2018). «Hallmarks of Brain Aging: Adaptive and Pathological Modification by Metabolic States». *Cell Metabolism*, 27(6), 1176-1199.

Moore, S. C., Patel, A. V., Matthews, C. E., Berrington de Gonzalez, A., *et al.* (2012). «Leisure Time Physical Activity of Moderate to Vigorous Intensity and Mortality: A Large Pooled Cohort Analysis». *PLoS Medicine*, 9(11), e1001335.

Raz, N., Lindenberger, U., Rodrigue, K. M., Kennedy, K. M., *et al.* (2005). «Regional Brain Changes in Aging Healthy Adults: General Trends, Individual Differences and Modifiers». *Cerebral Cortex*, 15(11), 1676-1689.

Pang, R., Wang, X., Pei, F., Zhang, W., *et al.* (2019). «Regular Exercise Enhances Cognitive Function and Intracephalic GLUT Expression in Alzheimer's Disease Model Mice». *Journal of Alzheimer's Disease*, 72(1), 83-96.

Pereira, T., Cipriano, I., Costa, T., Saraiva, M. y Martins, A. (2019). «Exercise, Ageing and Cognitive Function - Effects of a Personalized Physical Exercise Program in the Cognitive Function of Older Adults». *Physiology & Behavior*, 202, 8-13.

Puterman, E., Lin, J., Blackburn, E., O'Donovan, A., *et al.* (2010). «The Power of Exercise: Buffering the Effect of Chronic Stress on Telomere Length». *PLoS One*, 5(5), e10837.

Qian, L., Zhu, Y., Deng, C., *et al.* (2024). «Peroxisome Proliferator-Activated Receptor Gamma Coactivator-1 (PGC-1) Family in Physiological and Pathophysiological Process and Diseases». *Signal Transduction and Targeted Therapy*, 9, 50.

Qiu, X., Lu, P., Zeng, X., Jin, S. y Chen, X. (2023). «Study on the Mechanism for SIRT1 during the Process of Exercise Improving Depression». *Brain Sciences*, 13(5), 719.

Radák, Z., Kaneko, T., Tahara, S., Nakamoto, H., *et al.* (2001). «Regular Exercise Improves Cognitive Function and Decreases Oxidative Damage in Rat Brain». *Neurochemistry International*, 38(1), 17-23.

Radak, Z., Suzuki, K., Posa, A., Petrovszky, Z., *et al.* (2020). «The Systemic Role of SIRT1 in Exercise Mediated Adaptation». *Redox Biology*, 35, 101467.

Radak, Z., Torma, F., Berkes, I., Goto, S., *et al.* (2019). «Exercise Effects on Physiological Function During Aging». *Free Radical Biology and Medicine*, 132, 33-41.

Rebelo-Marques, A., De Sousa Lages, A., Andrade, R., Ribeiro, C. F., *et al.* (2018). «Aging Hallmarks: The Benefits of Physical Exercise». *Frontiers in Endocrinology*, 9, 258.

Szychowska, A. y Drygas, W. (2022). «Physical Activity as a Determinant of Successful Aging: A Narrative Review Article». *Aging Clinical and Experimental Research*, 34(6), 1209-1214.

Voss, M. W., Vivar, C., Kramer, A. F. y Van Praag, H. (2013). «Bridging Animal and Human Models of Exercise-Induced Brain Plasticity». *Trends in Cognitive Sciences*, 17(10), 525-544.

Wang, M., Zhang, H., Liang, J., Huang, J. y Chen, N. (2023). «Exercise Suppresses Neuroinflammation for Alleviating Alzheimer's Disease». *Journal of Neuroinflammation*, 20(1), 76.

Wei, W., Riley, N. M., Lyu, X., Shen, X., *et al.* (2023). «Organism-Wide, Cell-Type-Specific Secretome Mapping of Exercise Training in Mice». *Cell Metabolism*, 35(7), 1261-1279.e11.

Werner, C., Fürster, T., Widmann, T., Pöss, J., *et al.* (2009). «Physical Exercise Prevents Cellular Senescence in Circulating Leukocytes and in the Vessel Wall». *Circulation*, 120(24), 2438-2447.

Whitham, M., Parker, B. L., Friedrichsen, M., Hingst, J. R., *et al.* (2018). «Extracellular Vesicles Provide a Means for Tissue Crosstalk during Exercise». *Cell Metabolism*, 27(1), 237-251.e4.

Zhao, N., Zhang, X., Song, C., Yang, Y., *et al.* (2018). «The Effects of Treadmill Exercise on Autophagy in Hippocampus of APP/PS1 Transgenic Mice». *Neuroreport*, 29(10), 819-825.

13. Gimnasia para la mente

Abutalebi, J., Canini, M., Della Rosa, P. A., Green, D. W. y Weekes, B. S. (2015). «The Neuroprotective Effects of Bilingualism Upon the Inferior Parietal Lobule: A Structural Neuroimaging Study in Aging Chinese Bilinguals». *Journal of Neurolinguistics*, 33, 3-13.

Abutalebi, J., Canini, M., Della Rosa, P. A., Sheung, L. P., *et al.* (2014). «Bilingualism Protects Anterior Temporal Lobe Integrity in Aging». *Neurobiology of Aging*, 35(9), 2126-2133.

Akbaraly, T. N., Portet, F., Fustinoni, S., Dartigues, J. F., *et al.* (2009). «Leisure Activities and the Risk of Dementia in the Elderly: Results from the Three-City Study». *Neurology*, 73(11), 854-861.

Alladi, S., Bak, T. H., Mekala, S., Rajan, A., *et al.* (2016). «Impact of Bilingualism on Cognitive Outcome After Stroke». *Stroke*, 47(1), 258-261.

Altenmüller, E. (2008). «Neurology of Musical Performance». *Clinical Medicine*, 8(4), 410-413.

Andel, R., Crowe, M., Pedersen, N. L., Mortimer, J., *et al.* (2005). «Complexity of Work and Risk of Alzheimer's Disease: A Population-Based Study of Swedish Twins». *The Journals of Gerontology Series B: Psychological Sciences and Social Sciences*, 60(5), P251-P258.

Anderson, J. A. E., Grundy, J. G., De Frutos, J., Barker, R. M., *et al.* (2018). «Effects of Bilingualism on White Matter Integrity in Older Adults». *Neuroimage*, 167, 143-150.

Bak, T. H., Long, M. R., Vega-Mendoza, M. y Sorace, A. (2016). «Novelty, Challenge, and Practice: The Impact of Intensive Language Learning on Attentional Functions». *PLoS One*, 11(4), e0153485.

Balbag, M. A., Pedersen, N. L. y Gatz, M. (2014). «Playing a Musical Instrument as a Protective Factor Against Dementia and Cognitive Impairment: A Population-Based Twin Study». *International Journal of Alzheimer's Disease*, 2014, 836748.

Barnes, D. E., Tager, I. B., Satariano, W. A. y Yaffe, K. (2004). «The Relationship Between Literacy and Cognition in Well-Educated Elders». *The Journals of Gerontology Series A: Biological Sciences and Medical Sciences*, 59(4), 390-395.

Bartolucci, M. y Batini, F. (2019). «The Effect of a Narrative Intervention Program for People Living with Dementia». *Psychology & Neuroscience*, 12(2), 307-316.

Bavishi, A., Slade, M. D. y Levy, B. R. (2016). «A Chapter a Day: Association of Book Reading with Longevity». *Social Science & Medicine*, 164, 44-48.

Bellander, M., Berggren, R., Mårtensson, J., Brehmer, Y., *et al.* (2016). «Behavioral Correlates of Changes in Hippocampal Gray Matter Structure During Acquisition of Foreign Vocabulary». *Neuroimage*, 131, 205-213.

Berkes, M. y Bialystok, E. (2022). «Bilingualism as a Contributor to Cognitive Reserve: What It can Do and what It cannot Do». *American Journal of Alzheimer's Disease & Other Dementias*, 37, 15333175221091417.

Berns, G. S., Blaine, K., Prietula, M. J. y Pye, B. E. (2013). «Short and Long-term Effects of a Novel on Connectivity in the Brain». *Brain Connectivity*, 3(6), 590-600.

Bialystok, E. (2017). «The Bilingual Adaptation: How Minds Accommodate Experience». *Psychological Bulletin*, 143(3), 233-262.

—. (2021). «Bilingualism: Pathway to Cognitive Reserve». *Trends in Cognitive Sciences*, 25(5), 355-364.

Bialystok, E., Craik, F. I. y Freedman, M. (2007). «Bilingualism as a Protection Against the Onset of Symptoms of Dementia». *Neuropsychologia*, 45(2), 459-464.

Bialystok, E., Craik, F. I., Klein, R. y Viswanathan, M. (2004). «Bilingualism, Aging, and Cognitive Control: Evidence from the Simon Task». *Psychology and Aging*, 19(2), 290-303.

Bonnechère, B., Klass, M., Langley, C. y Sahakian, B. J. (2021). «Brain Training Using Cognitive Apps Can Improve Cognitive Performance and Processing Speed in Older Adults». *Scientific Reports*, 11(1), 12313.

Chan, J. Y. C., Chan, T. K., Kwok, T. C. Y., Wong, S. Y. S., *et al.* (2020). «Cognitive Training Interventions and Depression in Mild Cognitive Impairment and Dementia: A Systematic Review and Meta-Analysis of Randomized Controlled Trials». *Age and Ageing*, 49(5), 738-747.

Chang, Y. H., Wu, I. C. y Hsiung, C. A. (2021). «Reading Activity Prevents Long-Term Decline in Cognitive Function in Older People: Evidence from a 14-Year Longitudinal Study». *International Psychogeriatrics*, 33(1), 63-74.

Chiu, H. L., Chu, H., Tsai, J. C., Liu, D., *et al.* (2017). «The Effect of Cognitive-Based Training for the Healthy Older People: A Meta-Analysis of Randomized Controlled Trials». *PLoS One*, 12(5), e0176742.

Clemenson, G. D., Stark, S. M., Rutledge, S. M. y Stark, C. E. L. (2020). «Enriching Hippocampal Memory Function in Older Adults Through Video Games». *Behavioural Brain Research*, 390, 112667.

Colzato, L. S., Bajo, M. T., van den Wildenberg, W., Paolieri, D., *et al.* (2008). «How Does Bilingualism Improve Executive Control? A Comparison of Active and Reactive Inhibition Mechanisms». *Journal of Experimental Psychology: Learning, Memory, and Cognition*, 34(2), 302-312.

Costa, A., Hernández, M. y Sebastián-Gallés, N. (2008). «Bilingualism Aids Conflict Resolution: Evidence from the ANT Task». *Cognition*, 106(1), 59-86.

Dekhtyar, S., Wang, H. X., Fratiglioni, L. y Herlitz, A. (2016). «Childhood School Performance, Education and Occupational Complexity: A Life-Course Study of Dementia in the Kungsholmen Project». *International Journal of Epidemiology*, 45(4), 1207-1215.

Dekhtyar, S., Wang, H. X., Scott, K., Goodman, A., *et al.* (2015). «A Life-Course Study of Cognitive Reserve in Fementia — From Childhood to Old Age». *The American Journal of Geriatric Psychiatry*, 23(9), 885-896.

Devanand, D. P., Goldberg, T. E., Qian, M., Rushia, S. N., *et al.* (2022). «Computerized Games Versus Crosswords Training in Mild Cognitive Impairment». *NEJM Evidence*, 1(12), 10.1056/evidoa2200121.

Deví-Bastida, J., Català-Suñé, N. y Jofre-Font, S. (2020). «El bilingüismo como factor de protección de la enfermedad de Alzheimer: Revisión sistemática». *Revista de Neurología*, 71(10), 353-364.

Diniz, C. R. A. F. y Crestani, A. P. (2023). «The Times They Are A-Changin': A Proposal on How Brain Flexibility Goes Beyond the Obvious to Include the Concepts of "Upward" and "Downward" to Neuroplasticity». *Molecular Psychiatry*, 28, 977-992.

Fjell, A. M., Walhovd, K. B., Fennema-Notestine, C., McEvoy, L. K., *et al.* (2009). «One-Year Brain Atrophy Evident in Healthy Aging». *Journal of Neuroscience*, 29(48), 15223-15231.

Geda, Y. E., Topazian, H. M., Roberts, L. A., Roberts, R. O., *et al.* (2011). «Engaging in Cognitive Activities, Aging, and Mild Cognitive Impairment: A Population-Based Study». *The Journal of Neuropsychiatry and Clinical Neurosciences*, 23(2), 149-154.

Gray, R. y Gow, A. J. (2020). «How is Musical Activity Associated With

Cognitive Ability in Later Life?». *Neuropsychology, Development, and Cognition. Section B, Aging, Neuropsychology and Cognition*, 27(4), 617-635.

Herdener, M., Esposito, F., di Salle, F., Boller, C., *et al.* (2010). «Musical Training Induces Functional Plasticity in Human Hippocampus». *Journal of Neuroscience*, 30(4), 1377-1384.

Iizuka, A., Suzuki, H., Ogawa, S., Kobayashi-Cuya, K. E., *et al.* (2019). «Can Cognitive Leisure Activity Prevent Cognitive Decline in Older Adults? A Systematic Review of Intervention Studies». *Geriatrics & Gerontology International*, 19(6), 469-482.

James, C. E., Altenmüller, E., Kliegel, M., Krüger, T. H. C., *et al.* (2020). «Train the Brain with Music (Tbm): Brain Plasticity and Cognitive Benefits Induced by Musical Training in Elderly People in Germany and Switzerland, a Study Protocol for a Rct Comparing Musical Instrumental Practice to Sensitization to Music». *BMC Geriatrics*, 20(1), 418.

Kidd, D. C. y Castano, E. (2013). «Reading Literary Fiction Improves Theory of Mind». *Science*, 342(6156), 377-380.

Klein, R. M., Christie, J. y Parkvall, M. (2016). «Does Multilingualism Affect the Incidence of Alzheimer's Disease?: A Worldwide Analysis by Country». *SSM — Population Health*, 2, 463-467.

Klimova, B. (2018). «Learning a Foreign Language: A Review on Recent Findings About Its Effect on the Enhancement of Cognitive Functions Among Healthy Older Individuals». *Frontiers in Human Neuroscience*, 12, 305.

Klimova, B. y Pikhart, M. (2020). «Current Research on the Impact of Foreign Language Learning Among Healthy Seniors on Their Cognitive Functions from a Positive Psychology Perspective-a Systematic Review». *Frontiers in Psychology*, 11, 765.

Kueider, A. M., Parisi, J. M., Gross, A. L. y Rebok, G. W. (2012). «Computerized Cognitive Training with Older Adults: A Systematic Review». *PLoS One*, 7(7), e40588.

Kühn, S., Gallinat, J., & Mascherek, A. (2019). «Effects of Computer Gaming on Cognition, Brain Structure, and Function: A Critical Reflection on Existing Literature». *Dialogues in Clinical Neuroscience*, 21(3), 319-330.

Li, R., Geng, J., Yang, R., Ge, Y. y Hesketh, T. (2022). «Effectiveness of

Computerized Cognitive Training in Delaying Cognitive Function Decline in People with Mild Cognitive Impairment: Systematic Review and Meta-Analysis». *Journal of Medical Internet Research*, 24(10), e38624.

Liu, Y. y Lachman, M. E. (2020). «Education and Cognition in Middle Age and Later Life: The Mediating Role of Physical and Cognitive Activity». *The Journals of Gerontology: Series B*, 75(7), e93-e104.

Lojo-Seoane, C., Facal, D., Guàrdia-Olmos, J., Pereiro, A. X. y Juncos-Rabadán, O. (2018). «Effects of Cognitive Reserve on Cognitive Performance in a Follow-up Study in Older Adults with Subjective Cognitive Complaints. The Role of Working Memory». *Frontiers in Aging Neuroscience*, 10, 189.

Mansky, R., Marzel, A., Orav, E. J., Chocano-Bedoya, P. O., *et al.* (2020). «Playing a Musical Instrument Is Associated with Slower Cognitive Decline in Community-Dwelling Older Adults». *Aging Clinical and Experimental Research*, 32(8), 1577-1584.

Marzola, P., Melzer, T., Pavesi, E., Gil-Mohapel, J. y Brocardo, P. S. (2023). «Exploring the Role of Neuroplasticity in Development, Aging, and Neurodegeneration». *Brain Sciences*, 13(12), 1610.

Medford, E., & McGeown, S. P. (2012). «The Influence of Personality Characteristics on Children's Intrinsic Reading Motivation». *Learning and Individual Differences*, 22(6), 786-791.

Mendez, M. F., Chavez, D. y Akhlaghipour, G. (2019) «Bilingualism Delays Expression of Alzheimer's Clinical Syndrome». *Dementia and Geriatric Cognitive Disorders*, 48(5-6), 281-289.

Mol, S. E., & Bus, A. G. (2011). «To Read or Not to Read: A Meta-Analysis of Print Exposure from Infancy to Early Adulthood». *Psychological Bulletin*, 137(2), 267-296.

Mukadam, N., Sommerlad, A. y Livingston, G. (2017). «The Relationship of Bilingualism Compared to Monolingualism to the Risk of Cognitive Decline or Dementia: A Systematic Review and Meta-Analysis». *Journal of Alzheimer's Disease*, 58(1), 45-54.

Nguyen, L., Murphy, K. y Andrews, G. (2019). «Cognitive and Neural Plasticity in Old Age: A Systematic Review of Evidence from Executive Functions Cognitive Training». *Ageing Research Reviews*, 53, 100912.

Okely, J. A., Cox, S. R., Deary, I. J. y Luciano, M. (2023). «Cognitive Aging and Experience of Playing a Musical Instrument». *Psychology and Aging*, 38(7), 696-711.

Okely, J. A., Overy, K. y Deary, I. J. (2022). «Experience of Playing a Musical Instrument and Lifetime Change in General Cognitive Ability: Evidence from the Lothian Birth Cohort 1936». *Psychological Science*, 33(9), 1495-1508.

Petrosyan, S., Renteria, M. A., Manly, J. J., Narayanan, S. y Lee, J. (2022). «Effects of Multilingualism on Cognition Among Older Indian Adults in the Nationally Representative Lasi-Dad Study». *Alzheimer's & Dementia*, 18, e065968.

Power, J. D. y Schlaggar, B. L. (2017). «Neural Plasticity Across the Lifespan». *Wiley Interdisciplinary Reviews: Developmental Biology*, 6(1), e216.

Quinteros Baumgart, C. y Billick, S. B. (2018). «Positive Cognitive Effects of Bilingualism and Multilingualism on Cerebral Function: A Review». *Psychiatric Quarterly*, 89(2), 273-283.

Saragih, I. D., Everard, G. y Lee, B. O. (2022). «A Systematic Review and Meta-Analysis of Randomized Controlled Trials on the Effect of Serious Games on People with Dementia». *Ageing Research Reviews*, 82, 101740.

Schneider, C. E., Hunter, E. G. y Bardach, S. H. (2019). «Potential Cognitive Benefits from Playing Music Among Cognitively Intact Older Adults: A Scoping Review». *Journal of Applied Gerontology*, 38(12), 1763-1783.

Schweizer, T. A., Ware, J., Fischer, C. E., Craik, F. I. y Bialystok, E. (2012). «Bilingualism as a Contributor to Cognitive Reserve: Evidence from Brain Atrophy in Alzheimer's Disease». *Cortex*, 48(8), 991-996.

Stern, Y. (2009). «Cognitive Reserve». *Neuropsychologia*, 47(10), 2015-2028.

—. (2012). «Cognitive Reserve in Ageing and Alzheimer's Disease». *The Lancet Neurology*, 11(11), 1006-1012.

Stern, Y. y Barulli, D. (2019). «Cognitive Reserve». *Handbook of Clinical Neurology*, 167, 181-190.

Stine-Morrow, E. A. L., McCall, G. S., Manavbasi, I., Ng, S., *et al.* (2022). «The Effects of Sustained Literacy Engagement on Cognition and Sentence Processing Among Older Adults». *Frontiers in Psychology*, 13, 923795.

Van den Noort, M., Struys, E., Bosch, P., Jaswetz, L., *et al.* (2019). «Does the Bilingual Advantage in Cognitive Control Exist and if So, What

Are Its Modulating Factors? A Systematic Review». *Behavioral Sciences*, 9(3), 27.

Van den Noort, M., Vermeire, K., Bosch, P., Staudte, H., *et al.* (2019). «A Systematic Review on the Possible Relationship Between Bilingualism, Cognitive Decline, and the Onset of Dementia». *Behavioral Sciences*, 9(7), 81.

Verghese, J., Lipton, R. B., Katz, M. J., Hall, C. B., *et al.* (2003). «Leisure Activities and the Risk of Dementia in the Elderly». *New England Journal of Medicine*, 348(25), 2508-2516.

Wang, Y., Wang, S., Zhu, W., Liang, N., *et al.* (2022). «Reading Activities Compensate for Low Education-Related Cognitive Deficits». *Alzheimer's Research & Therapy*, 14(1), 156.

West, G. L., Zendel, B. R., Konishi, K., Benady-Chorney, J., *et al.* (2017). «Playing Super Mario 64 Increases Hippocampal Grey Matter in Older Adults». *PLoS One*, 12(12), e0187779.

Wilson, R. S., Scherr, P. A., Schneider, J. A., Tang, Y. y Bennett, D. A. (2007). «Relation of Cognitive Activity to Risk of Developing Alzheimer Disease». *Neurology*, 69(20), 1911-1920.

Wong, P. C. M., Ou, J., Pang, C. W. Y., Zhang, L., *et al.* (2019). «Language Training Leads to Global Cognitive Improvement in Older Adults: A Preliminary Study». *Journal of Speech, Language, and Hearing Research*, 62(7), 2411-2424.

Woumans, E., Versijpt, J., Sieben, A., Santens, P. y Duyck, W. (2017). «Bilingualism and Cognitive Decline: A Story of Pride and Prejudice». *Journal of Alzheimer's Disease*, 60(4), 1237-1239.

14. Menos es más

Alkurd, R., Mahrous, L., Zeb, F., Khan, M. A., *et al.* (2024). «Effect of Calorie Restriction and Intermittent Fasting Regimens on Brain-Derived Neurotrophic Factor Levels and Cognitive Function in Humans: A Systematic Review». *Medicina*, 60(1), 191.

Brandhorst, S., Choi, I. Y., Wei, M., Cheng, C. W., *et al.* (2015). «A Periodic Diet that Mimics Fasting Promotes Multi-System Regeneration, Enhanced Cognitive Performance, and Healthspan». *Cell Metabolism*, 22(1), 86-99.

Chen, M., & Zhong, V. W. (2024). «Association Between Time-Restricted Eating and All-Cause and Cause-Specific Mortality». Sesión P01.11: *Nutrition and Diet 1 American Heart Association Epidemiology and Prevention | Lifestyle and Cardiometabolic Health Scientific Sessions 2024*, P192.

Di Francesco, A., Di Germanio, C., Bernier, M. y De Cabo, R. (2018). «A Time to Fast». *Science*, 362(6416), 770-775.

Fedorovich, S. V., Voronina, P. P. y Waseem, T. V. (2018). «Ketogenic Diet Versus Ketoacidosis: What Determines the Influence of Ketone Bodies on Neurons?». *Neural Regeneration Research*, 13(12), 2060-2063.

Fernández-Andújar, M., Morales-García, E., & García-Casares, N. (2021). «Obesity and Gray Matter Volume Assessed by Neuroimaging: A Systematic Review». *Brain Sciences*, 11(8), 999.

Ferrara-Romeo, I., Martinez, P., Saraswati, S., Whittemore, K., *et al.* (2020). «The Mtor Pathway Is Necessary for Survival of Mice with Short Telomeres». *Nature Communications*, 11, 1168.

Hilary, E. A. W., Findlay, S. M. y Canadian Paediatric Society, Adolescent Health Committee. (2004). «Dieting in Adolescence». *Paediatrics & Child Health*, 9(7), 487-491.

Hruby, A., Manson, J. E., Qi, L., Malik, V. S., *et al.* (2016). «Determinants and Consequences of Obesity». *American Journal of Public Health*, 106(9), 1656-1662.

Hwang, I., Oh, H., Santo, E., Kim, D. Y., *et al.* (2018). «FOXO Protects Against Age-Progressive Axonal Degeneration». *Aging Cell*, 17(1), e12701.

Jang, J., Kim, S. R., Lee, J. E., Lee, S., *et al.* (2023). «Molecular Mechanisms of Neuroprotection by Ketone Bodies and Ketogenic Diet in Cerebral Ischemia and Neurodegenerative Diseases». *International Journal of Molecular Sciences*, 25(1), 124.

Jensen, H. L. (1931). «Contributions to Our Knowledge of the Actinomycetales. Ii. the Definition and Subdivision of the Genus Actinomyces, With a Preliminary Account of Australian Soil Actinomycetes». *Proceedings of The Linnean Society of New South Wales*, 56, 345-370.

Johnson, S. C., Rabinovitch, P. S. y Kaeberlein, M. (2013). «mTOR is a Key Modulator of Ageing and Age-Related Disease». *Nature*, 493(7432), 338-345.

Kaitala, A. (1991). «Phenotypic Plasticity in Reproductive Behaviour of Waterstriders: Trade-Offs Between Reproduction and Longevity During Food Stress». *Functional Ecology*, 5(1), 12-18.

Kemnitz, J. W. (2011). «Calorie Restriction and Aging in Nonhuman Primates». *ILAR Journal*, 52(1), 66-77.

Kim, S. E., Mori, R. y Shimokawa, I. (2020). «Does Calorie Restriction Modulate Inflammaging via FoxO Transcription Factors?». *Nutrients*, 12(7), 1959.

Konopka, A. R., Lamming, D. W. y RAP PAC Investigators; EVERLAST Investigators. (2023). «Blazing a Trail for the Clinical Use of Rapamycin as a GeroprotecTOR». *Geroscience*, 45(5), 2769-2783.

Kraus, W. E., Bhapkar, M., Huffman, K. M., Pieper, C. F., *et al.* (2019). «2 Years of Calorie Restriction and Cardiometabolic Risk (Calerie): Exploratory Outcomes of a Multicentre, Phase 2, Randomised Controlled Trial». *The Lancet Diabetes & Endocrinology*, 7(9), 673-683.

Lee, D. J. W., Hodzic Kuerec, A. y Maier, A. B. (2024). «Targeting Ageing with Rapamycin and Its Derivatives in Humans: A Systematic Review». *The Lancet Healthy Longevity*, 5(2), e152-e162.

Lee, M. B., Hill, C. M., Bitto, A. y Kaeberlein, M. (2021). «Antiaging Diets: Separating Fact from Fiction». *Science*, 374(6570), eabe7365.

Li, C., Zhang, H., Wu, H., Li, R., *et al.* (2023). «Intermittent Fasting Reverses the Declining Quality of Aged Oocytes». *Free Radical Biology and Medicine*, 195, 74-88.

Liao, C. Y., Rikke, B. A., Johnson, T. E., Diaz, V. y Nelson, J. F. (2010). «Genetic Variation in the Murine Lifespan Response to Dietary Restriction: From Life Extension to Life Shortening». *Aging Cell*, 9(1), 92-95.

Mannick, J. B. y Lamming, D. W. (2023). «Targeting the Biology of Aging With mTOR Inhibitors». *Nature Aging*, 3(6), 642-660.

Martin, B., Mattson, M. P. y Maudsley, S. (2006). «Caloric Restriction and Intermittent Fasting: Two Potential Diets for Successful Brain Aging». *Ageing Research Reviews*, 5(3), 332-353.

Mattson, M. P. y Arumugam, T. V. (2018). «Hallmarks of Brain Aging: Adaptive and Pathological Modification by Metabolic States». *Cell Metabolism*, 27(6), 1176-1199.

McCay, C. M., Crowell, M. F. y Maynard, L. A. (1989). «The Effect of

Retarded Growth Upon the Length of Life Span and Upon the Ultimate Body Size. 1935». *Nutrition*, 5(3), 155-171.

O'Brien, P. D., Hinder, L. M., Callaghan, B. C. y Feldman, E. L. (2017). «Neurological Consequences of Obesity». *The Lancet Neurology*, 16(6), 465-477.

Osborne, T. B., Mendel, L. B. y Ferry, E. L. (1917). «The Effect of Retardation of Growth Upon the Breeding Period and Duration of Life of Rats». *Science*, 45(1160), 294-295.

Papadopoli, D., Boulay, K., Kazak, L., Pollak, M., *et al.* (2019). «mTOR as a Central Regulator of Lifespan and Aging». *F1000Research*, 8, F1000 Faculty Rev-998.

Rachakatla, A. y Kalashikam, R. R. (2022). «Calorie Restriction-Regulated Molecular Pathways and Its Impact on Various Age Groups: An Overview». *DNA and Cell Biology*, 41(5), 459-468.

Ruan, Y., Chen, L., She, D., Chung, Y., *et al.* (2022). «Ketogenic Diet for Epilepsy: An Overview of Systematic Review and Meta-Analysis». *European Journal of Clinical Nutrition*, 76(9), 1234-1244.

Seidler, K., & Barrow, M. (2022). «Intermittent Fasting and Cognitive Performance - Targeting Bdnf as Potential Strategy to Optimise Brain Health». *Frontiers in Neuroendocrinology*, 65, 100971.

Shi, G., Chiramel, A. I., Li, T., Lai, K. K., *et al.* (2022). «Rapalogs Downmodulate Intrinsic Immunity and Promote Cell Entry of Sars-Cov-2». *Journal of Clinical Investigation*, 132(24), e160766.

Sichieri, R., Everhart, J. E. y Roth, H. (1991). «A Prospective Study of Hospitalization With Gallstone Disease Among Women: Role of Dietary Factors, Fasting Period, and Dieting». *American Journal of Public Health*, 81(7), 880-884.

Speakman, J. R. y Mitchell, S. E. (2011). «Caloric Restriction». *Molecular Aspects of Medicine*, 32(3), 159-221.

Stadterman, J., Belthoff, K., Han, Y., Kadesh, A. D., *et al.* (2020). «A Preliminary Investigation of the Effects of a Western Diet on Hippocampal Volume in Children». *Frontiers in Pediatrics*, 8, 58.

Stallone, G., Infante, B., Prisciandaro, C. y Grandaliano, G. (2019). «mTOR and Aging: An Old Fashioned Dress». *International Journal of Molecular Sciences*, 20(11), 2774.

Trepanowski, J. F., Kroeger, C. M., Barnosky, A., Klempel, M. C., *et al.* (2017). «Effect of Alternate-Day Fasting on Weight Loss, Weight Maintenance, and Cardioprotection Among Metabolically Healthy

Obese Adults: A Randomized Clinical Trial». *JAMA Internal Medicine*, 177(7), 930-938.

Uzhova, I., Fuster, V., Fernández-Ortiz, A., Ordovás, J. M., *et al.* (2017). «The Importance of Breakfast in Atherosclerosis Disease: Insights from the PESA Study». *Journal of the American College of Cardiology*, 70(15), 1833-1842.

Vézina, C., Kudelski, A. y Sehgal, S. N. (1975). «Rapamycin (Ay-22,989), a New Antifungal Antibiotic. I. Taxonomy of the Producing Streptomycete and Isolation of the Active Principle». *The Journal of Antibiotics*, 28(10), 721-726.

Vitousek, K. M., Gray, J. A. y Grubbs, K. M. (2004). «Caloric Restriction for Longevity: I. Paradigm, Protocols and Physiological Findings in Animal Research». *European Eating Disorders Review*, 12(5), 279-299.

Wang, Q., Xu, J., Luo, M., Jiang, Y., *et al.* (2024). «Fasting Mimicking Diet Extends Lifespan and Improves Intestinal and Cognitive Health». Food & Function, 15(8), 4503-4514.

Wei, M., Brandhorst, S., Shelehchi, M., Mirzaei, H., *et al.* (2017). «Fasting-Mimicking Diet and Markers/Risk Factors for Aging, Diabetes, Cancer, and Cardiovascular Disease». *Science Translational Medicine*, 9(377), eaai8700.

Willcox, D. C., Willcox, B. J., Hsueh, W. C. y Suzuki, M. (2006). «Genetic Determinants of Exceptional Human Longevity: Insights from the Okinawa Centenarian Study». *Age*, 28(4), 313-332.

Yokoyama, Y., Onishi, K., Hosoda, T., Amano, H., *et al.* (2016). «Skipping Breakfast and Risk of Mortality from Cancer, Circulatory Diseases and All Causes: Findings from the Japan Collaborative Cohort Study». *Yonago Acta Medica*, 59(1), 55-60.

15. No nos comamos la cabeza

Agustí, A., García-Pardo, M. P., López-Almela, I., Campillo, I., *et al.* (2018). «Interplay Between the Gut-Brain Axis, Obesity and Cognitive Function». *Frontiers in Neuroscience*, 12, 155.

Andriambelo, B., Stiffel, M., Roke, K. y Plourde, M. (2023). «New Perspectives on Randomized Controlled Trials with Omega-3 Fatty Acid

Supplements and Cognition: A Scoping Review». *Ageing Research Reviews*, 85, 101835.

Ansari, F., Neshat, M., Pourjafar, H., Jafari, S. M., *et al.* (2023). «The Role of Probiotics and Prebiotics in Modulating of the Gut-Brain Axis». *Frontiers in Nutrition*, 10, 1173660.

Bang, H. O. y Dyerberg, J. (1972). «Plasma Lipids and Lipoproteins in Greenlandic West Coast Eskimos». *Acta Medica Scandinavica*, 192(1-2), 85-94.

Basambombo, L. L., Carmichael, P. H., Côté, S. y Gaudreau, P. (2017). «Use of Vitamin E and C Supplements for the Prevention of Cognitive Decline». *Annals of Pharmacotherapy*, 51(2), 118-124.

Bazinet, R. P. y Layé, S. (2014). «Polyunsaturated Fatty Acids and Their Metabolites in Brain Function and Disease». *Nature Reviews Neuroscience*, 15(12), 771-785.

Begdache, L. y Marhaba, R. (2023). «Bioactive Compounds for Customized Brain Health: What Are We and Where Should We Be Heading?». *International Journal of Environmental Research and Public Health*, 20(15), 6518.

Berti, V., Murray, J., Davies, M., Spector, N., *et al.* (2015). «Nutrient Patterns and Brain Biomarkers of Alzheimer's Disease in Cognitively Normal Individuals». *The Journal of Nutrition, Health & Aging*, 19(4), 413-423.

Beydoun, M. A., Fanelli-Kuczmarski, M. T., Kitner-Triolo, M. H., Beydoun, H. A., *et al.* (2015). «Dietary Antioxidant Intake and Its Association with Cognitive Function in an Ethnically Diverse Sample of US Adults». *Psychosomatic Medicine*, 77(1), 68-82.

Bianchi, V. E., Herrera, P. F. Y Laura, R. (2021). «Effect of Nutrition on Neurodegenerative Diseases. A Systematic Review». *Nutritional Neuroscience*, 24(10), 810-834.

Coutts, L., Ibrahim, K., Tan, Q. Y., Lim, S. E. R., *et al.* (2020). «Can Probiotics, Prebiotics and Synbiotics Improve Functional Outcomes for Older People: A Systematic Review». *European Geriatric Medicine*, 11(6), 975-993.

Cusick, S. E. y Georgieff, M. K. (2016). «The Role of Nutrition in Brain Development: The Golden Opportunity of the "First 1000 Days"». *The Journal of Pediatrics*, 175, 16-21.

Dakshinamurti, S. y Dakshinamurti, K. (2013). «Vitamin B6». En: J. Zempleni, J. W. Suttie, J. F. Gregory III, & P. J. Stover (comps.), *Handbook of Vitamins*. CRC Press.

Davinelli, S., Ali, S., Solfrizzi, V., Scapagnini, G. Y Corbi, G. (2021). «Carotenoids and Cognitive Outcomes: A Meta-Analysis of Randomized Intervention Trials». *Antioxidants*, 10(2), 223.

Ding, B., Xiao, R., Ma, W., Zhao, L., *et al.* (2018). «The Association Between Macronutrient Intake and Cognition in Individuals Aged Under 65 in China: A Cross-Sectional Study». *BMJ Open*, 8(1), e018573.

Dissanayaka, D. M. S., Jayasena, V., Rainey-Smith, S. R., Martins, R. N. y Fernando, W. M. A. D. B. (2024). «The Role of Diet and Gut Microbiota in Alzheimer's Disease». *Nutrients*, 16(3), 412.

Flanagan, E., Lamport, D., Brennan, L., Burnet, P., *et al.* (2020). «Nutrition and the Ageing Brain: Moving Towards Clinical Applications». *Ageing Research Reviews*, 62, 101079.

Fodor, J. G., Helis, E., Yazdekhasti, N. y Vohnout, B. (2014). «"Fishing" for the Origins of the "Eskimos and Heart Disease" Story: Facts or Wishful Thinking?». *The Canadian Journal of Cardiology*, 30(8), 864-868.

Fu, J., Tan, L. J., Lee, J. E. y Shin, S. (2022). «Association Between the Mediterranean Diet and Cognitive Health Among Healthy Adults: A Systematic Review and Meta-Analysis». *Frontiers in Nutrition*, 9, 946361.

Fumagalli, M., Moltke, I., Grarup, N., Racimo, F., *et al.* (2015). «Greenlandic Inuit Show Genetic Signatures of Diet and Climate Adaptation». *Science*, 349(6254), 1343-1347.

Galasko, D. R., Peskind, E., Clark, C. M., Quinn, J. F., *et al.* (2012). «Antioxidants for Alzheimer Disease: A Randomized Clinical Trial with Cerebrospinal Fluid Biomarker Measures». *Archives of Neurology*, 69(7), 836-841.

Gao, R., Yang, Z., Yan, W., Du, W., *et al.* (2022). «Protein Intake from Different Sources and Cognitive Decline Over 9 Years in Community-Dwelling Older Adults». *Frontiers in Public Health*, 10, 1016016.

García-Casares, N., Gallego Fuentes, P., Barbancho, M. Á., López-Gigosos, R., *et al.* (2021). «Alzheimer's Disease, Mild Cognitive Impairment and Mediterranean Diet. A Systematic Review and Dose-Response Meta-Analysis». *Journal of Clinical Medicine*, 10(20), 4642.

Gates, E. J., Bernath, A. K. y Klegeris, A. (2022). «Modifying the Diet and

Gut Microbiota to Prevent and Manage Neurodegenerative Diseases». *Reviews in the Neurosciences*, 33(7), 767-787.

Gillette-Guyonnet, S., Secher, M. y Vellas, B. (2013). «Nutrition and Neurodegeneration: Epidemiological Evidence and Challenges for Future Research». *British Journal of Clinical Pharmacology*, 75(3), 738-755.

Gopinath, B., Flood, V. M., Kifley, A., Louie, J. C., & Mitchell, P. (2016). «Association Between Carbohydrate Nutrition and Successful Aging Over 10 Years». *The Journals of Gerontology. Series A, Biological Sciences and Medical Sciences*, 71(10), 1335-1340.

Grabska-Kobyłecka, I., Szpakowski, P., Król, A., Książek-Winiarek, D., *et al.* (2023). «Polyphenols and Their Impact on the Prevention of Neurodegenerative Diseases and Development». *Nutrients*, 15(15), 3454.

Green, R. y Miller, J. (2007). «Vitamin B12». En: J. Zempleni, R. B. Rucker, D. B. McCormick y J. W. Suttie (Eds.), *Handbook of Vitamins*. CRC Press.

Holder, M. K. y Chassaing, B. (2018). «Impact of Food Additives on the Gut-Brain Axis». *Physiology & Behavior*, 192, 173-176.

Hooper, C., De Souto Barreto, P., Coley, N., Cantet, C., *et al.* (2017). «Cognitive Changes with Omega-3 Polyunsaturated Fatty Acids in Non-Demented Older Adults with Low Omega-3 Index». *The Journal of Nutrition, Health & Aging*, 21(9), 988-993.

Johns, D. M. y Oppenheimer, G. M. (2018). «Was There Ever Really a "Sugar Conspiracy"?». *Science*, 359(6377), 747-750.

Kennedy, D. O. (2016). «B Vitamins and the Brain: Mechanisms, Dose and Efficacy — A Review». *Nutrients*, 8(2), 68.

Kosti, R. I., Kasdagli, M. I., Kyrozis, A., Orsini, N., *et al.* (2022). «Fish Intake, N-3 Fatty Acid Body Status, and Risk of Cognitive Decline: A Systematic Review and a Dose-Response Meta-Analysis of Observational and Experimental Studies». *Nutrition Reviews*, 80(6), 1445-1458.

Krauss, R. M. y Kris-Etherton, P. M. (2020). «Public Health Guidelines Should Recommend Reducing Saturated Fat Consumption as Much as Possible: Debate Consensus». *The American Journal of Clinical Nutrition*, 112(1), 25-26.

Lewis, J. E., Poles, J., Shaw, D. P., Karhu, E., *et al.* (2021). «The Effects of Twenty-One Nutrients and Phytonutrients on Cognitive Function: A Narrative Review». *Journal of Clinical and Translational Research*, 7(4), 575-620.

Maggi, S., Ticinesi, A., Limongi, F., Noale, M. y Ecarnot, F. (2023). «The Role of Nutrition and the Mediterranean Diet on the Trajectories of Cognitive Decline». *Experimental Gerontology*, 173, 112110.

Matura, S., Prvulovic, D., Mohadjer, N., Fusser, F., *et al.* (2021). «Association of Dietary Fat Composition with Cognitive Performance and Brain Morphology in Cognitively Healthy Individuals». *Acta Neuropsychiatrica*, 33(3), 134-140.

Mayne, P. E. y Burne, T. H. J. (2019). «Vitamin D in Synaptic Plasticity, Cognitive Function, and Neuropsychiatric Illness». *Trends in Neurosciences*, 42(4), 293-306.

McEvoy, C. T., Leng, Y., Peeters, G. M., Kaup, A. R., *et al.* (2019). «Interventions Involving a Major Dietary Component Improve Cognitive Function in Cognitively Healthy Adults: A Systematic Review and Meta-Analysis». *Nutrition Research*, 66, 1-12.

Melzer, T. M., Manosso, L. M., Yau, S. Y., Gil-Mohapel, J. y Brocardo, P. S. (2021). «In Pursuit of Healthy Aging: Effects of Nutrition on Brain Function». *International Journal of Molecular Sciences*, 22(9), 5026.

Mo, R., Jiang, M., Xu, H. y Jia, R. (2024). «Effect of Probiotics on Cognitive Function in Adults with Mild Cognitive Impairment or Alzheimer's Disease: A Meta-Analysis of Randomized Controlled Trials». *Medicina Clínica*, 162(12), 565-573.

Moore, K., Hughes, C. F., Ward, M., Hoey, L. y McNulty, H. (2018). «Diet, Nutrition and the Ageing Brain: Current Evidence and New Directions». *Proceedings of the Nutrition Society*, 77(2), 152-163.

Muth, A. K. y Park, S. Q. (2021). «The Impact of Dietary Macronutrient Intake on Cognitive Function and the Brain». *Clinical Nutrition*, 40(6), 3999-4010.

Nilsson, A., Radeborg, K. y Björck, I. (2012). «Effects on Cognitive Performance of Modulating the Postprandial Blood Glucose Profile at Breakfast». *European Journal of Clinical Nutrition*, 66(9), 1039-1043.

Nooyens, A. C., Milder, I. E., Van Gelder, B. M., Bueno-de-Mesquita, H. B., *et al.* (2015). «Diet and Cognitive Decline at Middle Age: The Role of Antioxidants». *British Journal of Nutrition*, 113(9), 1410-1417.

Onwuzo, C., Olukorode, J. O., Omokore, O. A., Odunaike, O. S., *et al.* (2023). «DASH Diet: A Review of Its Scientifically Proven Hypertension Reduction and Health Benefits». *Cureus*, 15(9), e44692.

Otsuka, R., Nishita, Y., Nakamura, A., Kato, T., *et al.* (2021). «Dietary

Diversity Is Associated with Longitudinal Changes in Hippocampal Volume Among Japanese Community Dwellers». *European Journal of Clinical Nutrition*, 75(6), 946-953.

Poxleitner, M., Hoffmann, S. H. L., Berezhnoy, G., Ionescu, T. M., *et al.* (2024). «Western Diet Increases Brain Metabolism and Adaptive Immune Responses in a Mouse Model of Amyloidosis». *Journal of Neuroinflammation*, 21(1), 129.

Puri, S., Shaheen, M. y Grover, B. (2023). «Nutrition and Cognitive Health: A Life Course Approach». *Frontiers in Public Health*, 11, 1023907.

Radd-Vagenas, S., Duffy, S. L., Naismith, S. L., Brew, B. J., *et al.* (2018). «Effect of the Mediterranean Diet on Cognition and Brain Morphology and Function: A Systematic Review of Randomized Controlled Trials». *The American Journal of Clinical Nutrition*, 107(3), 389-404.

Reynolds, E. (2006). «Vitamin B12, Folic Acid, and the Nervous System». *The Lancet Neurology*, 5(11), 949-960.

Roy, N. M., Al-Harthi, L., Sampat, N., Al-Mujaini, R., *et al.* (2021). «Impact of Vitamin D on Neurocognitive Function in Dementia, Depression, Schizophrenia and ADHD». *Frontiers in Bioscience*, 26(3), 566-611.

Rowland, I., Gibson, G., Heinken, A., Scott, K., *et al.* (2018). «Gut Microbiota Functions: Metabolism of Nutrients and Other Food Components». *European Journal of Nutrition*, 57(1), 1-24.

Sandhu, K. V., Sherwin, E., Schellekens, H., Stanton, C., *et al.* (2017). «Feeding the Microbiota-Gut-Brain Axis: Diet, Microbiome, and Neuropsychiatry». *Translational Research*, 179, 223-244.

Sato, H., Tsukamoto-Yasui, M., Ueno, S., Matsunaga, K. y Kitamura, A. (2019). «Low Protein Diet Induces Memory Loss and Anxiety Like Behavior via Decreases of Neurotransmitters in Aged Male Mice (P14-028-19)». *Current Developments in Nutrition*, 3 (Suppl 1), nzz052. P14-028-19.

Scarmeas, N., Anastasiou, C. A. y Yannakoulia, M. (2018). «Nutrition and Prevention of Cognitive Impairment». *The Lancet Neurology*, 17(11), 1006-1015.

Shea, M. K., Barger, K., Dawson-Hughes, B., Leurgans, S. E., *et al.* (2023). «Brain Vitamin D Forms, Cognitive Decline, and Neuropathology in Community-Dwelling Older Adults». *Alzheimer's & Dementia*, 19(6), 2389-2396.

Siervo, M., Shannon, O. M., Llewellyn, D. J., Stephan, B. C. y Fontana, L. (2021). «Mediterranean Diet and Cognitive Function: From Methodology to Mechanisms of Action». *Free Radical Biology and Medicine*, 176, 105-117.

Sloan, R. P., Wall, M., Yeung, L. K., Feng, T., *et al.* (2021). «Insights into the Role of Diet and Dietary Flavanols in Cognitive Aging: Results of a Randomized Controlled Trial». *Scientific Reports*, 11(1), 3837.

Spector, A. A. y Kim, H. Y. (2019). «Emergence of Omega-3 Fatty Acids in Biomedical Research». *Prostaglandins, Leukotrienes and Essential Fatty Acids*, 140, 47-50.

Staubo, S. C., Aakre, J. A., Vemuri, P., Syrjanen, J. A., *et al.* (2017). «Mediterranean Diet, Micronutrients and Macronutrients, and MRI Measures of Cortical Thickness». *Alzheimer's & Dementia*, 13(2), 168-177.

Sultan, S., Taimuri, U., Basnan, S. A., Ai-Orabi, W. K., *et al.* (2020). «Low Vitamin D and Its Association with Cognitive Impairment and Dementia». *Journal of Aging Research*, 2020, 6097820.

Taylor, M. K., Sullivan, D. K., Swerdlow, R. H., Vidoni, E. D., *et al.* (2017). «A High-Glycemic Diet Is Associated with Cerebral Amyloid Burden in Cognitively Normal Older Adults». *The American Journal of Clinical Nutrition*, 106(6), 1463-1470.

Van Soest, A. P., Beers, S., Van de Rest, O. y De Groot, L. C. (2024). «The Mediterranean-Dietary Approaches to Stop Hypertension Intervention for Neurodegenerative Delay (MIND) Diet for the Aging Brain: A Systematic Review». *Advances in Nutrition*, 15(3), 100184.

Wahl, D., Cavalier, A. N. y LaRocca, T. J. (2021). «Novel Strategies for Healthy Brain Aging». *Exercise and Sport Sciences Reviews*, 49(2), 115-125.

Wahl, D., Solon-Biet, S. M., Cogger, V. C., Fontana, L., *et al.* (2019). «Aging, Lifestyle and Dementia». *Neurobiology of Disease*, 130, 104481.

Wang, Z., Zhu, W., Xing, Y., Jia, J. y Tang, Y. (2022). «B Vitamins and Prevention of Cognitive Decline and Incident Dementia: A Systematic Review and Meta-Analysis». *Nutrition Reviews*, 80(4), 931-949.

Welty, F. K. (2023). «Omega-3 Fatty Acids and Cognitive Function». *Current Opinion in Lipidology*, 34(1), 12-21.

Więckowska-Gacek, A., Mietelska-Porowska, A., Chutorański, D., Wy-drych, M., *et al.* (2021). «Western Diet Induces Impairment of Liver-Brain Axis Accelerating Neuroinflammation and Amyloid Pathology in Alzheimer's Disease». *Frontiers in Aging Neuroscience*, 13, 654509.

World Health Organization. (2019). «Risk Reduction of Cognitive Decline and Dementia: Who Guidelines». *World Health Organization.*

Ye, X., Gao, X., Scott, T. y Tucker, K. L. (2011). «Habitual Sugar Intake and Cognitive Function Among Middle-Aged and Older Puerto Ricans Without Diabetes». *British Journal of Nutrition*, 106(9), 1423-1432.

Yeh, T. S., Yuan, C., Ascherio, A., Rosner, B. A., *et al.* (2022). «Long-Term Dietary Protein Intake and Subjective Cognitive Decline in Us Men and Women». *The American Journal of Clinical Nutrition*, 115(1), 199-210.

Yurko-Mauro, K., Alexander, D. D. y Van Elswyk, M. E. (2015). «Docosahexaenoic Acid and Adult Memory: A Systematic Review and Meta-Analysis». *PLoS One*, 10(3), e0120391.

Zhang, R., Zhang, B., Shen, C., Trejo, A. E. S., *et al.* (2024). «Associations of Dietary Patterns with Brain Health from Behavioral, Neuroimaging, Biochemical and Genetic Analyses». *Nature Mental Health*, 2, 535-552.

Zwilling, C. E., Wu, J., & Barbey, A. K. (2024). «Investigating Nutrient Biomarkers of Healthy Brain Aging: A Multimodal Brain Imaging Study». *Aging*, 10, 27.

16. De Queen a las sinapsis

Applebaum, J. W., Shieu, M. M., McDonald, S. E., Dunietz, G. L., *et al.* (2023). «The Impact of Sustained Ownership of a Pet on Cognitive Health: A Population-Based Study». *Journal of Aging Health*, 35(3-4), 230-241.

Arch, J. J., Brown, K. W., Dean, D. J., Landy, L. N., *et al.* (2014). «Self-Compassion Training Modulates Alpha-Amylase, Heart Rate Variability, and Subjective Responses to Social Evaluative Threat in Women». *Psychoneuroendocrinology*, 42, 49-58.

Bennett, D. A., Schneider, J. A., Tang, Y., Arnold, S. E. y Wilson, R. S. (2006). «The Effect of Social Networks on the Relation Between Alzheimer's Disease Pathology and Level of Cognitive Function in

Old People: A Longitudinal Cohort Study». *The Lancet Neurology*, 5(5), 406-412.

Beutel, M. E., Klein, E. M., Brähler, E., Reiner, I., *et al.* (2017). «Loneliness in the General Population: Prevalence, Determinants and Relations to Mental Health». *BMC Psychiatry*, 17(1), 97.

Breines, J. G., Thoma, M. V., Gianferante, D., Hanlin, L., *et al.* (2014). «Self-Compassion as a Predictor of Interleukin-6 Response to Acute Psychosocial Stress». *Brain, Behavior, and Immunity*, 37, 109-114.

Bzdok, D. y Dunbar, R. I. (2020). «The Neurobiology of Social Distance». *Trends in Cognitive Sciences*, 24(9), 717-733.

Cacioppo, J. T. y Cacioppo, S. (2018). «The Growing Problem of Loneliness». *The Lancet*, 391(10119), 426.

Cacioppo, J. T., Cacioppo, S., Boomsma, D. I. y Capitanio, J. P. (2014). «Evolutionary Mechanisms for Loneliness». *Cognition and Emotion*, 28(1), 3-21.

Cardona, M. y Andrés, P. (2023). «Are Social Isolation and Loneliness Associated With Cognitive Decline in Ageing?». *Frontiers in Aging Neuroscience*, 15, 1075563.

Carter, C. S., Kenkel, W. M., MacLean, E. L., Wilson, S. R., *et al.* (2020). «Is Oxytocin "Nature's Medicine"?». *Pharmacological Reviews*, 72(4), 829-861.

Colonnello, V., Petrocchi, N., Farinelli, M. Y Ottaviani, C. (2017). «Positive Social Interactions in a Lifespan Perspective With a Focus on Opioidergic and Oxytocinergic Systems: Implications for Neuroprotection». *Current Neuropharmacology*, 15(4), 543-561.

Da Costa, A. P., Leigh, A. E., Man, M. S. y Kendrick, K. M. (2004). «Face Pictures Reduce Behavioural, Autonomic, Endocrine and Neural Indices of Stress and Fear in Sheep». *Proceedings of the Royal Society B: Biological Sciences*, 271(1552), 2077-2084.

Evans, I. E., Martyr, A., Collins, R., Brayne, C., *et al.* (2019). «Social Isolation and Cognitive Function in Later Life: A Systematic Review and Meta-Analysis». *Journal of Alzheimer's Disease*, 70(s1), S119-S144.

Florea, T., Palimariciuc, M., Cristofor, A. C., Dobrin, I., *et al.* (2022). «Oxytocin: Narrative Expert Review of Current Perspectives on the Relationship with Other Neurotransmitters and the Impact on the Main Psychiatric Disorders». *Medicina*, 58(7), 923.

Fratiglioni, L., Paillard-Borg, S. y Winblad, B. (2004). «An Active and

Socially Integrated Lifestyle in Late Life Might Protect Against Dementia». *The Lancet Neurology*, 3(6), 343-353.

Friedler, B., Crapser, J. y McCullough, L. (2015). «One Is the Deadliest Number: The Detrimental Effects of Social Isolation on Cerebrovascular Diseases and Cognition». *Acta Neuropathologica*, 129(4), 493-509.

Friedmann, E., Gee, N. R., Simonsick, E. M., Kitner-Triolo, M. H., *et al.* (2023). «Pet Ownership and Maintenance of Cognitive Function in Community-Residing Older Adults: Evidence from the Baltimore Longitudinal Study of Aging (BLSA)». *Scientific Reports*, 13(1), 14738.

Gilbert, P. (2014). «The Origins and Nature of Compassion Focused Therapy». *British Journal of Clinical Psychology*, 53(1), 6-41.

Heinrichs, M., Baumgartner, T., Kirschbaum, C. y Ehlert, U. (2003). «Social Support and Oxytocin Interact to Suppress Cortisol and Subjective Responses to Psychosocial Stress». *Biological Psychiatry*, 54(12), 1389-1398.

Hofmann, S. G., Petrocchi, N., Steinberg, J., Lin, M., *et al.* (2015). «Loving-Kindness Meditation to Target Affect in Mood Disorders: A Proof-of-Concept Study». *Evidence-Based Complementary and Alternative Medicine*, 2015, 269126.

Holt-Lunstad, J., Smith, T.B., Baker, M., Harris, T., *et al.* (2015). «Loneliness and Social Isolation as Risk Factors for Mortality: A Meta-Analytic Review». Perspectives on *Psychological Science*, 10(2), 227-237.

Holt-Lunstad, J., Smith, T. B. y Layton, J. B. (2010). «Social Relationships and Mortality Risk: A Meta-Analytic Review». *PLoS Medicine*, 7(7), e1000316.

Kelly, M. E., Duff, H., Kelly, S., McHugh Power, J. E., *et al.* (2017). «The Impact of Social Activities, Social Networks, Social Support and Social Relationships on the Cognitive Functioning of Healthy Older Adults: A Systematic Review». *Systematic Reviews*, 6(1), 259.

Kiesow, H., Dunbar, R. I., Kable, J. W., Kalenscher, T., *et al.* (2020). «10,000 Social Brains: Sex Differentiation in Human Brain Anatomy». *Science Advances*, 6(12), eaaz1170.

Kim, D. A., Benjamin, E. J., Fowler, J. H. y Christakis, N. A. (2016). «Social Connectedness Is Associated with Fibrinogen Level in a Human Social Network». *Proceedings of the Royal Society B: Biological Sciences*, 283(1837), 20160958.

Kiyokawa, Y., Honda, A., Takeuchi, Y. y Mori, Y. (2014). «A Familiar Conspecific Is More Effective Than an Unfamiliar Conspecific for Social Buffering of Conditioned Fear Responses in Male Rats». *Behavioural Brain Research*, 267, 189-193.

Kuiper, J. S., Zuidersma, M., Oude Voshaar, R. C., Zuidema, S. U., *et al.* (2015). «Social Relationships and Risk of Dementia: A Systematic Review and Meta-Analysis of Longitudinal Cohort Studies». *Ageing Research Reviews*, 22, 39-57.

Kuiper, J. S., Zuidersma, M., Zuidema, S. U., Burgerhof, J. G., *et al.* (2016). «Social Relationships and Cognitive Decline: A Systematic Review and Meta-Analysis of Longitudinal Cohort Studies». *International Journal of Epidemiology*, 45(4), 1169-1206.

Kurina, L. M., Knutson, K. L., Hawkley, L. C., Cacioppo, J. T., *et al.* (2011). «Loneliness Is Associated with Sleep Fragmentation in a Communal Society». *Sleep*, 34(11), 1519-1526.

Lam, J. A., Murray, E. R., Yu, K. E., Ramsey, M., *et al.* (2021). «Neurobiology of Loneliness: A Systematic Review». *Neuropsychopharmacology*, 46(11), 1873-1887.

Li, Y., Wang, W., Zhu, L., Yang, L., *et al.* (2023). «Pet Ownership, Living Alone, and Cognitive Decline Among Adults 50 Years and Older». *JAMA Network Open*, 6(12), e2349241.

McDonough, I. M., Erwin, H. B., Sin, N. L. y Allen, R. S. (2022). «Pet Ownership Is Associated with Greater Cognitive and Brain Health in a Cross-Sectional Sample Across the Adult Lifespan». *Neuroscience*, 14, 953889.

Montero-Marin, J., Andrés-Rodríguez, L., Tops, M., Luciano, J. V., *et al.* (2019). «Effects of Attachment-Based Compassion Therapy (Abct) on Brain-Derived Neurotrophic Factor and Low-Grade Inflammation Among Fibromyalgia Patients: A Randomized Controlled Trial». *Scientific Reports*, 9(1), 15639.

Natarajan, A., Emir-Farinas, H. y Su, H. W. (2024). «Mindful Breathing as an Effective Technique in the Management of Hypertension». *Frontiers in Physiology*, 14, 1339873.

Ozbay, F., Johnson, D. C., Dimoulas, E., Morgan, C. A., *et al.* (2007). «Social Support and Resilience to Stress: From Neurobiology to Clinical Practice». *Psychiatry*, 4(5), 35-40.

Pace, T. W., Negi, L. T., Adame, D. D., Cole, S. P., *et al.* (2009). «Effect of Compassion Meditation on Neuroendocrine, Innate Immune and Behavioral Responses to Psychosocial Stress». *Psychoneuroendocrinology*, 34(1), 87-98.

Penninx, B. W., Benros, M. E., Klein, R. S. y Vinkers, C. H. (2022). «How COVID-19 Shaped Mental Health: From Infection to Pandemic Effects». *Nature Medicine*, 28(10), 2027-2037.

Perry, B. L., McConnell, W. R., Coleman, M. E., Roth, A. R., *et al.* (2022). «Why the Cognitive "Fountain of Youth" May Be Upstream: Pathways to Dementia Risk and Resilience Through Social Connectedness». *Alzheimer's & Dementia*, 18(5), 934-941.

Perry, B. L., McConnell, W. R., Peng, S., Roth, A. R., *et al.* (2022). «Social Networks and Cognitive Function: An Evaluation of Social Bridging and Bonding Mechanisms». *The Gerontologist*, 62(6), 865-875.

Pressman, S. D., Cohen, S., Miller, G. E., Barkin, A., *et al.* (2005). «Loneliness, Social Network Size, and Immune Response to Influenza Vaccination in College Freshmen». *Health Psychology*, 24(3), 297-306.

Sachdev, P. S. (2022). «Social Health, Social Reserve and Dementia». *Current Opinion in Psychiatry*, 35(2), 111-117.

Samtani, S., Mahalingam, G., Lam, B. C., Lipnicki, D. M., *et al.* (2022). «Associations Between Social Connections and Cognition: A Global Collaborative Individual Participant Data Meta-Analysis». *The Lancet Healthy Longevity*, 3(11), e740-e753.

Sharifian, N., Zaheed, A. B., Morris, E. P., Sol, K., *et al.* (2022). «Social Network Characteristics Moderate Associations Between Cortical Thickness and Cognitive Functioning in Older Adults». *Alzheimer's & Dementia*, 18(2), 339-347.

Spreng, R. N. y Bzdok, D. (2021). «Loneliness and Neurocognitive Aging». *Advances in Geriatric Medicine and Research*, 3(2), e210009.

Spreng, R. N., Dimas, E., Mwilambwe-Tshilobo, L., Dagher, A., *et al.* (2020). «The Default Network of the Human Brain Is Associated with Perceived Social Isolation». *Nature Communications*, 11(1), 6393.

Veronese, N., Smith, L., Noventa, V., López-Sánchez, G. F., *et al.* (2019). «Pet Ownership and Cognitive Decline in Older People». *Geriatric Care*, 5(2).

Wang, S. (2005). «A Conceptual Framework for Integrating Research Related to the Physiology of Compassion and the Wisdom of Buddhist

Teachings». En: P. Gilbert (Ed.), *Compassion: Conceptualisations, Research and Use in Psychotherapy*. Routledge, 75-120.

Yang, Y. C., Boen, C., Gerken, K., Li, T., *et al.* (2016). «Social Relationships and Physiological Determinants of Longevity Across the Human Lifespan». *Proceedings of the National Academy of Sciences*, 113(3), 578-583.

Zaccaro, A., Piarulli, A., Laurino, M., Garbella, E., *et al.* (2018). «How Breath-Control Can Change Your Life: A Systematic Review on Psycho-Physiological Correlates of Slow Breathing». *Frontiers in Human Neuroscience*, 12, 353.

Epílogo. ¿Seremos algún día jóvenes para siempre?

Garo-Pascual, M., Gaser, C., Zhang, L., Tohka, J., *et al.* (2023). «Brain Structure and Phenotypic Profile of Superagers Compared with Age-Matched Older Adults: A Longitudinal Analysis from the Vallecas Project». *Lancet Healthy Longevity*, 4(8), e374-e385.

Guarente, L., Sinclair, D. A. y Kroemer, G. (2024). «Human Trials Exploring Anti-Aging Medicines». *Cell Metabolism*, 36(2), 354-376.

Huentelman, M. J., Piras, I. S., Siniard, A. L., De Both, M. D., *et al.* (2018). «Associations of *MAP2K3* Gene Variants with Superior Memory in SuperAgers». *Frontiers in Aging Neuroscience*, 10, 155.

Kolovou, V., Bilianou, H., Giannakopoulou, V., Kalogeropoulos, P., *et al.* (2017). «Five Gene Variants in Nonagenarians, Centenarians and Average Individuals». *Archives of Medical Science*, 13(5), 1130-1141.

Livingston, G., Huntley, J., Liu, K. Y., Costafreda, S. G., *et al.* (2024). «Dementia Prevention, Intervention, and Care: 2024 Report of the Lancet Standing Commission». *The Lancet*, 404(10452), 572-628.

Impreso en España